计算机

科学与技术丛书

# Python 算法图解

何韬◎编著
He Tao

THE PROFOUND PYTHON ALGORITHMS EXPLAINING WITH VIVID DIAGRAMS

清華大學出版社
北京

## 内容简介

本书是一部论述使用 Python 语言描述数据结构与算法的新形态图书，采用图解方式和 Python 语言来描述各类算法的实现过程，讲解通俗易懂，易于理解，切实做到深入浅出。同时，针对企业的用人需求本书提供了丰富的面试题，具有很强的实战性。

本书共分 11 章，包括数据结构的分类和基本运算、递归、栈和队列、链表、数组、树结构、堆结构、散列表、字典树、图和排序算法。读者使用时，学习顺序未必全按书中章节安排，可以依照自己的需求，做适当调整。

为方便读者学习，作者专门录制了配套的微课视频，并提供配套程序代码，供读者使用。

本书既适合有一定编程基础的初学者，也适合想巩固相关算法知识的软件开发人员，同时也适合作为各高校计算机专业“数据结构与算法”课程的教材。



**图书在版编目(CIP)数据**

Python算法图解/何韬编著. —北京：清华大学出版社，2021.3（2024.2 重印）
（计算机科学与技术丛书）
ISBN 978-7-302-56593-2

Ⅰ. ①P… Ⅱ. ①何… Ⅲ. ①软件工具－程序设计 Ⅳ. ①TP311.561

中国版本图书馆 CIP 数据核字(2020)第 187275 号

**责任编辑**：盛东亮　钟志芳
**封面设计**：吴　刚
**责任校对**：李建庄
**责任印制**：杨　艳

**出版发行**：清华大学出版社
**网　　址**：https://www.tup.com.cn，https://www.wqxuetang.com
**地　　址**：北京清华大学学研大厦 A 座　　**邮　　编**：100084
**社 总 机**：010-83470000　　**邮　　购**：010-62786544
**投稿与读者服务**：010-62776969，c-service@tup.tsinghua.edu.cn
**质量反馈**：010-62772015，zhiliang@tup.tsinghua.edu.cn
**课件下载**：https://www.tup.com.cn，010-83470236
**印 装 者**：三河市人民印务有限公司
**经　　销**：全国新华书店
**开　　本**：186mm×240mm　　**印　　张**：13.75　　**字　　数**：307 千字
**版　　次**：2021 年 4 月第 1 版　　**印　　次**：2024 年 2 月第 2 次印刷
**印　　数**：2501～2700
**定　　价**：69.00 元

产品编号：084947-01

# 前言
FOREWORD

“数据结构与算法”是计算机专业的一门基础课程，从事软件开发工作的人员基本都会用到其中的知识。但对于一个在企业工作二十多年的程序老鸟而言，遇到的算法盲或半盲比比皆是。曾经和一位高校教计算机课程的讲师聊天，他竟然问我：“学数据库为什么要懂数据结构？”。在他看来，学数据库只要学会SQL语句也就够了。然而学生如果去企业面试，其中常被问到的问题是：“怎样在海量数据中高效地查询？”如今电商、微博、头条等网站动辄在万亿条记录中搜索，这样的运算量用SQL语句无法处理。

目前计算机人才市场两极分化严重。一些只需要简单的计算机操作或写界面布局的职位大量过剩，而懂算法，会优化，能结合业务实际提出更优解决方案的人才却很稀缺。面试者会在面试环节遇到很多算法题正是这种市场需求的反映。

写作本书的初衷是为了帮助读者系统掌握Python算法。但随着写作过程的深入，笔者认为一本书不足以让读者在未来的职业生涯中游刃有余地运用算法工具解决实际发生的问题。比如对于游戏中的寻路算法、模拟运动中的碰撞检测、电商中的商品推荐、自动驾驶中的临近识别等功能，如果没有一定的实战经验，根本看不出这些功能中哪里会用到哪些数据结构或算法，所以本书的定位仅是帮助读者入门。

本书采用图解的方式一步步描述具体算法，这种方式在数据结构与算法类图书中不多见，但笔者认为这种方式比单纯的文字描述更直观。由于笔者水平所限，书中难免会有疏漏，恳请读者多提宝贵意见。

编　者

2021年2月

# 目录

CONTENTS

# 第1章 数据结构的分类和基本运算

先了解两个概念：数据和数据元素。数据是信息的载体，一切能输入计算机中的信息都可称为数据；数据元素是数据的基本单位，通常作为一个整体进行考虑。一个数据元素可由若干数据项组成，也称为节点或记录。比如：一条购物清单就是一个数据元素，包括购买物品的数量、单价、名称等数据项。

数据结构是相互之间存在一种或者多种特定关系的数据元素的集合。在任何问题中，数据元素都不是独立存在的，它们之间存在某种关系，这种关系称为结构。数据结构包含逻辑结构、存储结构（物理结构）和运算三个要素；数据结构的逻辑结构和存储结构密不可分，一个算法的设计取决于所选的逻辑结构，算法的时间则依赖于所采用的存储结构。

## 1.1 数据的逻辑结构

逻辑结构是数据元素之间的关系（独立于计算机，与存储无关的数学模型－逻辑关系），存储结构是数据元素及其关系在计算机中的存储方式。

数据结构中，数据的逻辑结构可分为线性结构和非线性结构。线性结构就是 $n$ 个数据元素有序排列的集合结构，元素前后之间是一对一的关系；而非线性结构就是除线性结构之外的其他结构，元素前后之间是一对多或多对多的关系。

线性结构应符合以下特征：

(1)（必选项）集合中必存在唯一的一个“第一个元素”。

(2)（必选项）集合中必存在唯一的一个“最后的元素”。

(3)（可选项）除最后的元素之外，其他数据元素均有唯一的“后继”，即指向后一个元素的方式。

(4)（可选项）除第一个元素之外，其他数据元素均有唯一的“前驱”，即指向前一个元素的方式。

从以上特征可知，线性结构的数据元素之间存在着“一对一”的线性关系。如($a_0$，$a_1$，$a_2$，…，$a_n$)，$a_0$ 为第一个元素，$a_n$ 为最后一个元素，此集合即为一个线性结构的集合。符合线性结构的数据结构包括一维数组、栈、队列、链表等，如图1-1所示。

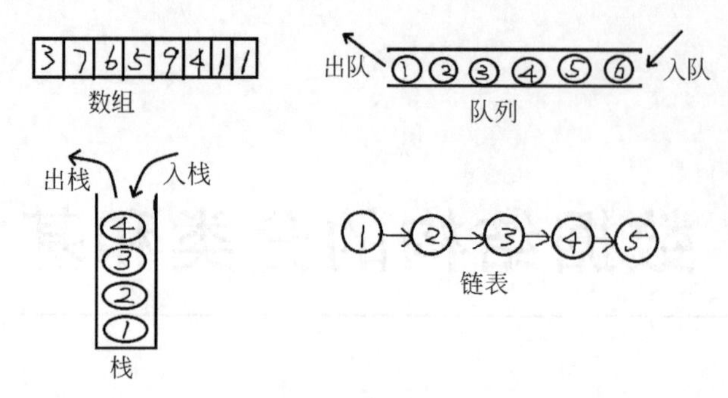


图 1-1 几个线性结构

非线性结构相对于线性结构有一个最明显的区别：各个数据元素不再保持在一个线性序列中，每个数据元素可能与零个或者多个其他数据元素发生联系。这就是所谓的一对多或者多对一的关系。另外也可根据关系的不同，将非线性结构分为层次结构和群结构两种类别。常见的非线性结构有二维数组、多维数组、广义表、树(二叉树)结构、图结构等，如图 1-2 所示。

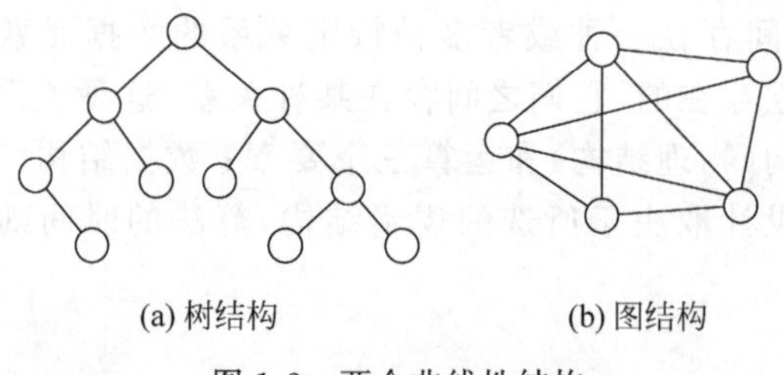


图 1-2 两个非线性结构

## 1.2 数据的存储结构

数据的存储结构可分为以下 4 种：

(1) 顺序存储结构：逻辑上相邻的元素在计算机内也相邻，顺序存储结构采用一段连续的存储空间，将逻辑上相邻的元素存储在连续的空间内，中间不允许有空。顺序存储结构可以快速定位第几个元素的地址，但是插入和删除数据需要移动大量元素，使用一整块存储单元可能产生较多的外部碎片，如图 1-3 所示。

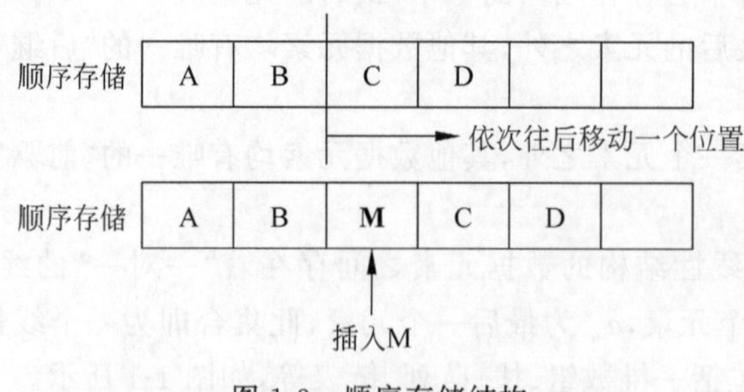


图 1-3 顺序存储结构

(2) 链式存储结构：逻辑上相邻的元素在计算机内存中的存储位置不要求必须相邻，相邻逻辑元素借助元素存储地址的指针域定位下一个元素的地址，其优点是可以利用碎片位置；缺点是需要额外空间存储指针域，而且可以实现快速增加和删除数据，但是不能实现随机访问(下标访问)，如图 1-4 所示。

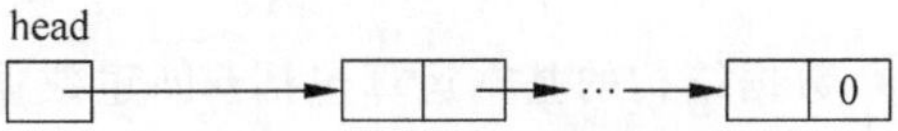

图 1-4　链式存储结构

(3) 散列存储结构：散列存储结构也称为哈希存储(Hash)结构，是由节点的关键码值决定节点的存储地址。用散列函数确定数据元素的存储位置与关键码值之间的对应关系，如图 1-5 所示。

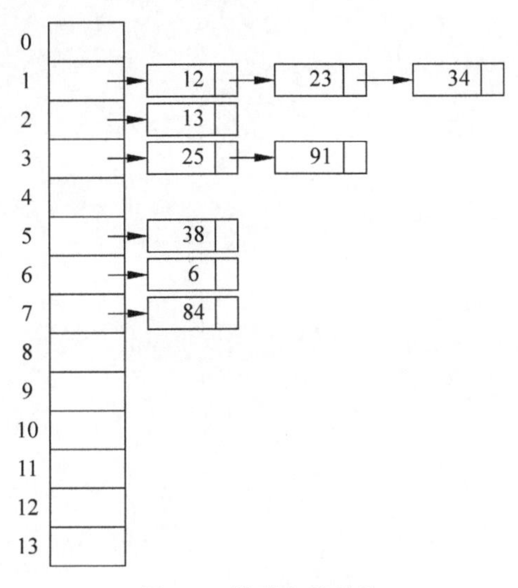


图 1-5　散列存储结构

(4) 索引存储结构：指除建立在存储节点信息外，还建立附加的索引表来表示节点的地址，索引表是由若干索引项组成。索引项的一般形式是键的关键字对应值的内存地址，优点是检索速度快；缺点是附加的索引表额外占用存储空间。另外，增加和删除数据时也要修改索引表，会花费多余时间，索引存储结构如图 1-6 所示。

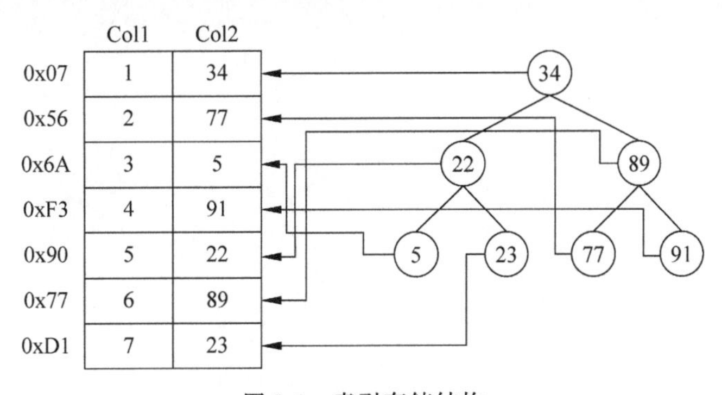


图 1-6　索引存储结构

## 1.3 数据结构的基本运算

数据结构的基本运算包括：创建数据结构，清除数据结构，插入数据元素，删除数据元素，更新数据元素，查找数据元素，按序重新排列数据，判定某个数据结构是否为空，或者是否已达到最大允许容量，统计数据元素的个数等。

# 第2章 递归

什么是递归？例如：从前有座山，山里有座庙，庙里有个老和尚在给小和尚讲故事，讲的什么故事？从前有座山，山里有座庙，庙里有个老和尚在给小和尚讲故事，讲的什么故事？从前有座山……

这个例子近似于递归现象，但是严格来说并不是递归，因为该例子会一直重复下去，没有终止条件，那就成了死循环。

加个条件，就成了递归。例如：

从前有座山，山里有座庙，庙里有个老和尚和小和尚，如果小和尚没睡着，老和尚就讲故事；从前有座山，山里有座庙……

如果小和尚睡着了，老和尚就停止讲故事(这时递归调用就停止了)。

从定义上来说，递归就是程序调用自身的编程技巧。它通常把一个大型复杂的问题，层层转换为一个与原问题相似的规模较小的问题来求解。在某些情况下，它能解决 for 循环难以解决的算法问题，有时只需少量的代码就可描述出解题过程所需要的多次重复计算，大大减少了代码量。

## 2.1 递归调用

在程序实现中，递归往往以调用的方式存在。所谓递归调用是声明一个方法，并在这个方法中设定条件，在此条件下调用自身方法，也就是在方法中自己调用自己，如果不符合条件则停止调用。

构成递归需具备的条件如下：

(1) 把要解决的问题转化为一个新问题，而这个新问题的解决方法仍与原来的问题解决方法相同，只是所处理的对象有规律地发生变化。

(2) 不能无限制地调用自身，须有个出口，以便跳出递归，避免死循环。

**【例 2-1】** 模拟循环，从1循环到10(study.py)。

视频讲解

```
def forFun(i):
    if i < 10:
        print(i)
```

```
        forFun(i + 1)      # 尾递归
forFun(1)
```

递归位置在方法最后，称为尾递归。代码运行结果如图 2-1 所示。

```
管理员: C:\Windows\system32\cmd.exe
E:\www\python\shusuan\recursion>python study.py
1
2
3
4
5
6
7
8
9
```

图 2-1　尾递归实现 for 循环的输出效果

【例 2-2】 倒序循环，从 10 循环到 1。

```
def forFun(i):
    if i < 10:
        forFun(i + 1)      # 递归改到此处
        print(i)
        # forFun(i + 1)    # 尾递归
forFun(1)
```

代码运行结果如图 2-2 所示。

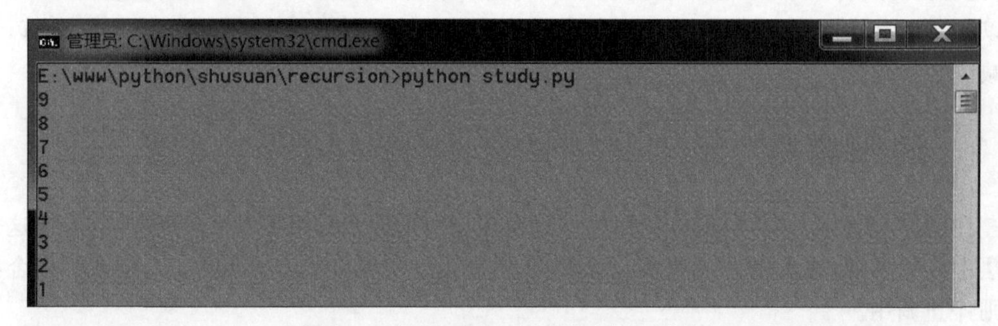


图 2-2　递归实现 for 循环倒序输出结果

## 2.2 递归方式打印九九乘法表

九九乘法表可以用嵌套循环的方式实现，但现要求使用递归方式实现。如何实现呢？先看下面的算法逻辑。

第 1 行：1×1=1

第 2 行：1×2=2　　　2×2=4

第 3 行：1×3=3　　　　2×3=6　　　3×3=9

第 4 行：1×4=4　　　　2×4=8　　　3×4=12　　　4×4=16

……(直到第 9 行)

创建一个含有递归调用的函数，参数是行号，每行从 1 循环到行号位置，从 1 循环到 9，相当于将双重循环中的外层循环换成递归，内层循环横向打印从 1 到行号。下面来看例 2-3 代码的实现。

**【例 2-3】** 用递归方式打印九九乘法表。

```
def multiplication(n):
    if n < 10:
        for m in range(1, n + 1):
            print("%d*%d=%d" % (m, n, m * n), end="\t")
                                    #\t 表输出不换行制表符,相当于一个 tab 键
        print()                     #默认输出\n 换行符
        multiplication(n + 1)       #递归调用,行号递增
multiplication(1)                   #从第 1 行开始打印
```

代码运行结果如图 2-3 所示。

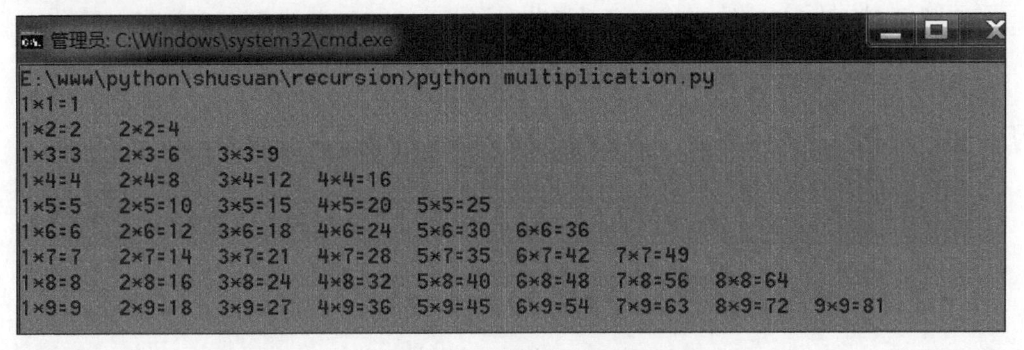


图 2-3　打印九九乘法表

## 2.3　舍罕王赏麦

传说印度的舍罕王打算重赏国际象棋的发明人——当时的宰相西萨·班·达依尔。这位聪明的宰相胃口似乎并不大，他对国王说："陛下，请您在这张棋盘的第 1 小格内，赏给我 1 粒麦子，在第 2 个小格内给两粒，第 3 格内给 4 粒，照这样每一小格内比前一个小格加一倍。把这棋盘的 64 个小格放满就行啦！"国王一听，心中暗喜，这个赏赐并不多，便答道："你当然会如愿以偿的！"国王立即令人把一袋麦子拿来，叫仆人照办。谁知还没到第 20 格，袋子已经空了。一袋又一袋的麦子扛到国王面前，但麦粒数一格接一格迅速增长，国王很快就看出，即便把全印度的麦子都给他，也实现不了他的诺言！现在就用递归算法来算一下，64 个格子到底需要多少粒麦粒才能放满。先看下面的算法分析。

第 1 格：rs1=1　　　　　　　　　总和：sum1=1
第 2 格：rs2=rs1×2　　　　　　　总和：sum2=sum1 + rs2
第 3 格：rs3=rs2×2　　　　　　　总和：sum3=sum2 + rs3
第 4 格：rs4=rs3×2　　　　　　　总和：sum4=sum3 + rs4
……(直到第 64 个格子)

视频讲解

每轮用前一个格子的麦子数乘以 2,再加上以前所有格子中麦子的数量,如此递归 64 次。

**【例 2-4】** 计算 64 个格子 2 倍递增求和。

```
def wheat(n):
    if n > 1:                    # 从第 2 个格子开始
        sum,rs = wheat(n - 1)    # 每次先调用前一个格子的计算方法,算完再执行本格子的
                                 # 算法
        rs = rs * 2              # 算出当前格子应该放的麦子数量(前一个格子的数量 × 2)
        sum = sum + rs           # 之前所有格子的麦子数量 + 当前格子麦子数量
        return sum,rs
    else:                        # 当递归到第 1 个格子时
        return 1,1               # 第 1 个格子中有 1 粒麦子,第 1 个格子加上前面所有格子的
                                 # 麦子和还是 1 粒
sum,rs = wheat(64)               # 调用
print(sum)
```

代码运行结果如图 2-4 所示。

图 2-4　64 个格子应被放入的麦粒数

## 2.4 递归遍历文件

某个路径下有文件和文件夹,文件夹下还有文件和文件夹,文件夹下可能还有文件和文件夹,层层包含。写一段程序,打开路径,遍历出路径下的文件和文件夹；遇到子文件夹就打开子文件夹路径,再遍历此文件夹下的文件和文件夹；如果再遇到子文件夹,继续打开此文件夹路径……层层展开,最后显示出此路径下所有包含在文件夹中的文件,如图 2-5 所示。

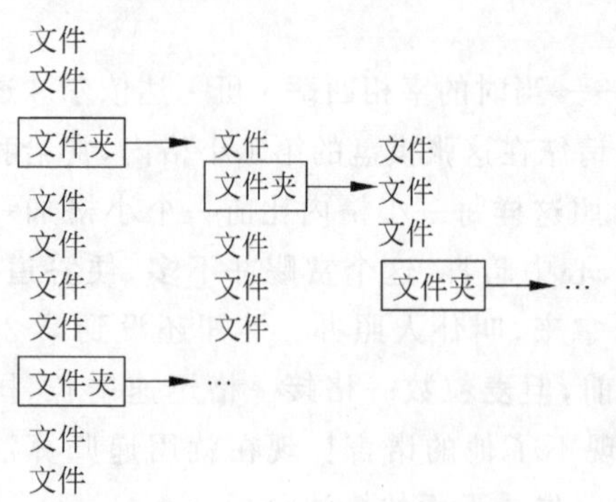


图 2-5　多层文件夹示意

解题思路如下：

(1) 传入最外层文件夹路径,用 Python 中的 listdir 方法遍历路径下的文件和文件夹。

(2) 循环中用 Python 中的 isfile 方法识别是否是文件夹，如果是文件夹，递归调用自身方法，遍历出新文件夹路径下的文件和文件夹。如果再遍历到文件夹，继续递归调用，依次深入到最深层级，从而打印出整个路径下的全部文件。

下面看例 2-5 的代码实现。

视频讲解

【例 2-5】 递归遍历指定路径下的所有文件和文件夹(displayfile.py)。

```
import os
def displayFile(path):
    for each in os.listdir(path):                    #遍历路径下的文件和文件夹
        absolute_path = os.path.join(path,each)      #得到文件的绝对路径
        is_file = os.path.isfile(absolute_path)      #得到是否为文件还是目录的布尔值
        if is_file:                                  #假如是文件,直接打印
            print(each)
        else:                                        #如果是文件夹
            print('----------',each,'---------------------')
            displayFile(absolute_path)               #如果是文件夹,递归
            print('----------',each,'---------------------')
#调用执行
displayFile('e:/www/angular')
```

代码运行结果如图 2-6 所示。

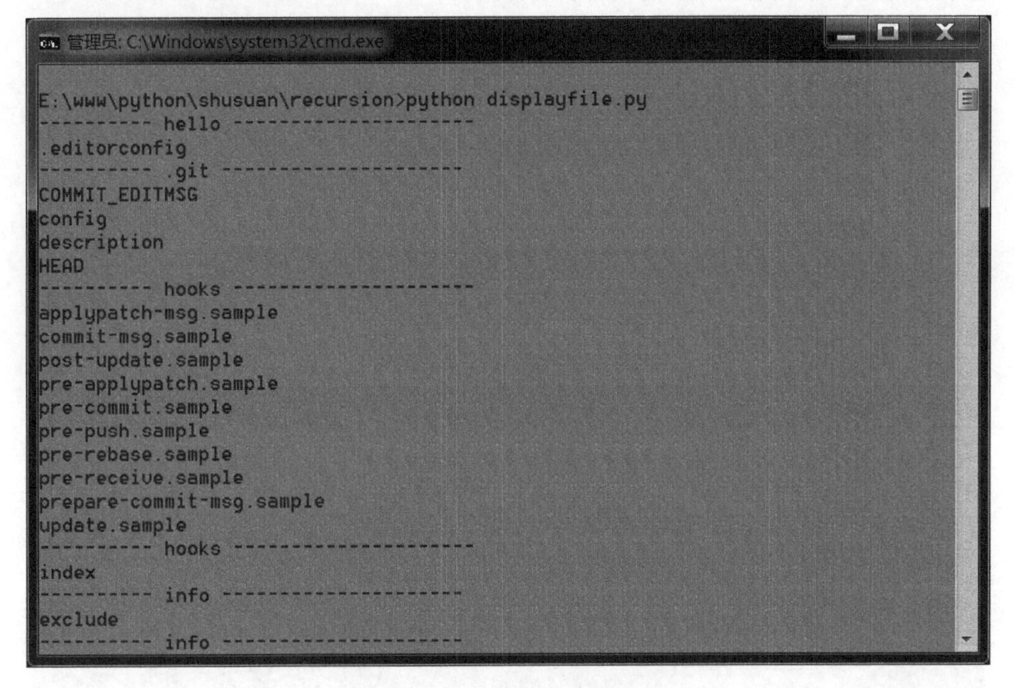


图 2-6 递归遍历文件夹显示结果

## 2.5 递归实现斐波那契数列

斐波那契数列(Fibonacci Sequence)又称黄金分割数列,指的是这样一个数列:1,1,2,3,5,8,13,21,…,从第3个数开始,每个数都是前两个数的和。写个函数,提供任意一个自然数 $n$,用程序输出斐波那契数列中第 $n$ 个数的值。

解题思路如下:

(1) 声明求解函数 $f$,参数为 $n$(表示需要获取的是斐波那契数列第 $n$ 项)。

(2) 数列下标从0开始,首先判断输入的 $n$ 是否大于1,如果小于或等于1,直接返回1。

(3) 如果 $n$ 大于1,递归求解函数计算出 $f(n-1)$ 和 $f(n-2)$ 的值,并将两个值相加,得到斐波那契数列在位置 $n$ 的值。

递归实现斐波那契数列算法的图解分析如图2-7所示。

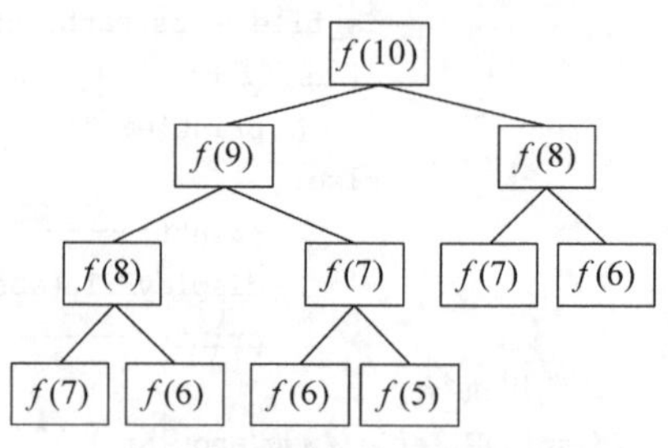


图2-7 斐波那契数列获取第10个元素值的递归算法分解

通过算法的递归调用把第10项求解转为第9项和第8项的求解,然后再递归调用求解第7项和第6项,层层向下,直到返回第1、2项数值后再把运算结构层层向上汇总。下面看例2-6的代码实现方式。

视频讲解

**【例2-6】** 递归求斐波那契数列中的第 $n$ 项(Fibonacci.py)。

```
def f(n):                               #参数n是斐波那契数列的第几个数
    if n>1:
        return f(n-1) + f(n-2)          #递归分解调用
    else:
        return 1
for i in range(10):                     #打印1～10的斐波那契数值
    print(f(i))
```

代码运行结果如图2-8所示。

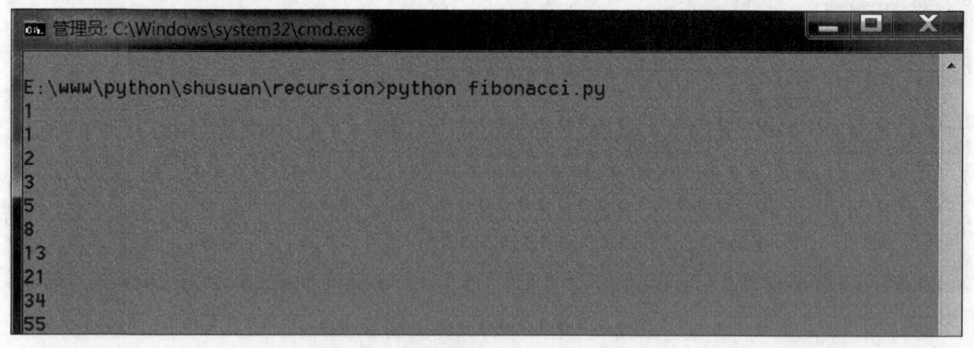


图2-8 斐波那契数列前10项的值

## 2.6 循环实现斐波那契数列

2.5 节递归实现斐波那契数列的解法有很严重的效率问题。假设求第 10 项，解法如图 2-7 所示。$f(8)$在图中出现了两次，$f(7)$在图中出现了 3 次，$f(6)$则会出现 4 次，以此类推。说明在这棵树中有很多节点是重复的，而且重复的节点数会随着 $n$ 的增大而急剧增加，这意味计算量会随着 $n$ 的增大而急剧增大。事实上，用递归方法计算斐波那契数列的时间复杂度是以 $n$ 的指数的方式递增的。因此，递归方式并不适用于所有解题场景。

改进思路：递归方式之所以慢是因为重复的计算太多，因此需要想办法避免重复计算。这里的办法是用循环方式从头到尾计算，首先根据 $f(0)$和 $f(1)$的值算出 $f(2)$的值，再根据 $f(1)$和 $f(2)$的值算出 $f(3)$的值，以此类推就可以算出第 $n$ 项的值了。下面看例 2-7 的代码。

视频讲解

**【例 2-7】** 循环方式求解斐波那契数列。

```
def f(n):
    if n>1:
        a = 1
        b = 1
        fibN = 0                    #斐波那契数列第 n 项的临时数据存储单元
        for i in range(2,n+1):
            fibN = a+b
            a = b                   #算出第 i 项后,通过数据交换,a,b 成为待求 i+1 项的前
                                    #两项
            b = fibN
        return fibN
    else:
        return 1
for i in range(10):                 #打印从 1～10 的斐波那契数值
    print(f(i))
```

代码运行结果如图 2-9 所示。

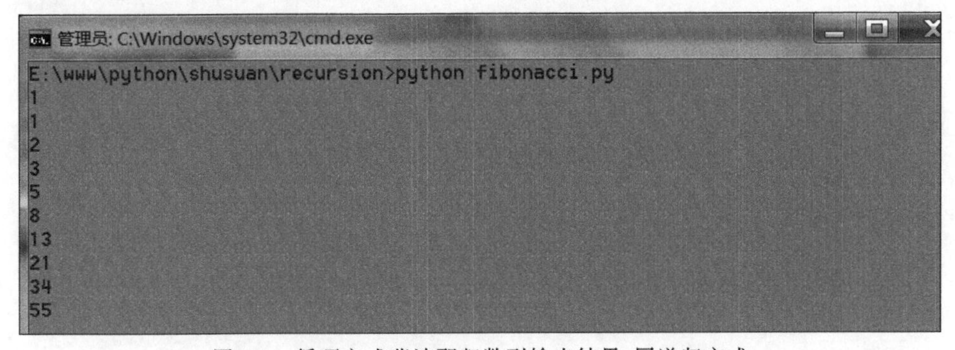


图 2-9 循环方式斐波那契数列输出结果，同递归方式

## 2.7 兔子繁殖问题

如果一对兔子从出生后第3个月起每个月都生一对兔子，小兔子长到第3个月后每个月又生一对兔子。并假设兔子都不会死，请问第1个月出生的一对兔子，第 $n$ 个月将会有多少只兔子？算法分析如下：

第1个月：1对兔子 = 1

第2个月：1对兔子 = 1

第3个月：1对兔子+新生1对兔子 = 2

第4个月：2对兔子+新生1对兔子 = 3

第5个月：3对兔子+新生2对兔子 = 5

第6个月：5对兔子+新生3对兔子 = 8

第7个月：8对兔子+新生5对兔子 = 13

……

上面等式左侧第1项是原先累计下来的兔子，第2项是当月新生的兔子，最后求出兔子总数。

可以看到，兔子数量产生顺序符合斐波那契数列规则：1,1,2,3,5,8,13……于是，此题的程序算法，完全可以套用上面学到的斐波那契数列的运算公式，轻松求出第 $n$ 个月的兔子数量。

# 第3章

# 栈和队列

## 3.1 栈结构

栈(Stack)是一种线性的存储结构,它具有如下特点:

(1) 栈中的数据元素遵守先进后出(First In Last Out,FILO结构)的原则。

(2) 限定只能在栈顶进行插入和删除操作。

如图3-1所示。打个比方,栈就像一摞盘子,一个个的盘子摞成一叠,只能从最上面添加或拿走。最先放下的盘子在最底下,最后才能拿出,最后放下的盘子在最上面,最先被拿出。栈的常用操作如下(用一摞盘子比喻):

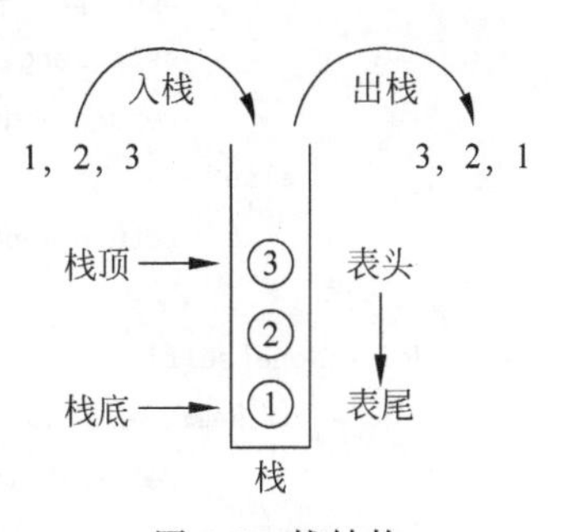

图3-1 栈结构

(1) 入栈:就是向栈中添加元素,只能从最上面添加,通常命名为push。

(2) 出栈:也可称为弹栈,就是从栈中取出元素,只能从最上面取出,通常命名为pop。

(3) 求栈的大小,返回栈中有多少个元素。

(4) 判断栈是否为空,如果栈中无元素,返回True;如果栈中有元素,返回False。

下面看例3-1的代码结构。

**【例3-1】** 栈结构包括栈的节点类、主结构类和测试代码。

(1) 节点类(node.py)包括:栈节点的值value和指向前一个节点的指针pre。

```
class Node:
    def __init__(self,value):
        self.value = value          #栈节点的值
        self.pre = None             #指向前一个节点的指针
```

(2) 主结构类(stack.py)包括如下内容:

成员变量:栈顶指针point,栈长度length。

成员方法:入栈方法push,出栈方法pop,判断栈是否为空方法isNone。

```
from node import Node
class Stack:
    def __init__(self):                     #栈初始化
            self.point = None               #定义栈顶指针
            self.length = 0                 #栈中节点总数
     def push(self,value):                  #向栈中压入数据方法
            node = Node(value)              #把压入栈中的数据包装成栈节点
            if self.point!= None:           #假如栈顶指针不为空
                 node.pre = self.point      #后压入栈的节点指向前一个节点
                 self.point = node          #栈顶指针指向新压入栈的新节点
            else:                           #假如栈顶指针为空
                 self.point = node          #栈顶指针指向栈中唯一的节点
            self.length += 1                #栈中总数加1
    def pop(self):                          #从栈中弹出数据方法
            if self.point!= None:           #假如栈顶指针不为空
                 node = self.point          #获得栈顶指针指向的节点
                 self.point = node.pre      #栈顶指针向前一个节点移动
                 node.pre = None            #把栈顶节点的向前指针置为空
                 self.length -= 1           #栈中节点总数减1
                 return node.value          #返回弹出节点的值
            else:                           #如果栈内没有节点
                 return None                #返回空

    def isNone(self):                       #栈的判空方法
            if self.length > 0:             #假如栈内节点总数大于0
                 return False               #返回False
            else:                           #假如栈内节点总数等于0
                 return True                #返回True
```

(3) 测试代码(test.py)。

```
from stack import Stack
stack = Stack()
for ii in range(5):                         #向栈中压入5个数字
 print(ii)
 stack.push(ii)
print(stack.isNone())                       #判断栈是否为空
print('----------------------')
for ii in range(stack.length):              #从栈中依次弹出压入的元素
      print(stack.pop())
print(stack.isNone())                       #判断栈是否为空
```

以上代码运行结果如图3-2所示。

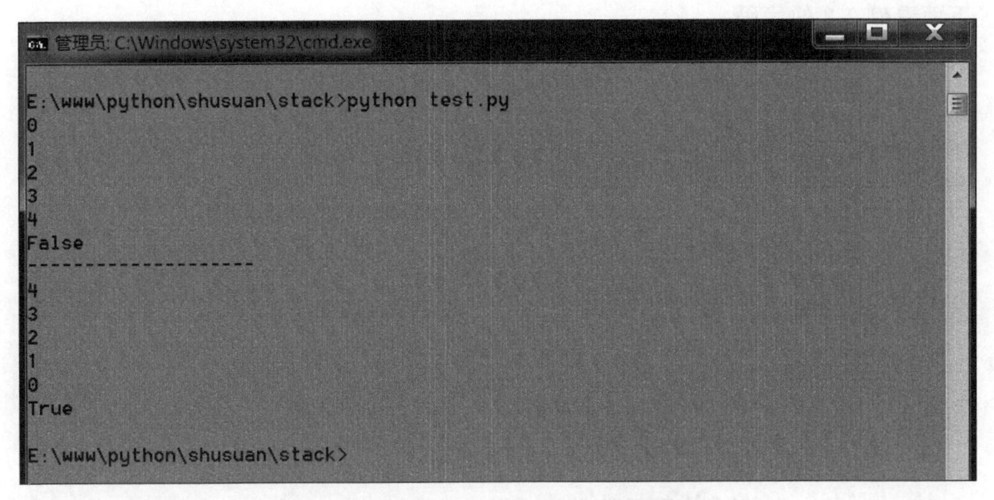


图 3-2 栈结构压入和弹出 5 个数字并判空

## 3.2 用栈做十进制与二进制的转换

十进制转换成二进制的对应表如表 3-1 所示。

**表 3-1 十进制转换成二进制的对应表**

| 十 进 制 | 二 进 制 | 十 进 制 | 二 进 制 |
|---|---|---|---|
| 0 | 0 | 6 | 110 |
| 1 | 1 | 7 | 111 |
| 2 | 10 | 8 | 1000 |
| 3 | 11 | 9 | 1001 |
| 4 | 100 | …… | …… |
| 5 | 101 | | |

思路：十进制整数转换为二进制整数采用“除 2 取余，逆序排列”法。具体做法：除数始终是 2，用 2 整除十进制整数，可以得到一个商和余数；再用 2 去除商，又会得到一个商和余数，如此进行，直到商为 0 时为止，然后把先得到的余数作为二进制数的低位有效位，后得到的余数作为二进制数的高位有效位，依次排列起来。

假设将十进制 6 转换成二进制，方法如下：

6/2=3　余 0 余数为二进制第 3 位

3/2=1　余 1 余数为二进制第 2 位

1/2=0　余 1 余数为二进制第 1 位

以上余数倒序排列为 110，就是十进制 6 转换为二进制的换算数，如图 3-3 所示。

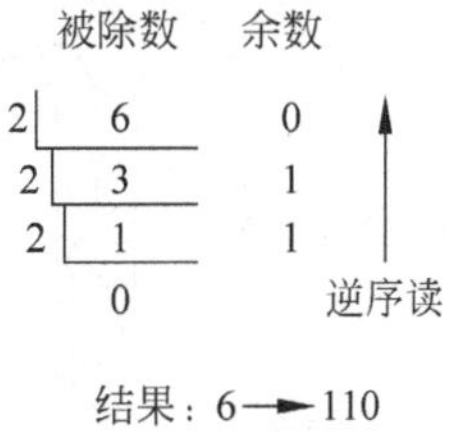

被除数　余数
2 | 6　0
2 | 3　1
2 | 1　1
0　逆序读

结果：6→110

图 3-3 6 转换为二进制的结果为 110

视频讲解

下面看例 3-2 的代码。

【例 3-2】 用栈做十进制转换成二进制(test.py)。

```
from stack import Stack                          # 引用 3.1 节中的栈
import math
def tenToTwo(n):
    if n > 1:                                    # 如果传入的自然数大于 1
        stack = Stack()
        temp = n
        while(temp > 0):                         # 如果除后的结果大于 0
            mod = temp % 2                       # 对 2 取余
            stack.push(mod)                      # 余数压入栈中
            temp = math.floor(temp/2)            # 除 2 后向下取整
        v = stack.pop()
        while(stack.isNone() == False):          # 循环弹出栈中结果
            v = v * 10 + stack.pop()
        return v
    else:                                        # 如果传入的自然数小于或等于 1
        return n                                 # 直接把 0 或 1 返回
print(tenToTwo(6))                               # 把 6 转换成二进制
print(tenToTwo(9))                               # 把 9 转换成二进制
```

以上代码运行结果如图 3-4 所示。

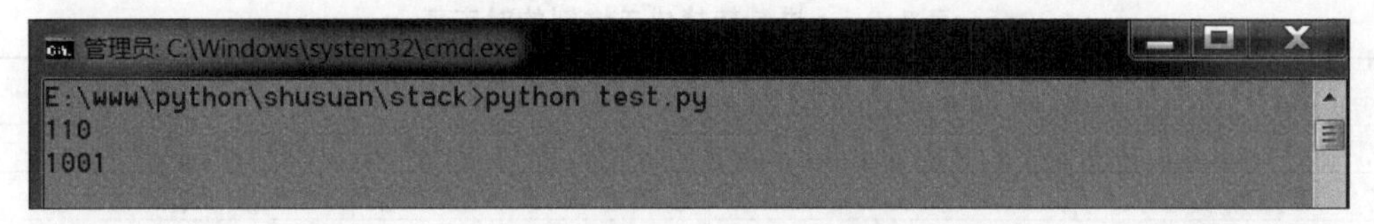


图 3-4 6 和 9 十进制转换为二进制的执行结果

## 3.3 最小栈

所谓最小栈,就是当前栈顶元素的值始终是栈中元素的最小值。其实现方式:

每次入栈时进行判断,如果小于或等于栈顶元素,直接入栈;如果大于栈顶元素,栈先执行弹栈操作,然后把新值压入,最后把弹出的节点重新压回栈内,如图 3-5 所示。

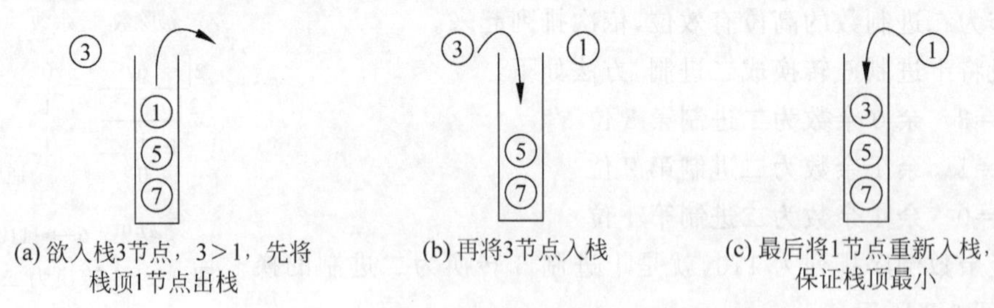


图 3-5 最小栈入栈操作步骤

接着看例 3-3 的代码。

【例 3-3】 最小栈包括最小栈代码和测试代码。

(1) 最小栈(minstack. py)。

视频讲解

```
from node import Node
class MinStack:
    def __init__(self):
        self.point = None
        self.length = 0
    def push(self,value):                       # 压栈方法
        node = Node(value)
        if self.point!= None:
                                                # 和栈顶元素的值进行比较,如果大于栈
                                                # 顶元素,先弹栈,再压栈新元素,再把弹
                                                # 出的元素重新入栈
                                                # 如果小于栈顶元素,直接压入
            if node.value > self.point.value:   # 入栈的新元素大于当前的栈顶元素
                minV = self.pop()               # 先弹出栈顶元素
                self.add(node)                  # 新节点先入栈
                self.length += 1                # 补充 POP 时的减 1 动作
                self.add(Node(minV))            # 再把刚才弹出的栈压入
            else:
                self.add(node)                  # 直接压入
        else:
            self.point = node
        self.length += 1
    def add(self,node):                         # 节点入栈方法
        node.pre = self.point                   # 入栈节点前向指针指向原栈顶节点
        self.point = node                       # 栈顶指针指向新入栈节点
    def pop(self):                              # 弹栈方法
        if self.point!= None:
            node = self.point                   # 获得栈顶节点
            self.point = node.pre               # 栈顶指针指向栈顶节点的前 1 节点
            node.pre = None                     # 原栈顶节点前向指针置空
            self.length -= 1                    # 栈中节点总数减 1
            return node.value
        else:
            return None

    def isNone(self):                           # 判断栈是否为空
        if self.length > 0:
            return False
        else:
            return True
```

(2) 测试代码(test.py)。

```
from minstack import MinStack
mstack = MinStack()                                    #实例化最小栈
lst = [9,6,15,4,21,7,3,34,5,18,21,17]
slen = len(lst)                                        #取列表长度
for ii in range(slen):                                 #循环压入最小栈
    mstack.push(lst[ii])
print(mstack.pop())                                    #弹出栈顶元素
```

执行 test.py,代码运行结果如图 3-6 所示。

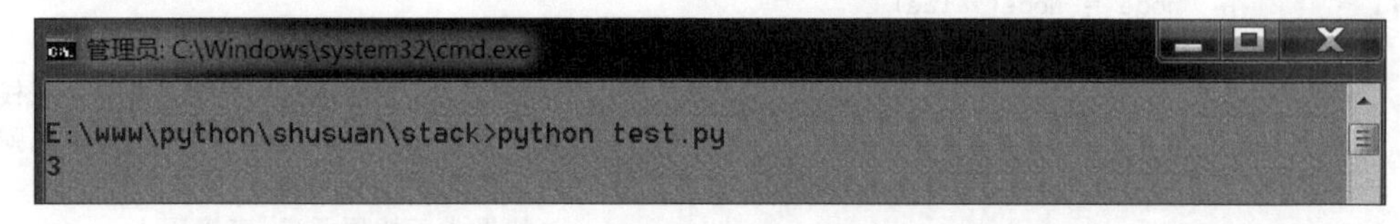


图 3-6 向最小栈中压入一些数据,弹出栈顶元素,确定是其中最小值

## 3.4 队列

队列(Quence)和栈一样,是一种操作受限制的线性表。它只允许在表的后端(rear)进行插入操作,称为入队;在表的前端(front)进行删除操作,称为出队。所以最早进入队列的元素会最先从队列中删除,故队列又称为先进先出(First In First Out,FIFO)的线性表。进行插入操作的端称为队尾,进行删除操作的端称为队头。队列中没有元素时,称为空队列。

其结构描述:建立顺序队列结构,必须为其静态分配或动态申请一片连续的存储空间,并设置两个指针进行管理。一个是队头指针 front,它指向队头元素;另一个是队尾指针 rear,指向下一个入队元素的存储位置。

队列的实现方式有如下两种:

(1) 数组方式:根据数据量定义一个数组,以 front 指向队首元素,值始终为数组首元素 a[0]。入队时,根据队列大小将元素存储到相应位置。出队时,front 保持不变,删除队首元素,其余元素依次向前移动,队尾指针 rear 向前移动,时间复杂度为 $O(N)$。上述实现因为不断移动元素,效率太低。

(2) 链表方式:队列中每个元素为一个节点,节点包含值和指向后一个节点的指针。头指针 front 指向队首节点,尾指针 rear 指向队尾节点。入队时,队尾节点的节点指针指向新入队节点,队尾指针再指向新入队节点。出队时,队首节点弹出,front 节点指向后一个节点。此实现方式效率较高,且可自由伸展队列长度,但所占空间略大于数组方式,如图 3-7 所示。

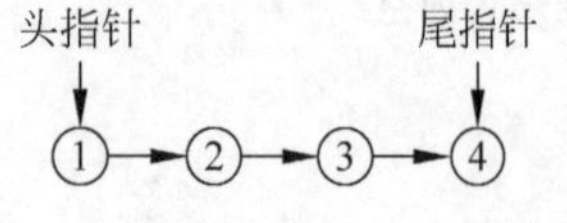


图 3-7 链表方式实现队列结构

队列的基本操作包括入队操作、出队操作、取长度、判断队列是否为空。下面看例 3-4 的代码。

**【例 3-4】** 队列。

(1) 队列节点类 (node. py)。

```
class Node:
    def __init__(self,value):
        self.value = value              #数据映射
        self.next = None                #指向后一个节点的指针
```

(2) 队列类 (quence. py)。

```
from node import Node
class Quence:
    def __init__(self):
        self.head = None                #队列头指针
        self.rear = None                #队列尾指针
        self.length = 0                 #队列中元素长度
    def inQue(self,value):              #入队
        node = Node(value)
        if self.head!= None:            #如果队列头指针不为空
            self.rear.next = node       #尾指针所在节点的 next 指向新节点
            self.rear = node            #尾指针指向新节点
        else:
            self.head = node            #如果队列为空,头尾指针都指向新进的节点
            self.rear = node
        self.length += 1

    def outQue(self):                   #出队
        node = self.head
        if node.next!= None:            #如果不是最后一个节点
            self.head = node.next       #队列头指针指向队列中的第 2 个节点
            node.next = None
        else:                           #如果是最后一个节点
            self.head = None            #头指针置空
            self.rear = None            #尾指针置空
        self.length -= 1
        return node.value
    def isNone(self):                   #判断队列是否为空
        if self.head!= None:
            return False
        else:
            return True
```

(3) test. py(测试代码)。

```
from quence import Quence
quence = Quence()
```

```
for ii in range(10):                          #队列中入队10个数字
  quence.inQue(ii)
for ii in range(quence.length):               #顺序出队
  print(quence.outQue())
```

执行 test.py,运行结果如图 3-8 所示。

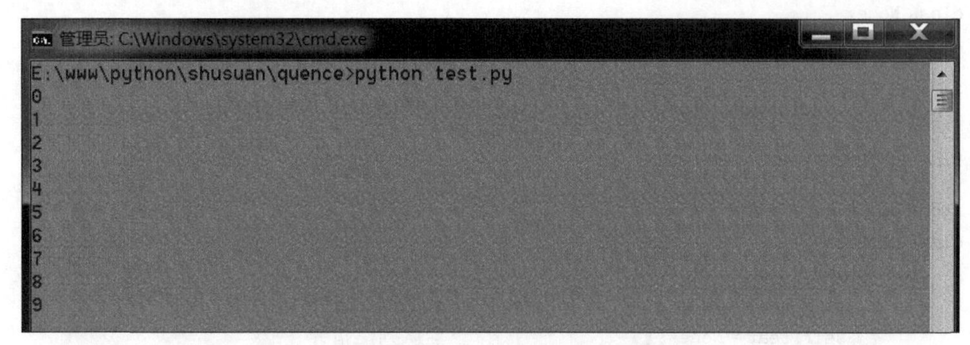


图 3-8　向队列中压入 10 个数字,再顺序出队

## 3.5　两个栈实现一个队列

解题思路：栈是先进后出,队列是先进先出,a、b 两个栈中以 a 栈为入栈,b 栈为出栈,通过两个栈之间的数据互导实现队列的先进先出。程序步骤如下：

(1) 声明 a、b 两个栈。

(2) 入队操作：首先判断 b 栈是否为空,如果为空,直接向 a 栈压入数据；如果不为空,将 b 栈中所有元素依次弹回 a 栈,然后向 a 栈压入新元素。

(3) 出队操作：首先判断 b 栈是否为空,如果不为空,直接从 b 栈中弹出元素；如果为空,则先将 a 栈中的数据全部依次弹出,随即顺序压入 b 栈,然后再从 b 栈弹出元素。

(4) 再入队操作：首先判断 b 栈是否为空,如果不为空,先将 b 栈中的元素依次弹出,顺序压入 a 栈,直到 b 栈为空,然后再将新数据压入 a 栈。

(5) 再出队操作：首先判断 b 栈是否为空,如果不为空,直接从 b 栈中弹出元素；如果为空,则先将 a 栈中的数据全部依次弹出,随即顺序压入 b 栈,然后再从 b 栈弹出元素。

两个栈实现一个队列的算法图解分析如图 3-9 所示。

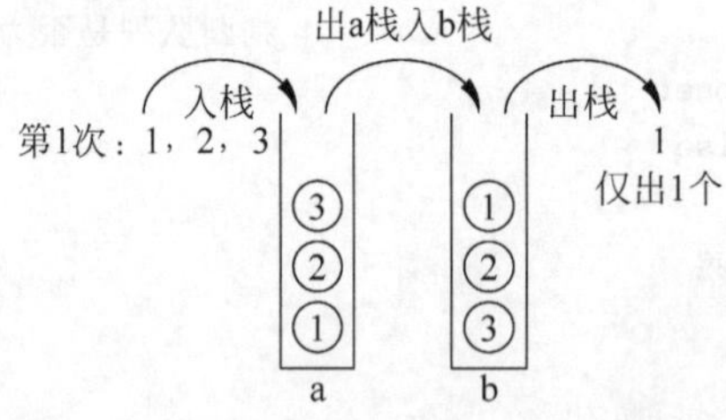


(a) 第1次入栈、出栈实现队列效果，入队3个数，出队1个数

图 3-9　两个栈实现一个队列的算法图解分析

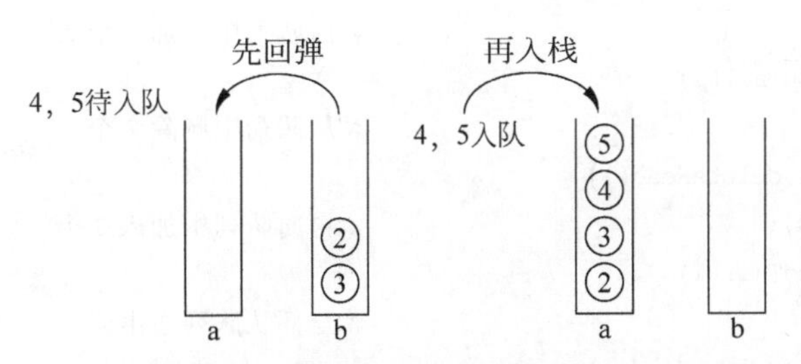


(b) 第2次入队两个数，先把b栈中数全部弹回a栈，新数据再入a栈

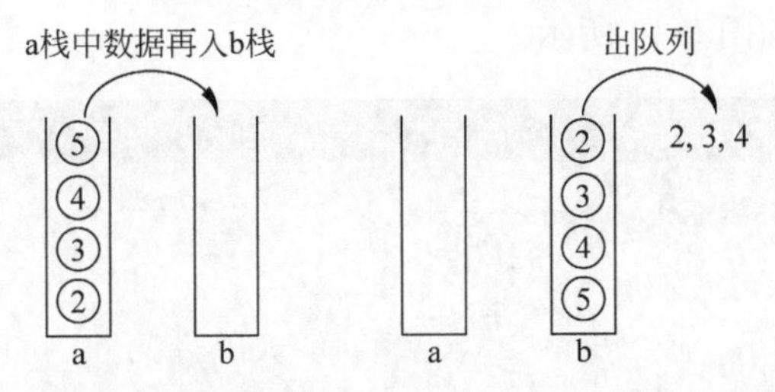


(c) a栈中数据再入b栈，再从b栈弹出，构成队列出栈

图 3-9 （续）

代码实现方式见例 3-5。

【例 3-5】 用两个栈实现一个队列。

(1) 栈代码(stackque.py)。

```
from stack import Stack
class StackQue:
    def __init__(self):
          self.a = Stack()
          self.b = Stack()
    def appendTail(self,value):                    #向队列中加入数据
          if self.b.isNone() == False:             #假如 b 栈不为空
               blen = self.b.length
               for i in range(blen):
                    self.a.push(self.b.pop())
          self.a.push(value)
    def deleteHead(self):                          #从队列中删除数据
          if self.b.isNone():                      #假如 a 栈不为空
               alen = self.a.length
               for i in range(alen):
                    self.b.push(self.a.pop())
          return self.b.pop()
```

(2) 测试代码(test.py)。

```
from stackque import StackQue
stackque = StackQue()
```

```
for i in range(5):                                    #向队列中添加5个数
    stackque.appendTail(i)
for i in range(2):                                    #从队列中删除2个
    print(stackque.deleteHead())
for i in range(7,10):                                 #再向队列中加入3个
    stackque.appendTail(i)
for i in range(10):                                   #全部从队列中出队
    print(stackque.deleteHead())
```

测试代码运行结果如图3-10所示。

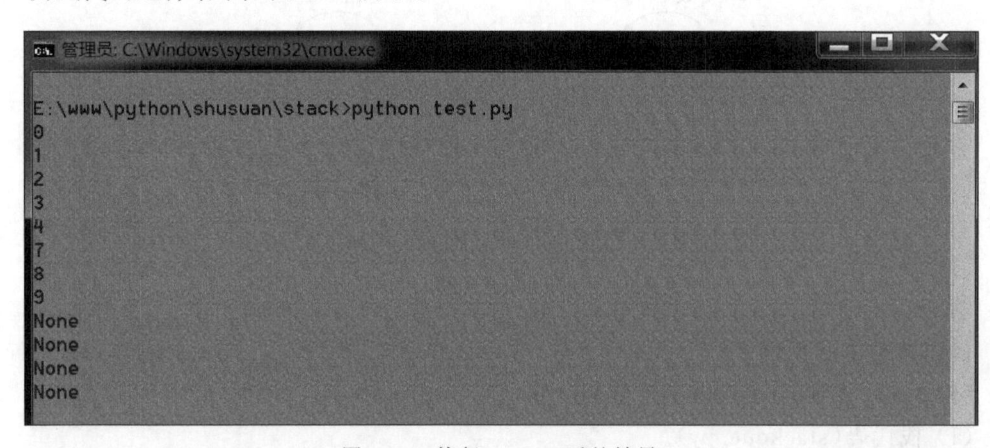


图3-10　执行test.py后的效果

## 3.6　以递归方式反转一个栈

以递归方式反转一个栈，要求不得重新申请一个同样的栈。

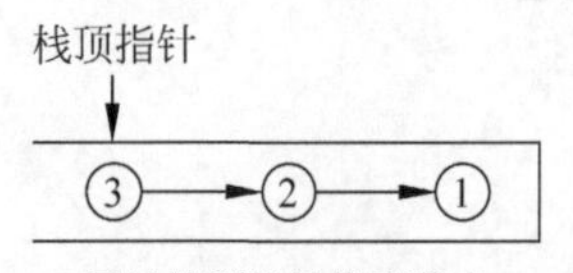


(1) 通过栈顶指针找到节点3
(2) 通过节点3找到节点2
(3) 把节点2的指针指向节点3
(4) 在步骤(3)之前先递归，让节点2指向节点1
(5) 栈顶指针转到节点1

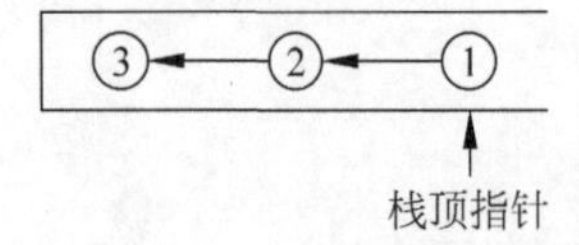


图3-11　以递归方式反转栈步骤分解

思路：栈中的节点原本是从栈顶节点依次指向下一个节点直到栈底，反转后栈顶指针指向栈底，栈底节点的下一个指针指向原先的上一个节点直到栈顶。因为栈的起始位置是从栈顶指针开始的，这样就达到了栈中节点序列相反的目的。实现方式其实有很多种，这里使用递归调用的方式让每一个节点后一个节点的pre指针反指向本节点，步骤如图3-11所示。

代码实现见例3-6。

**【例3-6】** 以递归方式反转一个栈结构。

```
from stack import Stack                     #引入 3.1 节中的栈
from node import Node                       #引入 3.1 节中的节点
stack = Stack()
def rev(node):                              #反转方法
    global stack
    preNode = node.pre
    if preNode!= None:                      #假如没到最后一个节点
          rev(preNode)                      #节点反转前,先递归调用下一个节点的反转方法
          preNode.pre = node                #让下一个节点指针反指向自己
    else:
          stack.point = node                #到最后一个节点,栈顶指针指向最后一个节点
for i in range(1,6):                        #向栈中压入 6 个数字
    stack.push(i)
node = stack.point                          #拿到栈顶节点
rev(node)                                   #调用反转方法
node.pre = None                             #原栈顶节点(变尾节点)的 next 指针必须置为 None
for i in range(stack.length):
    print(stack.pop())
```

代码运行结果如图 3-12 所示。

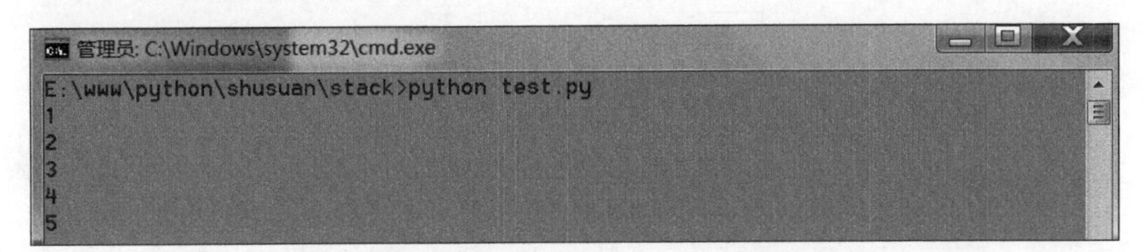


图 3-12　栈应先进后出,即 5,4,3…反转后呈 1,2,3…

## 3.7　递归加栈实现汉诺塔

汉诺塔(又称河内塔)问题是源于印度的一个古老传说。大梵天创造世界时做了三根金刚石柱子,在一根柱子上从上往下按照由小到大的顺序摞着 64 片黄金圆盘。大梵天命令婆罗门把圆盘重新摆放在另一根柱子上,顺序同样是从上往下由小到大摞列。并且规定,在小圆盘上不能放大圆盘,在三根柱子之间一次只能移动一个圆盘。

把要求简述如下:a、b、c 三根柱子,a 上有从上到下按从小到大顺序摞着一列圆盘,现要求把 a 柱子上所有的圆盘移动到 c 柱子上。移动规则如下:

(1) 三根柱子之间一次只能移动一个圆盘。

(2) 任何情况下,大圆盘不能放在小圆盘上面。

解题思路:把柱子按用途定义为源柱子(初始是 a 柱)、中间柱子(初始是 b 柱)和目标柱子(初始是 c 柱)。三个用途在三根柱子中是来回切换的。

算法分析:递归过程就是把步骤分解成下面的三个子步骤。

(1) 假设源柱子上落有 $n$ 个盘子,将前 $n-1$ 个盘子从源柱子移动到中间柱子上。

(2) 将最底下的最后一个盘子从源柱子移动到目标柱子上。

(3) 将中间柱子上的 $n-1$ 个盘子移动到目标柱子上。

然后每个子步骤又是一次独立的汉诺塔游戏,也就可以继续分解目标直到 $n$ 为 1。

**注意**:源柱子、中间柱子和目标柱子在每一个子步骤中是不同的,每次操作的步骤都是为了把底座盘子移动到目标柱子上,因此必须先把底座上面的盘子全移动到中间柱子上。而底座上面的盘子又可视为一个独立的汉诺塔游戏,需要用上述逻辑再次拆解,直到拆解到只剩一个盘子为止。

(1) 当 a 柱上只有一个盘子时,直接将盘子移动到 c 柱上,如图 3-13 所示。

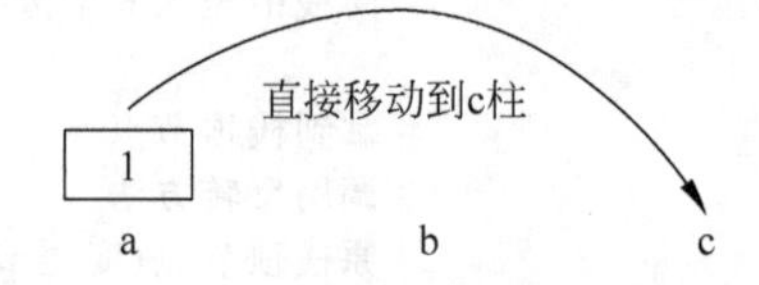


图 3-13　a 柱上的盘子直接移动到 c 柱上

(2) 当 a 柱上有 2 个盘子时,操作步骤如图 3-14 所示。

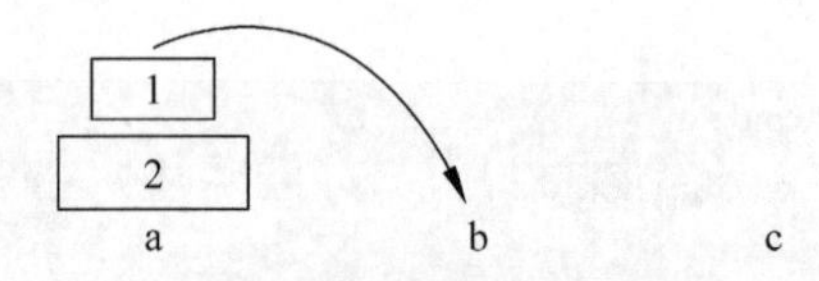


(a) 先把a柱上的盘子1移动到b柱上

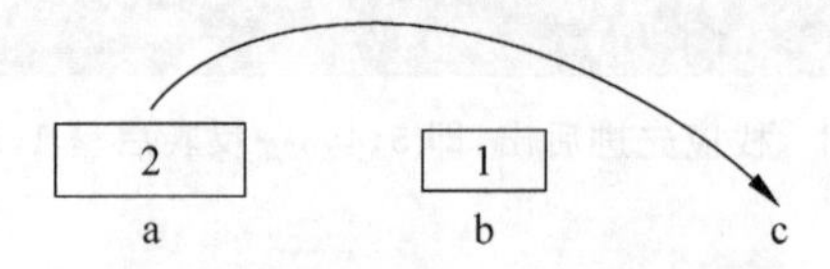


(b) 再把a柱底座上的盘子2移动到目标c柱上

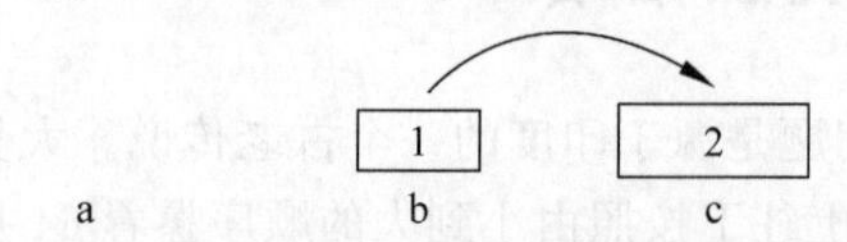


(c) 再把b柱上的盘子1移动到c柱上,移动完成

图 3-14　汉诺塔上有 2 个盘子时的操作步骤

(3) 当 a 柱上有 3 个盘子时,操作步骤如图 3-15 所示。

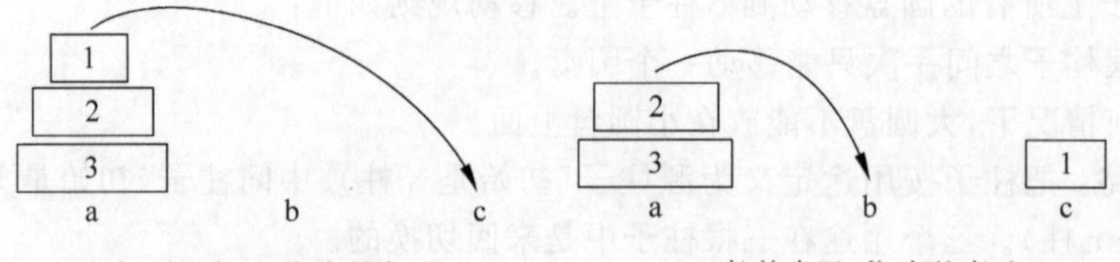


(a) a柱顶部盘子1移动到c柱上　　(b) a柱的盘子2移动到b柱上

图 3-15　汉诺塔上有 3 个盘子时的操作步骤

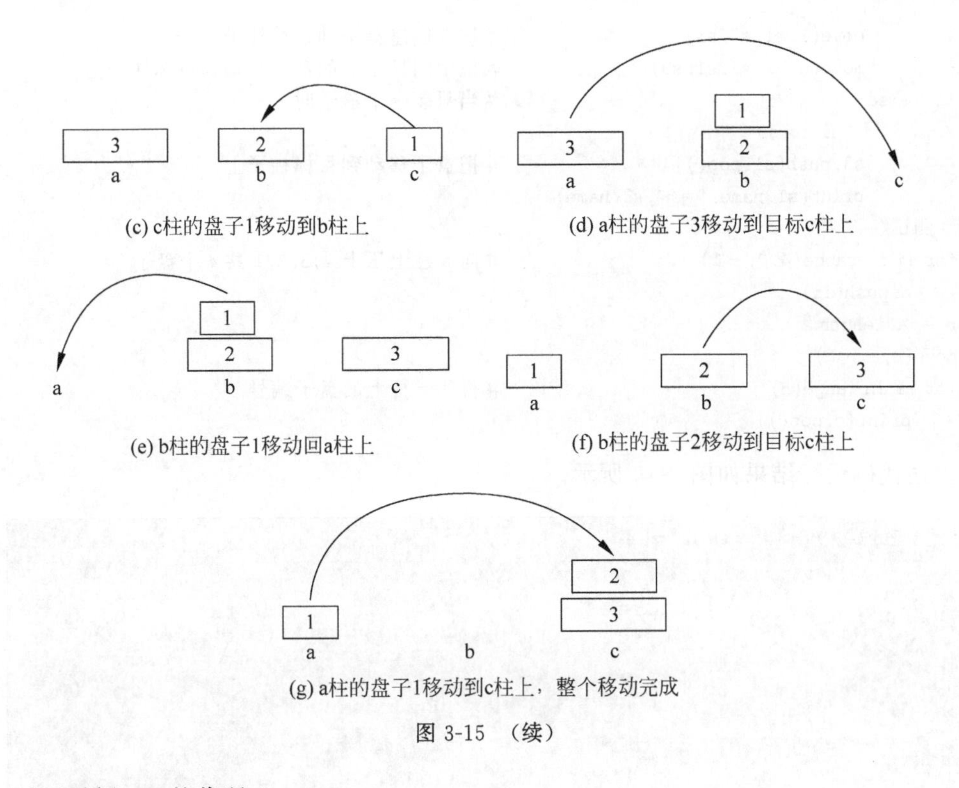


(c) c柱的盘子1移动到b柱上

(d) a柱的盘子3移动到目标c柱上

(e) b柱的盘子1移动回a柱上

(f) b柱的盘子2移动到目标c柱上

(g) a柱的盘子1移动到c柱上，整个移动完成

图 3-15　(续)

下面看例 3-7 的代码。

视频讲解

**【例 3-7】** 以递归加栈的方式实现汉诺塔算法。

(1) 栈(stack. py)代码中添加一个元素 name。

```
from node import Node
class Stack:
    def __init__(self):
        self.point = None
        self.length = 0
        self.name = None                    #为了给柱子加个名字
```

(2) 测试代码(test. py)中实现汉诺塔。

```
from stack import Stack
a = Stack()                                 #声明 1 个栈
a.name = 'A'                                #第 1 根柱子起名叫 A
b = Stack()                                 #声明 b 柱子
b.name = 'B'
c = Stack()                                 #声明 c 柱子
c.name = 'C'
def move(n,s1,s2,s3):                       #递归,层层分解
    if n!= 1:
        move(n-1,s1,s3,s2)                  #把底座上面所有盘子移动到中间柱子上
```

```
        move(1,s1,s2,s3)                      #移动底座盘子到目标柱子上
        move(n-1,s2,s1,s3)                    #把中间柱子上的盘子移动到目标柱子上
    else:                                     #当只剩一个盘子时
        #s1->s3
        s3.push(s1.pop())                     #把盘子移动到目标柱子上
        print(s1.name,'=>',s3.name)
#测试
for ii in range(4,0,-1):                      #向a柱上压上4,3,2,1共4个盘子
    a.push(ii)
n = a.length
move(n,a,b,c)
for ii in range(n):                           #打印c柱上的盘子编号
    print(c.pop())
```

上述代码运行结果如图 3-16 所示。

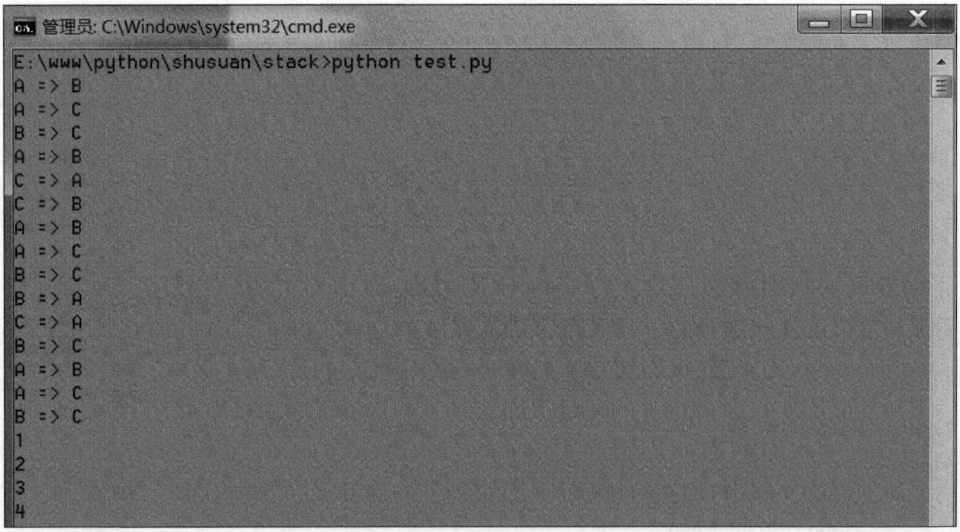

```
管理员: C:\Windows\system32\cmd.exe
E:\www\python\shusuan\stack>python test.py
A => B
A => C
B => C
A => B
C => A
C => B
A => B
A => C
B => C
B => A
C => A
B => C
A => B
A => C
B => C
1
2
3
4
```

图 3-16　汉诺塔上有 4 个盘子情况下的移动步骤和 c 柱上最后的盘子罗列情形

# 第4章 链　　表

链表在生活中随处可见。比如火车车厢，是一节一节连在一起的；脊椎动物脊椎骨的骨骼结构，也是一节一节构成一个链表结构；还有责任链、证据链等。凡是有1个头和1个尾，中间环环相接的结构都可称为链表结构。链接结构常会和数组结构混淆，很多编程语言中甚至把链表当成数组用，称为可变长数组。链表与数组最大的区别在于是否可以自由伸缩，数组一经声明，长度就被确定，不可伸缩了；而链表则可以自由增加或删除自身的节点，让自己的长度变化，这是数组做不到的。另外，因为数组是定长的，所以在声明时需要指定自身元素的类型，而链表是变长的，任何类型都可以往链表上放。

## 4.1 链表结构

链表是由多个节点构成的线性的存储结构，每个节点都至少包含如下两部分：

(1) 数据部分：保存该节点的实际数据引用。

(2) 地址部分：保存的是下一个节点的内存地址，如图4-1所示。

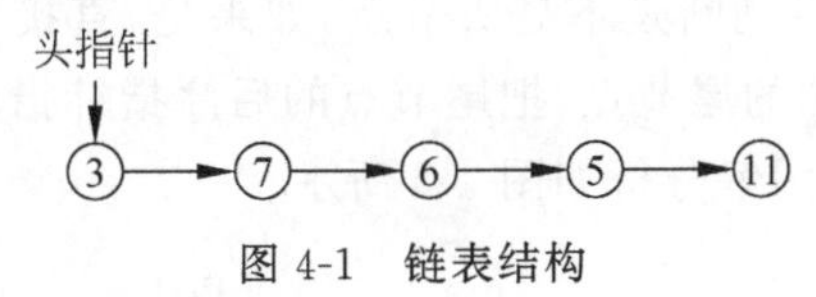


图4-1 链表结构

链表结构的特点如下：

(1) 节点在存储器中的位置是任意的，即逻辑上相邻的数据元素在物理上不一定相邻。

(2) 访问时只能通过头指针进入链表(无尾指针的情况下)，并通过每个节点的指针域向后扫描其余节点，所以寻找第一个节点和最后一个节点所花费的时间不等。

链表结构的优缺点如下：

优点：数据元素在链表中进行扩充、插入、删除等操作时不必移动数据，只需修改链接指针，修改效率较高。

缺点：存储密度小、存取效率不高，必须采用顺序存取，即存取数据元素时，只能按从头到尾的顺序逐个进行访问。

链表种类包括：单向链表、双向链表、单向循环链表和双向循环链表。

## 4.2 单向链表

单向链表(单链表)是链表的一种,其特点是链表的链接方向是单向的,其中每个节点都有指针成员变量指向列表中的下一个节点,对链表的访问要通过顺序读取从头部开始。其程序构成结构包括如下:

(1) 节点类:包含数据(数据元素的指针或映像)和指针(指示后继节点存储位置)。

(2) 单链表类:包含指向头部的头指针 phead 和链表长度 length。

单向链表包括如下方法:

(1) 追加:在链表尾部追加数据节点。

(2) 遍历:扫描整个链表,依次获取链表中的全部数据。

(3) 随机访问:任意获取链表指定下标的节点数据。

(4) 随机插入:在链表的任意指定位置插入节点。

(5) 随机删除:删除链表中指定位置的节点。

### 4.2.1 单向链表的追加和遍历

单向链表的追加方式包括头插法和尾插法。

(1) 头插法:新加入的节点插在链表头部,头指针始终指在最后插入的一个节点,遍历时最先得到的是尾节点。

(2) 尾插法:新加入的节点追加在链表尾部,头指针始终指在最先插入的第一个节点,遍历时最先得到的是头节点。

尾插法是最常用的插入方式,本例采用尾插法。尾插法的算法逻辑:插入链表的数据首先被实例化到节点中,然后判断是不是头节点,如果是,直接将头指针指向入队节点;如果不是,通过循环找到链表中的尾节点,把尾节点的后序指针指向入队节点。

单向链表尾插法的算法图解分析如图 4-2 所示。

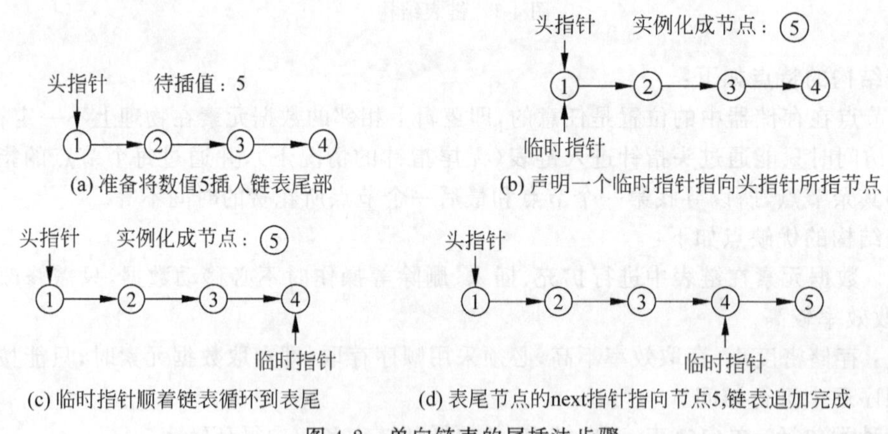


图 4-2 单向链表的尾插法步骤

代码实现如例 4-1 所示。

**【例 4-1】** 单向链表的追加和遍历。

(1) 节点类 (snode.py)。

```
class Snode:
  def __init__(self,data):
        self.data = data                    #节点数据
        self.next = None                    #节点后续指针
```

(2) 单向链表类 (slinkedlist.py)。

```
from snode import Snode
class SlinkedList:
  def __init__(self):
        self.phead = None                   #头指针
        self.length = 0

  def append(self,data):                    #追加方法
        node = Snode(data)
        if self.phead!= None:
              pl = self.phead               #声明临时指针
              while pl.next!= None:         #循环找到尾节点
                    pl = pl.next            #临时指针通过 next 指针移动到下一个节点
              pl.next = node
        else:                               #假如链表为空
              self.phead = node             #直接让头指针指向新加入节点
        self.length += 1

  def display(self):                        #遍历方法
        lst = []
        node = self.phead                   #先拿到头指针指向的节点引用
        while node!= None:                  #循环把链表中的数据放进一个列表
              lst.append(node.data)
              node = node.next              #节点引用通过 next 指针移动到下一个节点
        return lst
```

(3) 测试文件 (test.py)。

```
from slinkedlist import SlinkedList         #引入链表类
sLinkList = SlinkedList()                   #实例化链表
for ii in range(10):                        #追加 10 个数据进链表
  sLinkList.append(ii)
lst = sLinkList.display()                   #遍历成一个列表取出
print(lst)
```

上述代码运行结果如图 4-3 所示。

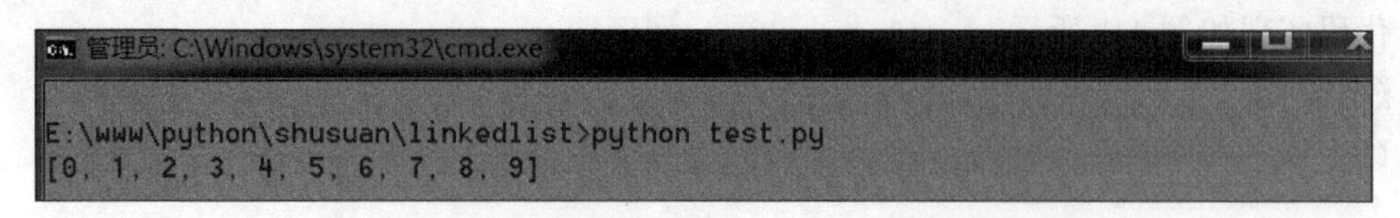


图 4-3 单向链表的追加和遍历完成后打印的结果

### 4.2.2 单向链表的随机访问

所谓单向链表的随机访问：是指输入要获取的节点的序号，获得指定序号节点上的数据。随机访问的算法逻辑：传入需要获取的节点序号 seqnum，定义一个临时指针和一个计数器，临时指针从头指针所指向的节点向后顺序查找；计数器随着指针每经过一个节点计数加 1，从 0 开始累加，直到累加到 seqnum 为止，此时临时指针指向的节点就是要获取的节点。单向链表随机访问算法的图解分析如图 4-4 所示。

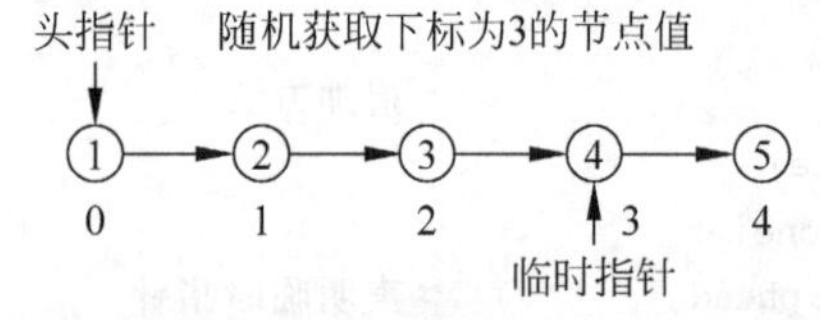


图 4-4 临时指针从头指针处循环移动到下标为 3 的节点处

视频讲解

代码实现见例 4-2。

【例 4-2】 单向链表的随机访问。

(1) 在 slinkedlist.py 中添加一个 getData 方法。

```
def getData(self,seqnum):
    if seqnum >= self.length:                #如果输入的序号大于或等于链表长度
        seqnum = self.length - 1
    elif seqnum < 0:                          #如果输入的序号小于 0
        seqnum = 0
    pl = self.phead
    n = 0
    while n < seqnum:                         #循环到序号所在节点
        pl = pl.next
        n += 1
    return pl.data                            #返回节点中数据
```

(2) 测试代码 (test.py)。

```
from slinkedlist import SlinkedList

slinkList = SlinkedList()

for ii in range(10):
```

```
    slinkList.append(ii)

data = slinkList.getData(6)                    # 随机获取下标为 6 的节点数据
print(data)
data = slinkList.getData(20)                   # 随机获取下标为 20 的节点数据
print(data)
data = slinkList.getData(-1)                   # 随机获取下标为 -1 的节点数据
print(data)
```

上述代码运行结果如图 4-5 所示。

图 4-5　随机读取链表中指定节点数据

### 4.2.3　单向链表的随机插入

单向链表的随机插入：是指用户可以在单向链表的任意指定节点位置前端插入数据，链表结构保存完好。

单向链表的随机插入算法逻辑：根据传来的数据生成节点，然后根据传来的下标位置，声明计数器和临时指针，临时指针根据计数器累加从头部移动到下标位置节点的前一个节点，然后将待插入节点的 next 指针指向下标位置节点，而前一个节点的 next 指针转指向待插入节点，新节点完成入队。单向链表的随机插入算法图解分析如图 4-6 所示。

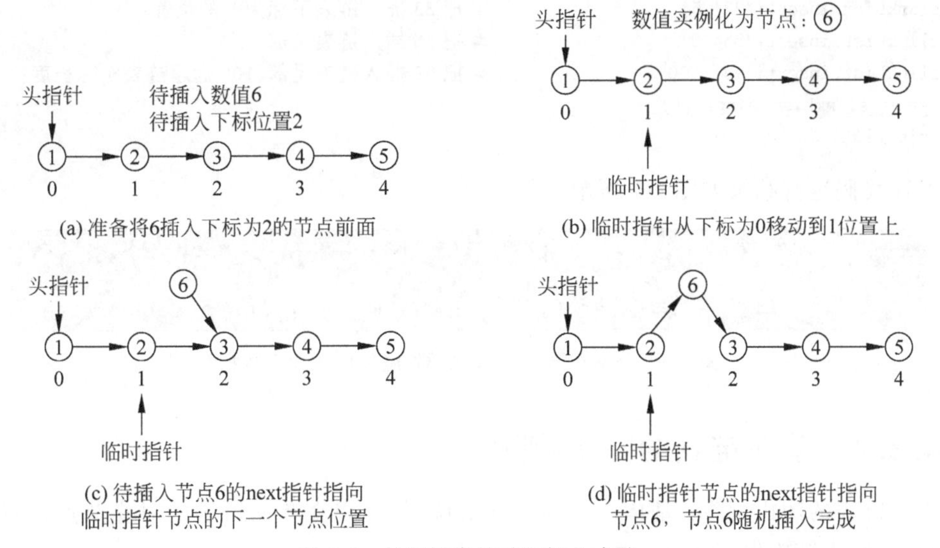


图 4-6　单向链表的随机插入步骤

下面看例4-3的代码。

【例 4-3】 单向链表的随机插入。

(1) 在 slinkedlist.py 中添加随机插入方法 insert。

```
def insert(self,data,seq):                  #(插入数据,索引位置)
  if seq > self.length:                     #如果序号大于链表长度
        seq = self.length                   #改序号为链表长度
  elif seq < 0:                             #如果序号小于0
        seq = 0                             #序号=0
  node = Snode(data)
  if seq > 0:                               #如果不是插在链表头部
        pl = self.phead                     #定义临时指针
        n = 0                               #定义计数器
        while n<(seq-1):                    #循环找到前一个节点
              pl = pl.next
              n += 1
        node.next = pl.next                 #新节点 next 指向索引节点
        pl.next = node                      #前一个节点 next 指向新节点
  else:                                     #如果是要插入在链表头部
        node.next = self.phead              #新节点 next 指针指向头节点
              self.phead = node             #链表头指针指向新节点
        self.length += 1
```

(2) 测试代码(test.py)。

```
from slinkedlist import SlinkedList
slinkList = SlinkedList()                   #实例化链表
for ii in range(10):                        #向链表中插入10个数
  slinkList.append(ii)
slinkList.insert('33',5)                    #把33插入链表下标为5的位置
slinkList.insert('55',0)                    #把55插入链表头部
slinkList.insert('99',100)                  #把99插入链表尾部(100远超链表实际长度)
lst = slinkList.display()
print(lst)
```

上述代码运行结果如图4-7所示。

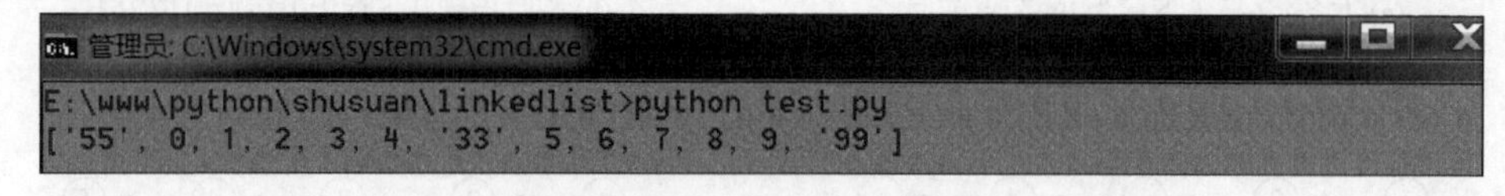


图4-7 分别在链表头部、中部、尾部插入3个数据

## 4.2.4 单向链表的随机删除

单向链表的随机删除：是指用户输入索引位置，可以在单向链表的对应节点位置删除索引节点，链表结构保存完好。

单向链表的随机删除算法逻辑：根据传来的下标位置，找到待删除的索引节点的前一个节点（头节点特殊处理），把前一个节点的 next 指针，指向待删除节点的 next 节点，然后把待删除的 next 指针置空，待删除节点从链表中移除。单向链表的随机删除算法图解分析如图 4-8 所示。

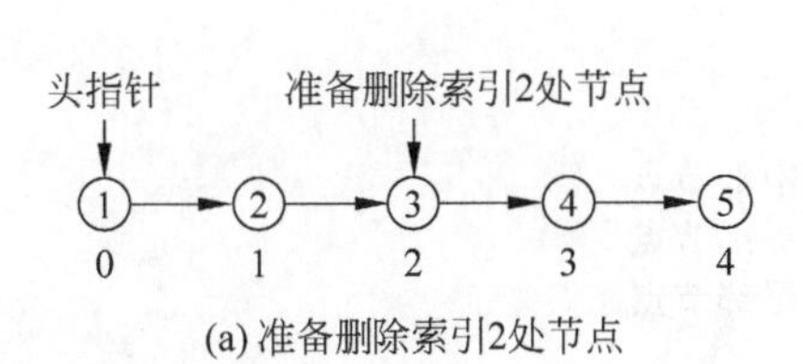

(a) 准备删除索引2处节点

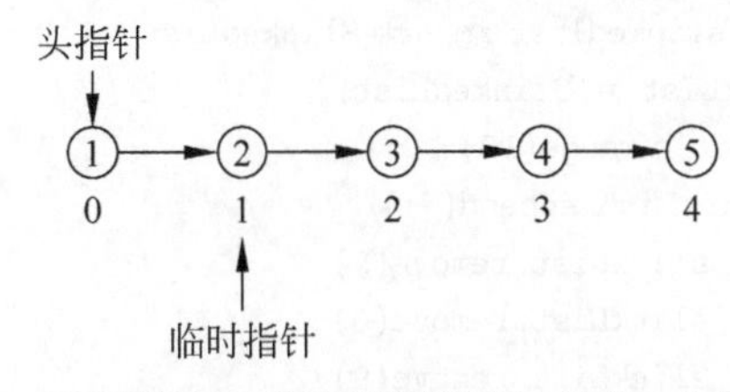

(b) 临时指针从0移动到待删除节点的前一个节点

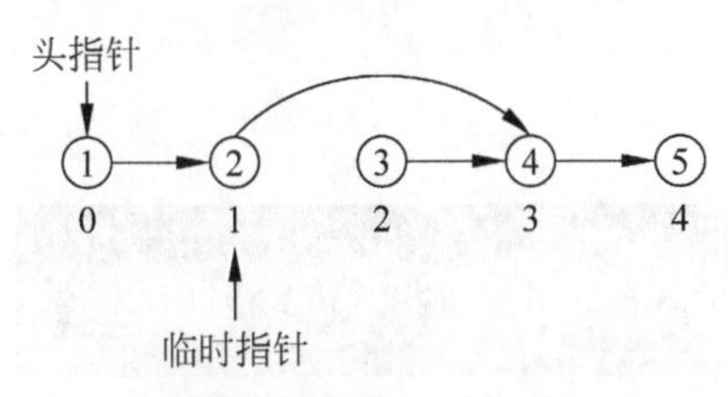

(c) 待删除节点前一个节点的next指针指向待删除节点的后一个节点

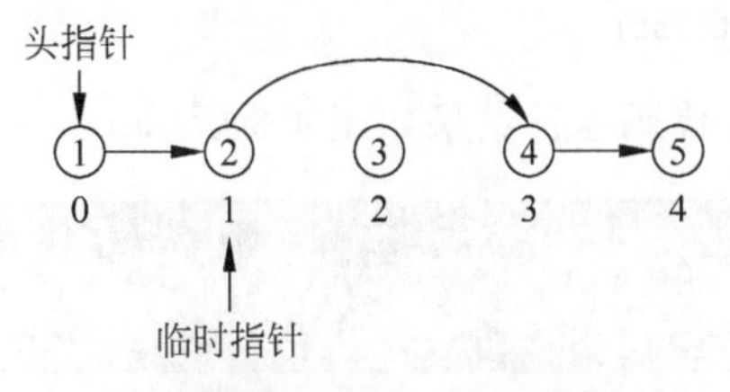

(d) 待删除节点的next指针置空，索引2处节点从链表中删除

图 4-8 单向链表的随机删除步骤

下面看例 4-4 的代码。

**【例 4-4】** 单向链表的随机删除。

(1) 在 slinkedlist.py 中添加随机删除方法 remove。

```
def remove(self,seq):                       # 待删除节点索引
  if seq >= self.length:                    # 若索引值大于链表实际长度
        seq = self.length - 1               # 索引值为最后一个节点索引
  elif seq < 0:                             # 若索引值小于 0
        seq = 0                             # 索引值等于 0
  node = None
  if seq > 0:                               # 若不删除头节点
        pl = self.phead                     # 定义临时指针
        n = 0
        while n <(seq - 1):                 # 循环到待删除节点的前一个节点
              pl = pl.next
              n += 1
        node = pl.next
        pl.next = node.next                 # 前一个节点 next 指针指向待删除的后序节点
        node.next = None                    # 待删除节点 next 指针置空
  else:                                     # 如果要删除头节点
        node = self.phead
        self.phead = node.next              # 链表头指针指向头节点的下一个节点
```

```
        node.next = None                        #待删除节点的 next 指针置空
    self.length -= 1
    return node.data
```

(2) 测试代码(test.py)。

```
from slinkedlist import SlinkedList
slinkList = SlinkedList()
for ii in range(10):
    slinkList.append(ii)
v1 = slinkList.remove(5)                        #删除中部节点
v2 = slinkList.remove(0)                        #删除头部节点
v3 = slinkList.remove(9)                        #删除尾部节点
lst = slinkList.display()
print(lst)
```

上述代码运行结果如图 4-9 所示。

```
管理员: C:\Windows\system32\cmd.exe
E:\www\python\shusuan\linkedlist>python test.py
[1, 2, 3, 4, 6, 7, 8]
```

图 4-9 单向链表删除头部、中部、尾部节点

### 4.2.5 从尾到头打印单向链表

写段程序,将一个单向链表中的数据从尾到头打印出来,也就是反向打印,并不改变链表本身的结构。

反向打印单向链表要解决的问题:由于单向链表只能从前一个节点跟踪到后一个节点,却不能反向。很多思路是先把链表中的数据取出,放到另一个容器中(比如栈),然后再打印出来。其实可以有更好的解法,就是用递归。

用递归解题的算法逻辑:如果想打印当前节点的值,首先打印下一个节点的值,也就是打印前先递归到下一个节点,层层递归,直到最后一个节点。这样,只要按照递归完了再打印的逻辑,打印的顺序就颠倒过来了,具体实现看例 4-5 的代码。

视频讲解

**【例 4-5】** 从尾到头打印单向链表(test.py)。

```
from slinkedlist import SlinkedList
from snode import Snode
def revprint(node):                             #给反向打印方法传入一个节点
    if node.next!= None:                        #如果节点 next 指针不为空
        revprint(node.next)                     #打印前先递归
    print(node.data)                            #打印当前节点数据
linkedList = SlinkedList()
for ii in range(10):                            #向链表中加入 10 个数字
    linkedList.append(ii)
```

```
node = linkedList.phead                        # 拿到链表头节点
revprint(node)                                 # 调用反向打印方法
```

上述代码运行结果如图 4-10 所示。

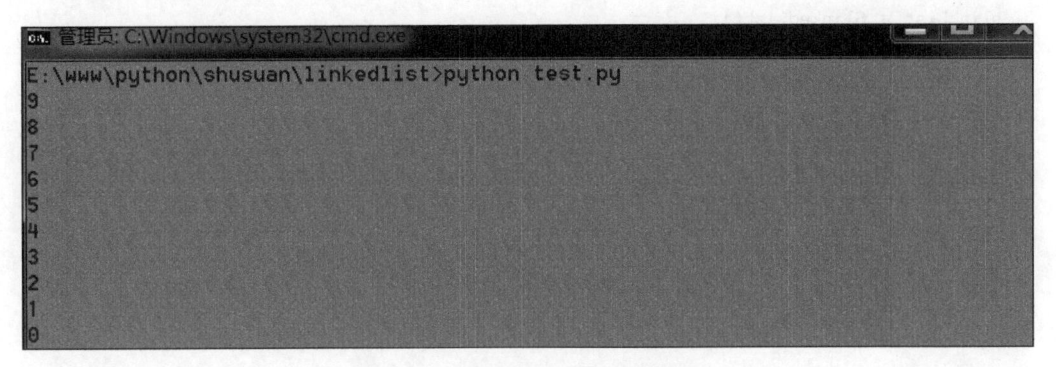


图 4-10 单向链表逆向打印结果

### 4.2.6 反转一个单向链表

与逆向打印不同，反转一个单向链表是改变链表的结构，使链表中的每个节点的 next 指针由向后指改为向前指，链表的头指针指向尾节点。这种结构改变同样需要递归来实现。

算法分析：可以在链表中写一个方法，传入一个节点，可以通过这个节点找到它指向的下一个节点，然后让下一个节点的 next 指针指向自己。此方法加入递归即可实现整个链表的反转。

算法逻辑：在让下一个节点的 next 指针反转之前，先递归调用下一个节点的反转方法。这样层层递归到尾节点，在尾节点反转指针后，前一个节点才能执行反转动作，层层传递到头节点。最后把链表的头指针转指向尾节点。整个反转才算完成，参见例 4-6 的代码。

视频讲解

**【例 4-6】** 反转一个单向链表。

(1) 在链表类(slinkedList.py)中添加反转方法 rev。

```
def rev(self):                                  # 全部节点反转
  def reversal(node):                           # 闭包方法
        if node.next!= None:                    # 假如节点有后节点
              nextNode = node.next              # 获取节点的后节点
              reversal(nextNode)                # 递归调用下一个节点的反转方法
              nextNode.next = node              # 节点反转
        else:                                   # 节点后面没有节点(是尾节点)
              self.phead.next = None
              self.phead = node                 # 把链表头指针指向尾节点
  reversal(self.phead)
```

(2) 测试文件(test.py)。

```
#链表反转
from slinkedlist import SlinkedList
slinkList = SlinkedList()
for ii in range(10):
  slinkList.append(ii)
lst = slinkList.display()                    #未执行反转
print(lst)
slinkList.rev()                              #执行反转
lst = slinkList.display()
print(lst)
slinkList.rev()                              #再次执行反转
lst = slinkList.display()
print(lst)
```

上述代码运行结果如图 4-11 所示。

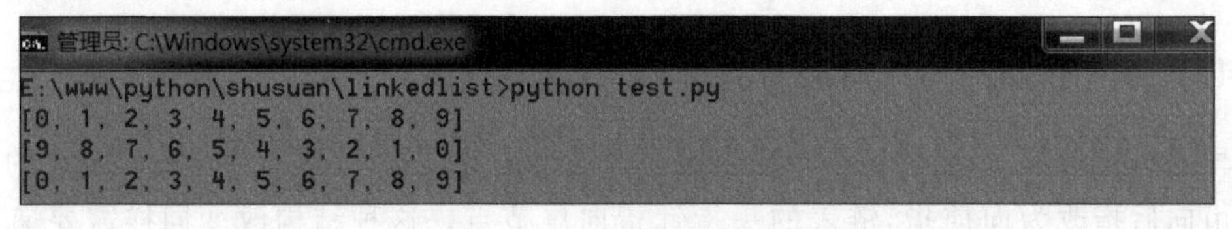


图 4-11 单向链表的反转

### 4.2.7 反转单向链表中索引 $n \sim m$ 处节点

指定反转单向链表中第 $n \sim m$ 个节点的节点($1 \leqslant n \leqslant m \leqslant$ 链表长度)。比如对链表结构 1→2→3→4→5,从下标 $n=1$ 到 $m=3$ 处做指针反转(表示从下标 1 到下标 3 的节点在链表中做结构反转)。最终构造成链表 1→4→3→2→5 结构(中间结构发生反转后,整体链表结构不被破坏),如图 4-12 所示。

算法分析如下:

(1) 临时指针循环到 $n$ 节点的前一个节点(不是头节点的情况下)。

(2) 定义一个当前节点编号 $ii$。

(3) 在 $ii < m$ 范围内执行后节点指向前节点的反转。

(4) 当 $ii == m$ 时,$n$ 节点指向 $m$ 节点的后序节点。

(5) $n$ 节点的前一个节点指向反转过来的 $m$ 节点。

代码实现见例 4-7。

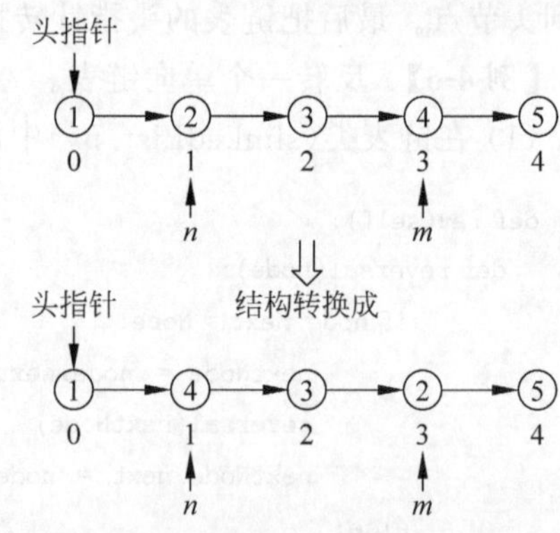


图 4-12 链表中从节点索引 $n \sim m$ 处做指针反转

**【例 4-7】** 反转单向链表中索引 $n \sim m$ 处的节点。

（1）在 SlinkedList 类中添加 passrev 方法。

```
def passrev(self,n,m):
    pl = self.phead
    ii = 0
    if n>0:
        while ii<(n-1):                         #循环找到 n 节点的前一个节点
            pl = pl.next
            ii += 1
        startNode = pl.next                     #pl 是 n 的前一个节点,startNode 是 n
                                                #节点
    else:                                       #如果反转从头节点开始
        startNode = self.phead                  #链表头指针指向 n 节点
            ii = -1                             #这里的 ii 是反转过程中每个节点的索
                                                #引指针
        def reversal(node,ii):                  #节点反转的递归方法(在方法中嵌套方
                                                #法称为闭包)
            ii += 1
            if ii<m:
                nextNode = node.next            #当前节点的下一个节点
                reversal(nextNode,ii)           #递归调用反转方法
                nextNode.next = node            #后节点 next 指针指向前一个节点
            else:                               #此时 node 节点为 m 节点
                startNode.next = node.next      #n 节点的 next 指针指向 m 的 next 节点
                if n>0:
                    pl.next = node              #n 节点的前一个节点 next 指针指向 m
                                                #节点
                else:
                    self.phead = node           #如果是头节点,链表头指针指向 m 节点

        reversal(startNode,ii)
```

（2）测试代码（test.py）。

```
#n~m 部分反转
from slinkedlist import SlinkedList
slinkList = SlinkedList()
for ii in range(10):                            #先向链表中加入 10 个数
  slinkList.append(ii)

slinkList.passrev(3,7)                          #从索引 3 到索引 7 中间的节点做反转
lst = slinkList.display()                       #遍历整个链表
print(lst)
```

上述代码运行结果如图 4-13 所示。

```
管理员: C:\Windows\system32\cmd.exe
E:\www\python\shusuan\linkedlist>python test.py
[0, 1, 2, 7, 6, 5, 4, 3, 8, 9]
```

图 4-13 链表第 3～7 节点部分反转后打印出的列表结果

## 4.2.8 合并多个链表

将多个链表头尾相连合并成一个链表。算法实现：声明一个新链表，把要合并的链表循环遍历，每个链表中全部元素循环放到新链表中。下面看例 4-8 代码。

视频讲解

**【例 4-8】** 合并多个链表(test. py)。

```
from slinkedlist import SlinkedList
slink1 = SlinkedList()                       #声明两个链表
slink2 = SlinkedList()
for i in range(1,6):                         #给两个链表添加数据
    slink1.append(i)
for j in range(10,16):
    slink2.append(j)
lst = [slink1,slink2]                        #把两个链表放到一个列表中

def concat(lst):                             #合并方法,将列表中的多个链表合并
    slink = SlinkedList()                    #声明新链表
    for linkList in lst:                     #遍历出列表中的链表
        slist = linkList.display()
        for v in slist:                      #取出链表中元素,放入新链表
            slink.append(v)
    return slink

slink = concat(lst)
print(slink.display())
```

上述代码运行结果如图 4-14 所示。

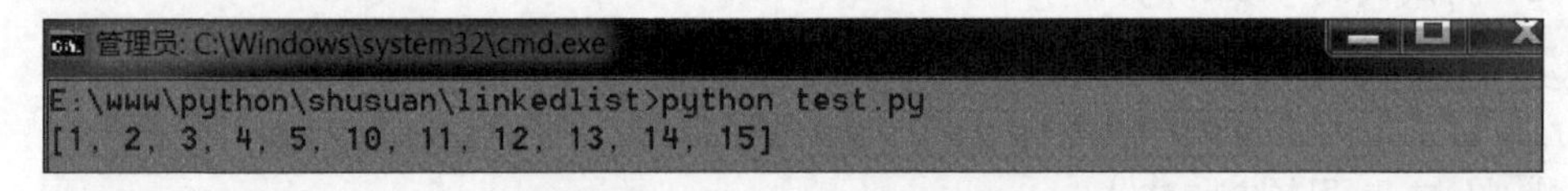


图 4-14 多个链表合并为一个

## 4.2.9 合并两个有序链表

将两个有序链表合并成一个，让新链表依然是有序的。算法分析如下：

(1) 声明一个新链表。

(2) 定义 2 个指针，分别指向两个有序链表的头节点。

(3) 将 2 个指针所指向的值进行比较，谁指向的值小则谁放进新链表中，然后指针后移。

(4) 当其中一个指针率先移动到链表尾部，另一个链表中余下的值全部加入到新链表尾部。

合并 2 个有序链表的算法图解分析如图 4-15 所示。

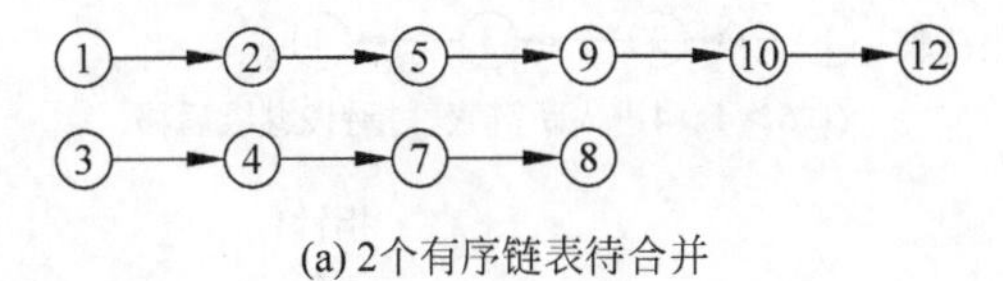


(a) 2个有序链表待合并

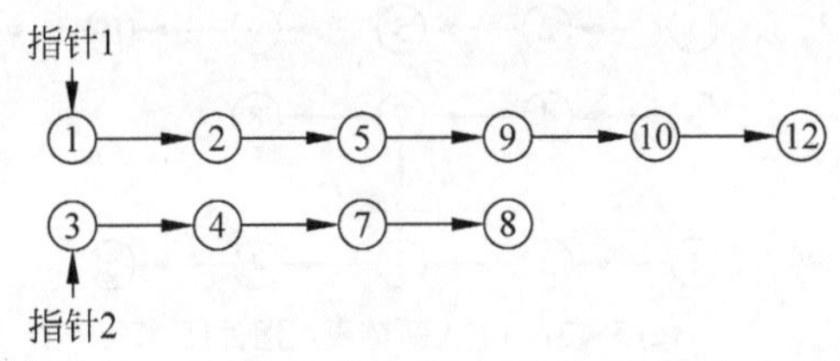


(b) 声明2个指针分别指向2个链表的头节点，获取到1和3两个值

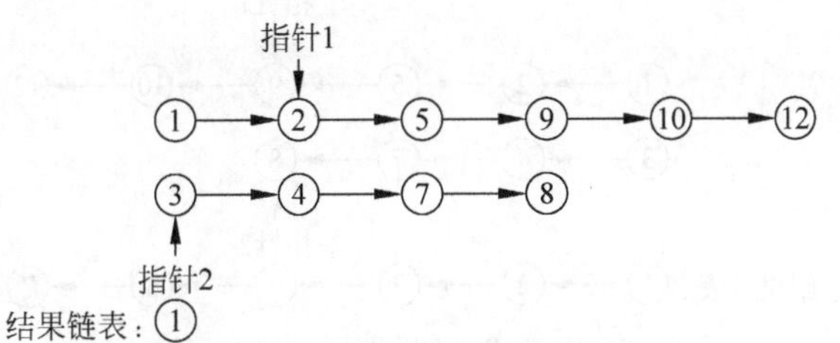


(c) 1<3，所以1进入新链表，指针1后移

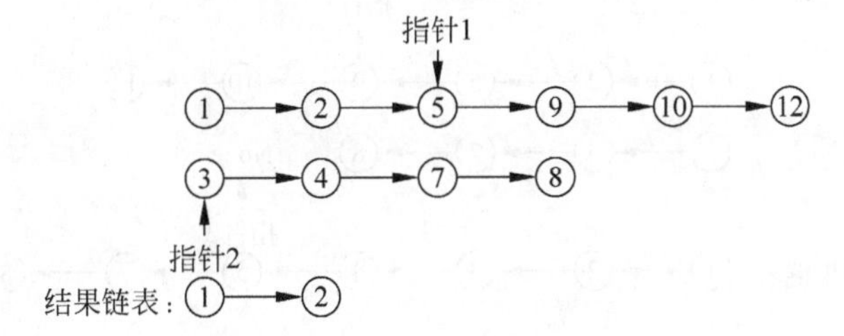


(d) 2<3, 因此2进入新链表，指针1继续后移

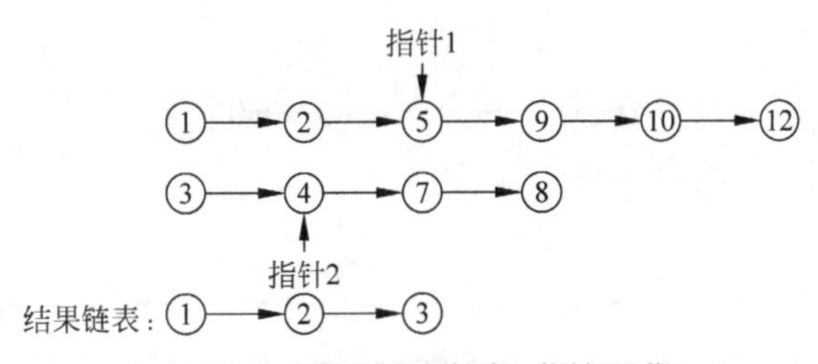


(e) 5>3, 因此3进入新链表，指针2后移

图 4-15　合并两个有序链表的操作步骤

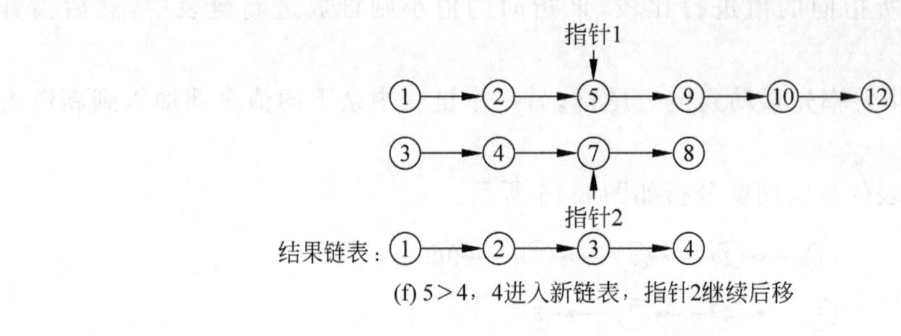


(f) 5>4，4进入新链表，指针2继续后移

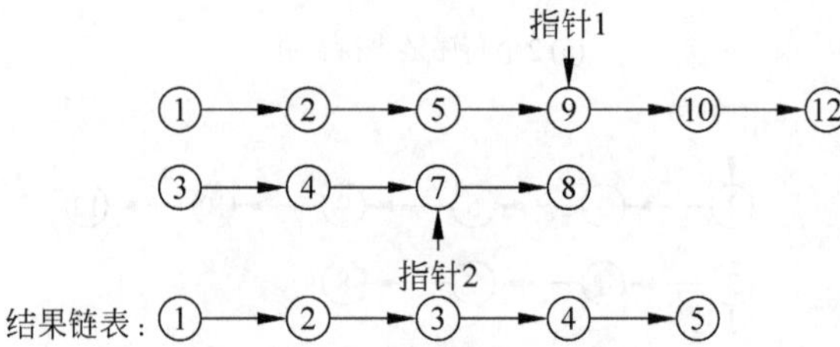


(g) 5<7，5进入新链表，指针1后移

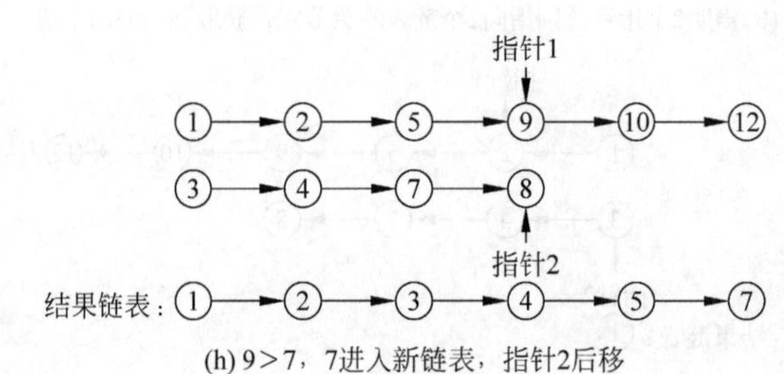


(h) 9>7，7进入新链表，指针2后移

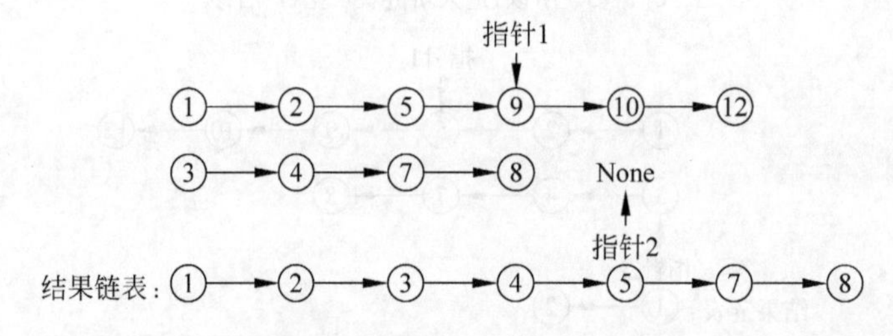


(i) 9>8，8进入新链表，指针2后移到空，双指针比较遍历结束

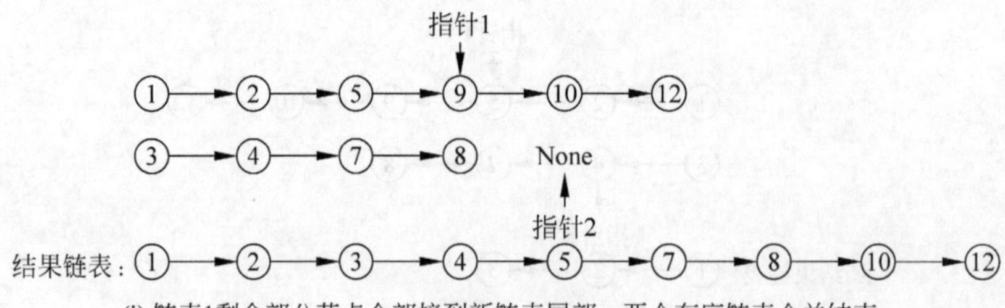


(j) 链表1剩余部分节点全部接到新链表尾部，两个有序链表合并结束

图 4-15 （续）

下面看例 4-9 的代码。

**【例 4-9】** 合并两个有序链表(test. py)。

```
#合并两个有序链表
from slinkedlist import SlinkedList

a = SlinkedList()
b = SlinkedList()
c = SlinkedList()                       #c链表是合并后的结果链表
a.append(2)                             #分别向两个链表中添加元素
a.append(3)
a.append(8)
a.append(11)
a.append(13)
a.append(17)
b.append(3)
b.append(5)
b.append(9)
b.append(12)
pa = a.phead                            #定义两个指针指向两个链表的临时指针
pb = b.phead
while pa!= None and pb!= None:          #如果两个指针都不为空,其中任何一个为空表示一
                                        #个链表已遍历完毕
    if pa.data < pb.data:               #谁小则谁放到新链表中
        c.append(pa.data)
        pa = pa.next                    #放完后指针后移
    else:
        c.append(pb.data)
        pb = pb.next
#把剩下的节点放入新链表中,哪个指针不为空则后续元素直接进入新链表
while pa!= None:
    c.append(pa.data)
    pa = pa.next

while pb!= None:
    c.append(pb.data)
    pb = pb.next

print(c.display())
```

上述代码运行结果如图 4-16 所示。

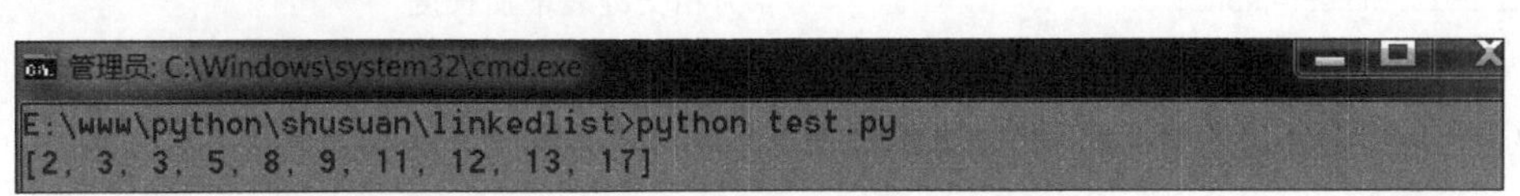


图 4-16 两个有序链表合并成一个有序链表

### 4.2.10 相交链表

两个单向链表中的节点发生 next 指针指向同一节点的情况，称为两个链表相交，如图 4-17 所示。

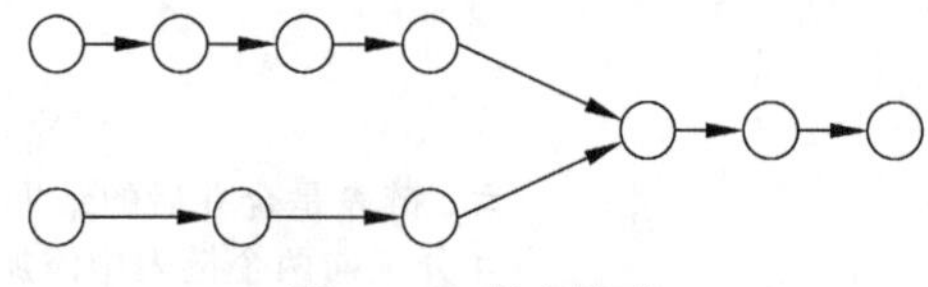

图 4-17 相交链表

相交链表在程序上需要在链表类中声明一个能让两个链表形成交叉的 cross 方法，方法中需要实现下面 4 项：

(1) 设置本链表对另一链表的引用，和另一链表对本链表的引用。

(2) 新增一个通过节点对象追加链表的方法。

(3) 新加入的节点需要被两个链表的尾节点 next 指针同时指向。

(4) 在两个链表中任意一个中追加新的数据都将触发另一链表的长度增加。

代码实现方式如例 4-10 所示。

视频讲解

**【例 4-10】** 创建相交链表。

(1) 链表类(SlinkedList)中增加对另一个链表的引用。

```
class SlinkedList:
def __init__(self):
        self.phead = None
        self.length = 0
        self.other  =  None                          #对另一链表的引用
```

(2) 链表类(SlinkedList)中增加直接通过节点追加链表的方法。

```
def appendNode(self,node):                           #追加节点方法
if self.phead!= None:                                #如果不是头节点
        pl  =  self.phead
        while pl.next!= None:
                pl  =  pl.next
        pl.next  =  node
else:
        self.phead  =  node
self.length  +=  1
if self.other!= None:                                #为相交链表增加长度
        self.other.length  +=  1
```

(3) 链表类(SlinkedList)中增加创建相交方法。

```
def cross(self,other,data):                          #创建相交
node  =  Snode(data)
```

```
if self.other == None:
      self.appendNode(node)                    #为自己追加节点
      other.appendNode(node)                   #为相交链表追加节点
      self.other = other                       #为自己添加相交链表引用
      self.other.other = self                  #为相交链表添加对自己的引用
```

(4) 链表类(SlinkedList)中追加方法(append)添加对另一个链表的判断。

```
def append(self,data):                         #追加
  node = Snode(data)
  if self.phead!= None:
        pl = self.phead
        while pl.next!= None:
              pl = pl.next
        pl.next = node
  else:
        self.phead = node
  self.length += 1
  if self.other!= None:                        #如果有相交链表
        self.other.length += 1                 #另一个链表的长度加 1
```

(5) 测试代码(test.py)。

```
#相交链表
from slinkedlist import SlinkedList

a = SlinkedList()                              #声明两个链表
b = SlinkedList()
a.append(2)                                    #向链表中添加一些数据
a.append(3)
a.append(8)
a.append(1)
b.append(5)
b.append(6)
a.cross(b,10)                                  #执行相交
a.append(100)
a.append(1000)

print(a.display())                             #分别打印 a、b 两个链表的结构
print(b.display())
```

上述代码运行结果如图 4-18 所示。

图 4-18 相交链表各自打印链表中的数据

### 4.2.11 判断两个链表是否相交

判断两个链表是否相交并找出交点。算法分析如下：

(1) 找相交：两个链表都用临时指针遍历到尾节点，如果两个链表的尾节点相同，则两个链表必然相交。

(2) 找交点：两个链表长度相减，哪个链表长则此链表的临时指针先移动过差值，然后两个链表指针一起移动，每移动一对节点比较一次，直到找到两个指针指向同一节点的情况。

找相交和找交点的算法图解方式如图 4-19 所示。

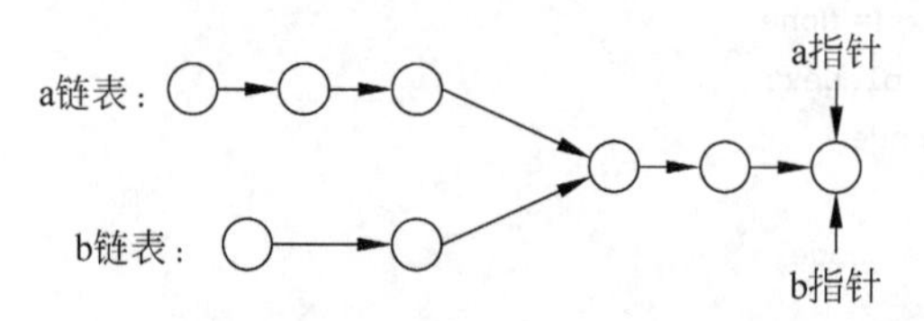


(a) 找相交，a指针和b指针运动到队尾，如果指在同一节点上则两个链表相交

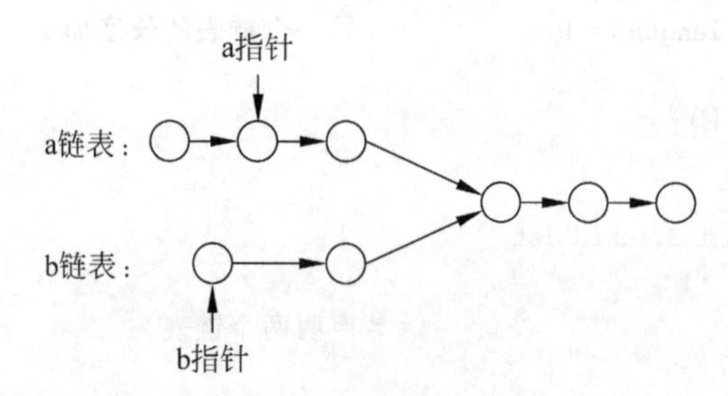


(b) 找交点，首先把a、b两个指针移动到两个链表后续长度相同的位置上

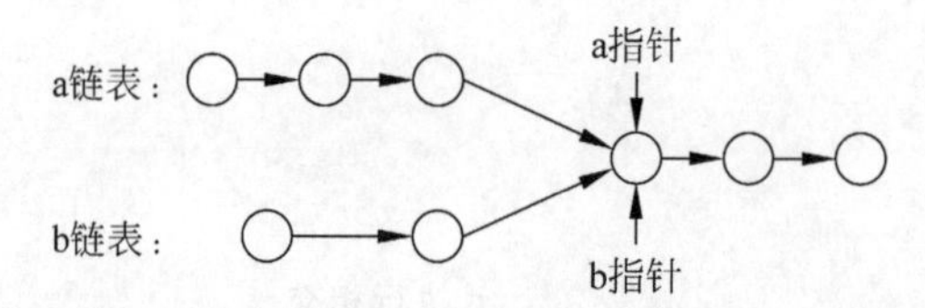


(c) 然后a、b指针一起向后移动，当a、b指针指在同一节点上时，此节点为交点

图 4-19 判断两个链表是否相交的操作步骤

视频讲解

代码实现如例 4-11 所示。

**【例 4-11】** 判断两个链表是否相交。

```
#相交链表
from slinkedlist import SlinkedList
a = SlinkedList()
b = SlinkedList()
a.append(2)                                #添加数据
a.append(3)
```

```
a.append(8)
a.append(1)
b.append(5)
b.append(6)
a.cross(b,10)                               # 此处设置相交
a.append(100)
a.append(1000)
def getCross(a,b):                          # 传入 a、b 两个链表
    pa = a.phead
    pb = b.phead
    while pa.next!= None:                   # pa 指针循环 a 链表循环到尾
        pa = pa.next
    while pb.next!= None:                   # pb 指针循环 b 链表循环到尾
        pb = pb.next
    if pa == pb:                            # 如果 pa 与 pb 相等,则两个链表相交
        print('相交')
        alen = a.length                     # 取 a、b 两个链表长度
        blen = b.length
        diffV = abs(alen - blen)            # 获取两个链表长度差
        pa = a.phead
        pb = b.phead
        slen = 0                            # 最长长度变量
        if diffV > 0:                       # 长链表的指针指向与短链表倒数序号相同的节点
            if alen > blen:
                for i in range(diffV):
                    pa = pa.next
                slen = alen
            else:
                for i in range(diffV):
                    pb = pb.next
                slen = blen
        for i in range(diffV,slen):         # 两个指针一起向后移动
            if pa!= pb:
                pa = pa.next
                pb = pb.next
            else:                           # 假如 pa 与 pb 相同,则指向的节点是相交节点
                print('相交点:',pa.data)
                break
    else:
        print('不相交')

getCross(a,b)
```

代码运行结果如图 4-20 所示。

图 4-20 判断两个单向链表相交并获取相交节点

## 4.2.12 构造带环的单向链表

单向链表的尾节点如果 next 指针指向自身的某个节点，会在自身链表上形成一个环，如图 4-21 所示。

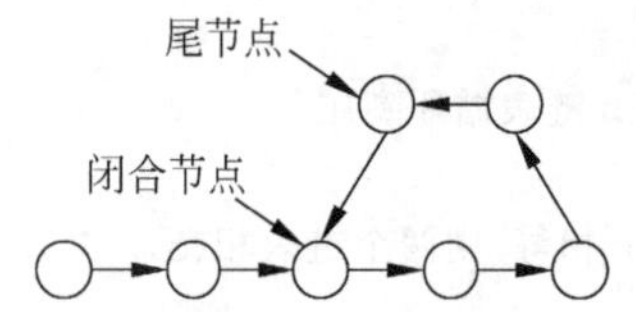


图 4-21 画得像个环，其实就是尾节点的 next 指针指向自身的某个节点

这种带环的单向链表会在遍历时形成死循环，无穷尽地转圈遍历。先看这种链表是如何构成的，下面先写程序构造出一个带环的链表。程序实现步骤如下：

(1) 找到构成闭环的闭合节点。

(2) 找到尾节点。

(3) 尾节点的 next 指针指向闭合节点。

代码实现如例 4-12 所示。

视频讲解

【例 4-12】 构造带环的单向链表。

```
def setCircle(self,n):                          # 设置链表连成环
    if n > self.length or n < 0:
        return False
    if self.length > 3:                         # 规定只有超过 3 个节点才能构造环
        pl = self.phead
        for i in range(n):                      # 找到将被尾节点指向的第 n 个节点
            pl = pl.next
        node = pl
        while pl.next!= None:                   # 继续找到尾节点
            pl = pl.next
        pl.next = node                          # 尾节点指针指向第 n 个节点
        print('链接 n 节点:',node.data)
        return True
    else:
        return False
```

运行结果在 4.2.13 节中的代码运行时一起显示。

## 4.2.13 判断链表是否有环并找出环的闭合点

这是一道在面试中常出现的算法题，需要当场写出思路或上机实现。解题步骤如下：

(1) 判断是否有环：声明快慢两个指针，快指针一次向后移动两步，慢指针一次向后移动一步。如果有环，快指针就能追上慢指针。快慢指针如果在某个时刻相会，则链表有环；如果快指针走到最后一个节点发现后续为空，则链表无环。

(2) 找出环的闭合点：当快慢指针在链表的环上相遇时，慢指针走了 $k$ 步，快指针走了 $2k$ 步。在快慢指针判断出有环的位置，将慢指针重置到链表头节点。然后让快慢指针同步顺着链表移动，快指针会率先进入环中转圈，而慢指针会在闭合点上与快指针相会(这时快指针走过的路程正好是慢指针的 2 倍)。

代码实现方式如例 4-13 所示。

视频讲解

**【例 4-13】** 判断链表是否有环并找出环的闭合点。

```
from slinkedlist import SlinkedList

linkList = SlinkedList()
for i in range(10):
    linkList.append(i)

def judgeCircle(linkList):
    fast = linkList.phead                          #声明快指针
    slow = linkList.phead                          #声明慢指针
    while fast!= None and fast.next!= None:        #只要没走到无后续
        fast = fast.next.next                      #快指针一次走两步
        slow = slow.next                           #慢指针一次走一步
        if fast == slow:                           #快指针与慢指针相遇
            print('有环')
            break
    if fast == None or fast.next == None:
        print('无环')
    else:                                          #如果有环
        slow = linkList.phead                      #慢指针回到链表头节点
        while slow!= fast:                         #快慢指针这次开始同步运行
            fast = fast.next                       #快慢指针每次都只走一步
            slow = slow.next
        print('相会点:',slow.data)

judgeCircle(linkList)                              #判断出此链表无环

linkList.setCircle(3)                              #为链表构造环

judgeCircle(linkList)                              #再次判断,找出环的闭合位置
```

上述代码运行结果如图 4-22 所示。

图 4-22 为链表构造环、判断是否有环以及环的入口点

## 4.3 单向循环链表

所谓的单向循环链表就是让单向链表的首尾相连，组成一个环状。与带环的链表不同之处在于：单向循环链表环的闭合点必须是头节点，如图 4-23 所示。

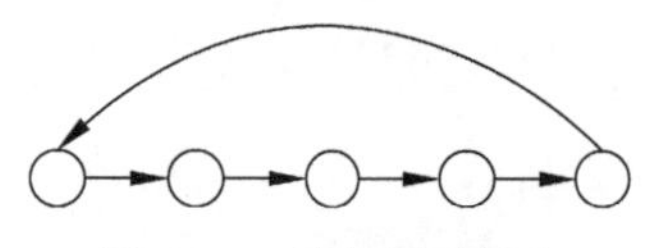

图 4-23 单向循环链表

构造一个单向循环链表需要遵循以下两点：

(1) 循环链表在插入第一个元素时，需要程序将第一个元素的指针域指向其自身，也就构成了循环链表。

(2) 循环链表基于单向链表而生，要想实现循环链表的插入、删除的关键是考虑头节点（或者只有一个节点的情况）问题，因为在头插法方式（往链表的头部插入数据）中，需要将末尾数据元素的指针域指向新插入的节点（删除同理）。

单向循环链表的主要操作方法有：追加、遍历、随机插入、随机删除。由于随机插入和随机删除接近单向链表，所以后面只实现追加和遍历部分。

### 4.3.1 单向循环链表的追加和遍历

单向循环链表的追加与非循环链表的差别在于：追加在尾部的节点必须指向链表头节点。遍历时不能以后继为空做判断，可以用长度或后继为头节点判断是否循环到链表尾。追加新节点的算法步骤如下：

(1) 临时指针从头节点循环到尾节点。

(2) 新节点 next 指针指向头节点。

(3) 尾节点 next 指针指向新节点。

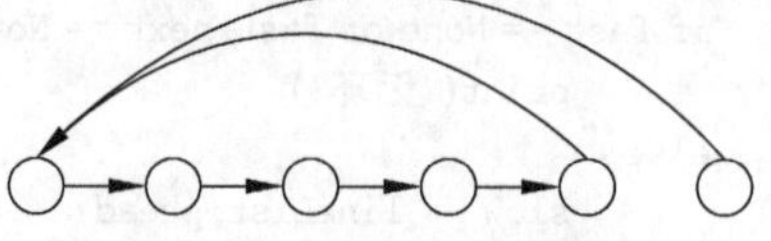

(a) 待入节点next指针先指向链表头节点

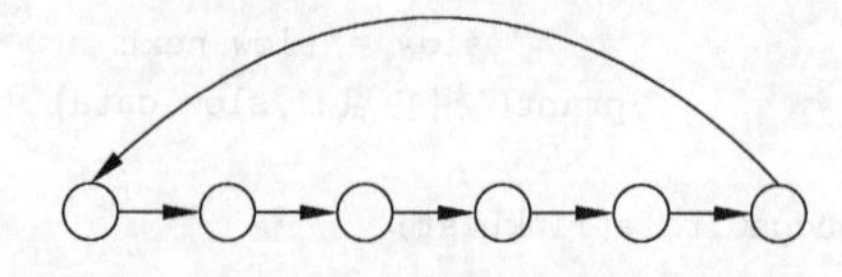

(b) 原尾节点next指针指向待入节点，新节点追加完成

图 4-24 单向链表追加节点的操作步骤

单向循环链表追加新节点算法的图解如图 4-24 所示。

代码实现如例 4-14 所示。

视频讲解

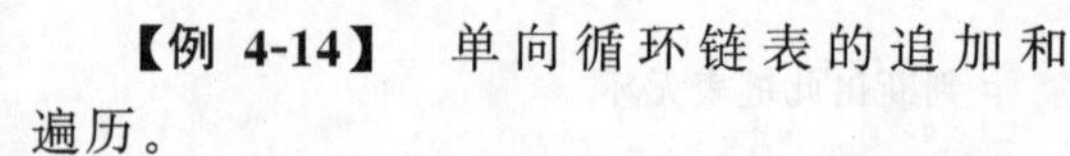

**【例 4-14】** 单向循环链表的追加和遍历。

(1) 修改链表类(sclink. py)中追加节点方法。

```
from snode import Snode
class ScLinkList:
  def __init__(self):
        self.phead = None
        self.length = 0
  def append(self,data):                                    #追加
        node = Snode(data)
```

```
        if self.phead!= None:
            pl = self.phead
            while pl.next!= self.phead:              #循环到尾节点
                pl = pl.next
            node.next = pl.next                      #新节点指向头节点
            pl.next = node                           #原尾节点指向新节点
        else:
            self.phead = node
            node.next = node
        self.length += 1
    def display(self):                               #遍历
        lst = []
        node = self.phead
        lst.append(node.data)
        while node.next!= self.phead:                #尾节点用下一个节点是否为头节点判断
            node = node.next
            lst.append(node.data)
        return lst
```

(2) test.py(测试文件)。

```
from scLink import ScLinkList
scLinkList = ScLinkList()
for i in range(10):
  scLinkList.append(i)
lst = scLinkList.display()
print(lst)
```

上述代码运行结果如图 4-25 所示。

图 4-25 单向循环链表的追加和遍历

### 4.3.2 约瑟夫环

传说在犹太战争中,犹太历史学家弗拉维奥·约瑟夫斯和他的 40 个同胞被罗马士兵包围。犹太士兵决定宁可自杀也不做俘虏,于是商量出了一个自杀方案。他们围成一个圈,从第一个人开始 1、2、3 重复报数,数到第三个人时将第三个人杀死,然后再数,直到杀光所有人。约瑟夫斯和另外一个人决定不参加这个疯狂的游戏,他们快速地计算出了两个位置,站在那里得以幸存。写一段程序将 $n$ 个人围成一圈,并且第 $m$ 个人会被杀掉,计算一圈人中

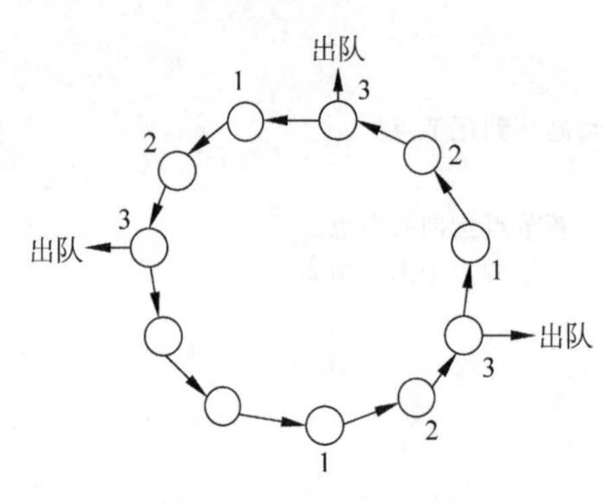


图 4-26 约瑟夫环用单向循环链表示意，数到第 3 个节点出队

哪两个人最后会存活。这个问题可以使用循环链表解决，如图 4-26 所示。

解题算法思路如下：

(1) 在单向循环链表中增加 forPoint(循环指针)和 prePoint(前一个节点指针)两个指针。

(2) 每调用一次 next 方法，循环指针顺着链表向下一个节点移动(prePoint 指针同时记录上一个节点)。

(3) 增加一个删除节点功能。

(4) 在 while 循环中，计数器==3 时，删除当前指针所指节点，当剩下两个节点时跳出。

视频讲解

代码实现如例 4-15 所示。

**【例 4-15】** 约瑟夫环。

(1) 单向循环链表类(ScLinkList)。

```
from snode import Snode
class ScLinkList:
    def __init__(self):                                    #初始化添加下面 2 个指针
        self.phead = None
        self.length = 0
        self.forPoint = None                               #约瑟夫环计数指针
        self.prePoint = None                               #约瑟夫环计数前一个指针
    #再加两个方法
    def yueNext(self):                                     #约瑟夫环转动方法
        if self.length > 2:
            if self.forPoint!= None:
                self.prePoint = self.forPoint              #当前节点指针赋值给前节点指针
                self.forPoint = self.forPoint.next         #当前指针指向下一个节点
            else:
                self.forPoint = self.phead                 #当刚开始转动时,当前指针指向
                                                           #头节点
            return True
        else:
            return False

    def yueRemove(self):                                   #约瑟夫环出队方法
        node = self.forPoint
        if node == self.phead:                             #如果出队的是头节点
            self.phead = node.next                         #头节点指针移向下一个节点
        self.forPoint = self.forPoint.next                 #计数指针向后移动一位
        self.prePoint.next = node.next                     #前一个节点 next 指针指向当前
                                                           #节点的下一个节点
        node.next = None
```

```
            self.length -= 1
            print(node.data,'出队')
```

(2) 测试代码 (test.py)。

```
from scLink import ScLinkList
scLinkList = ScLinkList()
for i in range(1,41):                        #放入 40 个士兵
    scLinkList.append(i)
ii = 0
while scLinkList.yueNext():                  #约瑟夫环向下旋转
        ii += 1
        if ii == 3:                          #当报数到 3
            scLinkList.yueRemove()           #当前节点出队,环指针向后移动一位
            ii = 1                           #因为环指针已经移动,所以计数从 1 开始

print(scLinkList.display())                  #显示最后剩下的两个数
```

上述代码运行结果如图 4-27 所示。

图 4-27 40 个位置最后剩下两个位置的士兵

## 4.4 双向链表

双向链表指的是链表上每个节点有两个指针,分别指向前节点和后节点。在单向链表中若需要查找某一个元素时,都必须从第一个元素开始进行查找;而双向链表每个节点中存储有两个指针,这两个指针分别指向前一个节点的地址和后一个节点的地址,这样无论通过哪个节点都能够寻找到其他的节点(即添加一个尾指针,这样就可以从后向前查找),如图 4-28 所示。

图 4-28 双向链表

双向链表删除元素时需要注意，它有一个指向前一个节点的指针和一个指向后一个节点的指针，当节点被删除时，前一个节点的指针会指向被删除节点的后一个节点，而被删除节点的后一个节点的指针会指向被删除节点的前一个节点。注意：如果有尾指针，删除尾节点还要考虑尾指针的指向移动问题。

### 4.4.1 双向链表的追加和遍历

双向链表的追加和遍历在程序上需要在节点中增加一个指向前一个节点的指针，因为节点可以从后向前回溯，所以在双向链表类中增加一个链表尾指针指向链表的尾节点。其算法逻辑如下：

(1) 追加操作可以直接通过尾指针找到尾节点，将尾节点的 next 指针指向新节点，新节点的前驱指针指向原尾节点，再将尾指针指向新节点，使之成为新的尾节点。

(2) 双向链表的遍历既可以通过头指针向后遍历，也可以通过尾指针向前遍历。

代码实现如例 4-16 所示。

视频讲解

**【例 4-16】** 双向链表的追加和遍历。

(1) 双向链表的节点类(dulnode.py)。

```
class DulNode:
  def __init__(self,data):
      self.data = data
      self.next = None                  #指向前驱的指针
      self.pre = None                   #指向后驱的指针
```

(2) 双向链表类(dulinklist.py)。

```
from dulnode import DulNode
class DuLinkList:
  def __init__(self):
      self.phead = None                 #声明头指针
      self.ptail = None                 #声明尾指针
      self.length = 0
  def append(self,data):                #追加
      node = DulNode(data)
      if self.phead!= None:
          self.ptail.next = node        #新节点与原尾节点建立相互关联
          node.pre = self.ptail
          self.ptail = node             #尾指针指向新节点,新的尾节点诞生
      else:
          self.phead = node             #第一个节点头尾指针同时指向新节点
          self.ptail = node
      self.length += 1

  def display(self):                    #正向遍历
      lst = []
```

```
node = self.phead                     #先通过头指针找到头节点
        while node!= None:
            lst.append(node.data)
            node = node.next          #通过后向指针向后移动
        return lst

def revDisplay(self):                 #逆向遍历
        lst = []
        node = self.ptail             #先通过尾指针找到尾节点
        while node!= None:
            lst.append(node.data)
            node = node.pre           #通过前向指针向前移动
        return lst
```

(3) 测试代码(test.py)。

```
from dulinklist import DuLinkList
dlink = DuLinkList()
for i in range(10):
  dlink.append(i)
print(dlink.display())                #正向显示
print(dlink.revDisplay())             #逆向显示
```

代码运行结果如图 4-29 所示。

图 4-29 双向链表正向和逆向显示数据

## 4.4.2 双向链表的随机插入和删除

双向链表的随机插入、随机删除与单向链表的操作差不多,区别在于:双向链表由于同时有指向前后的指针,所以可以直接找到待插入或待删除节点本身,在此节点上直接操作。其算法逻辑如下:

(1) 随机插入:循环到指定下标的节点,在指定节点和指定节点的前节点之间与两节点建立关系,完成插入;头尾节点特殊处理,头节点前驱为空,尾节点后驱为空,插入后还必须让头指针或尾指针指向新节点。

(2) 随机删除:循环到指定下标的节点,在指定节点的前节点和指定节点的后节点之间建立关系,取出删除节点;头尾节点特殊处理,头尾节点删除后,链表的头尾指针需要移动到被删除节点的后一个节点或前一个节点。

随机插入和随机删除算法图解如下。

(1) 随机插入如图 4-30 所示。

(2) 随机删除(删除头节点)如图 4-31 所示。

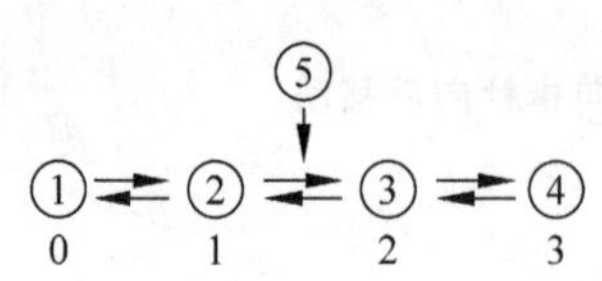


(a) 准备将5插入下标为2的节点前面

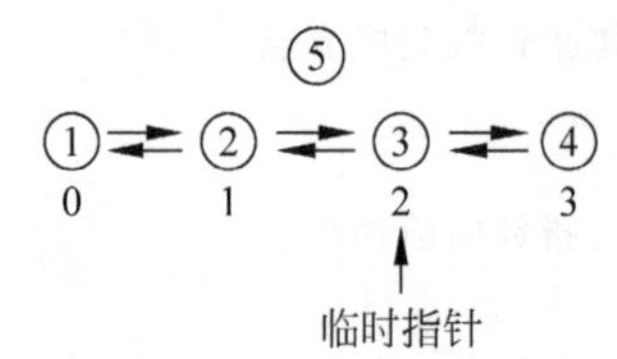


(b) 临时指针移动到下标为2的节点

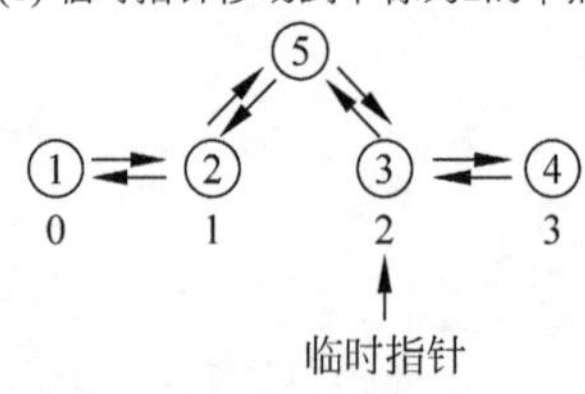


(c) 2节点指向3节点的指针和3节点指向2节点的指针都转指向5节点，与5节点对指

图 4-30　双向链表随机插入的操作步骤

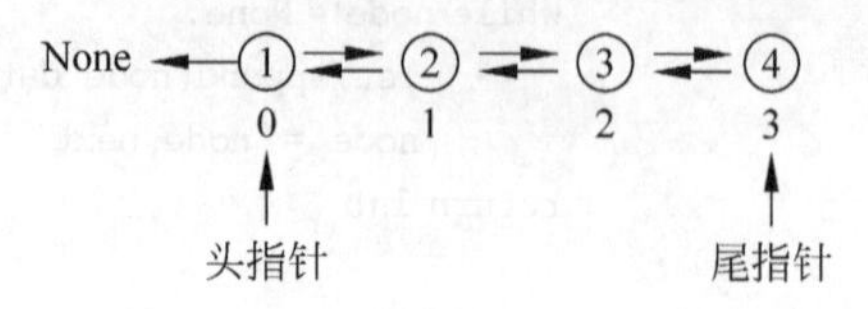


(a) 欲删除头节点，头节点前节点指针指向空

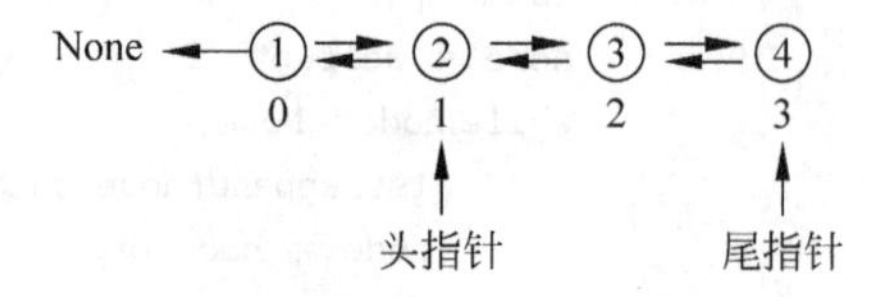


(b) 头指针移动到下一个节点

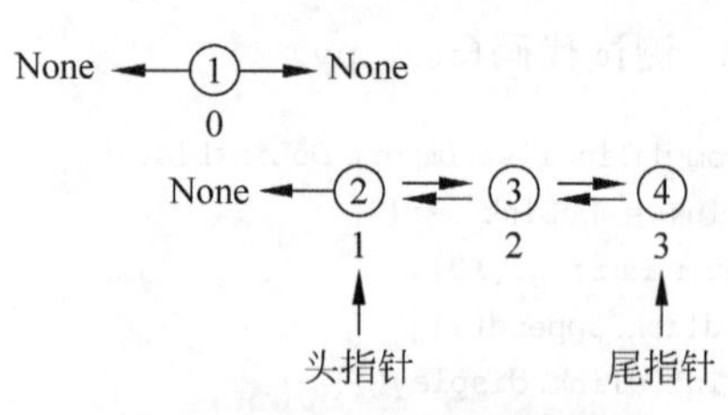


(c) 原头节点的后节点指针和新头节点的前节点指针都指向空，头节点出队

图 4-31　双向链表随机删除的操作步骤

代码实现如例 4-17 所示。

视频讲解

**【例 4-17】** 双向链表的随机插入和随机删除。

(1) 在 dulinklist.py 中添加 insert 和 remove 方法。

```
def insert(self,data,seq):                    # 随机插入
    if seq >= self.length:                    # 如果插入位置等于或超过链表本身长度
        self.append(data)                     # 直接在尾部追加
        return
    elif seq < 0:                             # 如果插入位置小于 0
        seq = 0
    node = DulNode(data)
    if seq > 0:                               # 如果插入位置不是头部
        pl = self.phead                       # 获得头指针指向的节点
        n = 0
        while n <(seq - 1):                   # 循环找到前一个节点
            pl = pl.next
            n += 1
        inode = pl.next                       # 找到 seq 下标所指节点
        pl.next = node                        # 前一个节点与新节点 node 创建关联
        node.pre = pl
        node.next = inode                     # seq 节点与新节点 node 创建关联
        inode.pre = node
```

```
        else:                                        #如果插入位置是链表头部
            node.next = self.phead
            self.phead.pr = node
            self.phead = node
        self.length += 1
    #随机删除
    def remove(self,seq):
        node = None
        if seq>=(self.length-1):                    #删除尾节点
            seq = self.length-1
            node = self.ptail
            if node.pre!= None:
                self.ptail = node.pre
                node.pre.next = None
                node.pre = None
            else:
                self.phead = None
                self.ptail = None
            self.length -= 1
            return node.data
        elif seq<=0:                                 #删除头节点
            seq = 0
            node = self.phead
            if node.next!= None:
                self.phead = node.next
                node.next.pre = None
                node.next = None
            else:
                self.phead = None
                self.ptail = None
            self.length -= 1
            return node.data
        #--------------删除中间节点-------------
        pl = self.phead
        n = 0
        while n<seq:
            pl = pl.next
            n += 1
        node = pl
        node.pre.next = node.next
        node.next.pre = node.pre
        node.pre = None
        node.next = None
        self.length -= 1
        return node.data
```

（2）测试代码（test.py）。

```
from dulinklist import DuLinkList

dlink = DuLinkList()

for i in range(10):
  dlink.append(i)

dlink.insert(100,5)                    #插入新节点在链表中间
dlink.insert(100, - 3)                 #插入新节点在链表头部
dlink.insert(100,15)                   #插入新节点在链表尾部

print(dlink.display())
print(dlink.revDisplay())

dlink.remove(5)                        #删除中间节点
dlink.remove(0)                        #删除头节点
dlink.remove(13)                       #删除尾节点

print(dlink.display())
```

上述代码运行结果如图 4-32 所示。

```
管理员: C:\Windows\system32\cmd.exe

E:\www\python\shusuan\linkedlist>python test.py
[100, 0, 1, 2, 3, 4, 100, 5, 6, 7, 8, 9, 100]
[100, 9, 8, 7, 6, 5, 100, 4, 3, 2, 1, 0, 100]
[0, 1, 2, 3, 100, 5, 6, 7, 8, 9]
```

图 4-32 双向链表随机插入和删除操作

### 4.4.3 双向链表实现插值法排序

所谓插值法排序，是指将待排序的数组中的数据逐个取出，然后在另一个链表中找到合适的位置插入数值，最终使整个链表中的数据成为按顺序排列。链表中执行插值法排序，可以使用前插比较法（用单向链表即可）和后插比较法（必须用双向链表），本节采用后插比较法。

链表插值法排序算法：声明一个双向链表，将待排序数列中的元素，逐一与双向链表中的数据从队尾向队头做比较（前插比较法则是从队头向队尾做比较），如果新元素的数值小于前面的元素，则继续与更前一个元素比较，直到找到大于前面元素的位置，然后在此位置执行插入操作。如果整个链表中没有比新元素更小的元素，则插入在链表头部。分解动作解析如下：

（1）循环整个数列，逐一取出每个元素。

（2）在双向链表中声明一个按排序插入节点的方法。

（3）每次插入，均需通过尾指针取出队尾节点，用数组中取出的元素在链表中从尾到头进行逐一比较大小，如果新元素比节点中元素数值小，则继续向更前一个元素比较，如果比某个元素数值大，则在此位置执行链表插入，若比较到尽头则插入到链表头部。双向链表实现插值法排序的算法图解如图 4-33 所示。

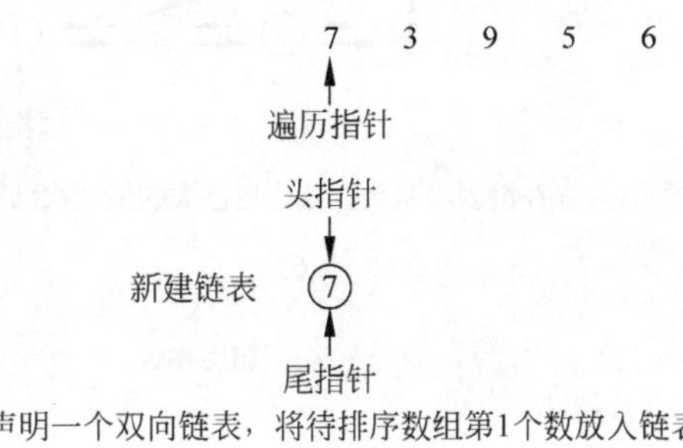


(a) 声明一个双向链表，将待排序数组第1个数放入链表

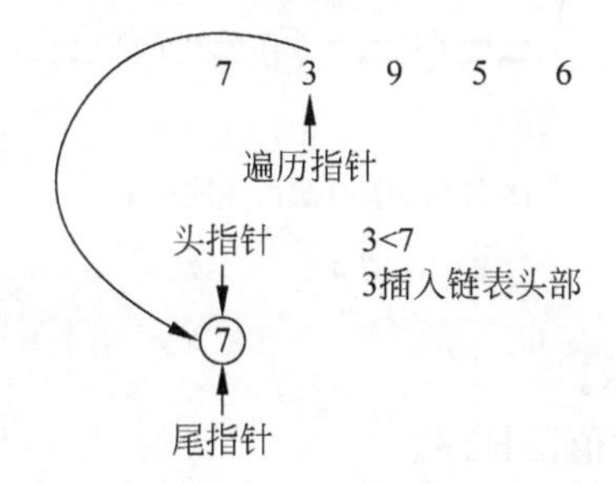


(b) 遍历指针后移，3与链表第1个数比较大小，小则插入链表前端

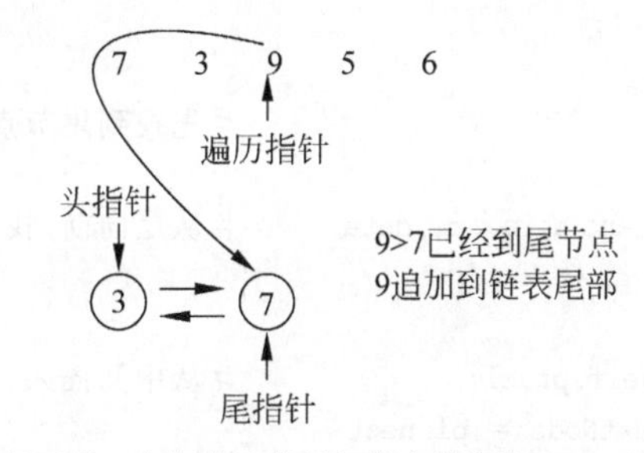


(c) 遍历指针后移，与新节点的尾部节点值比较9>7，9追加到链尾

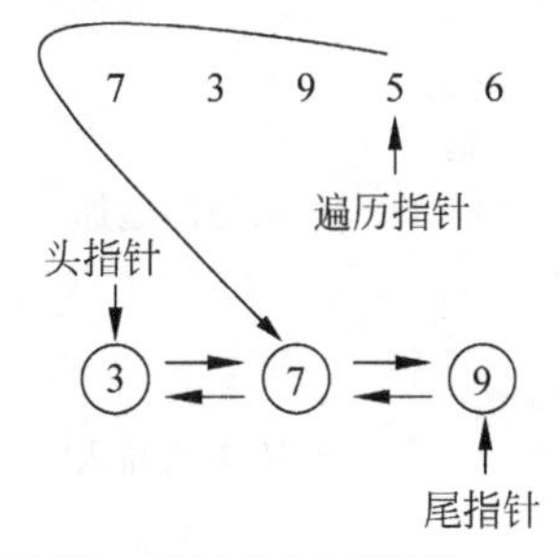


(d) 遍历指针后移，5从尾节点向前比较，5<9，5<7，5>3，5插入节点7之前

图 4-33 双向链表实现插值法排序的操作步骤

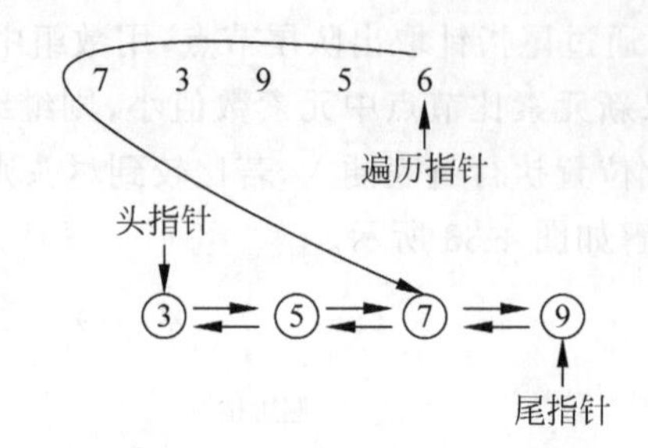


(e) 遍历指针继续后移，6在链表中从头查找比自己大的值，找到则插入到此节点前

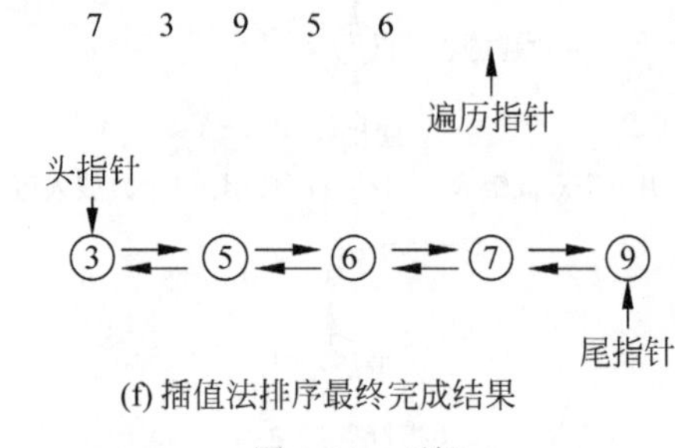


(f) 插值法排序最终完成结果

图 4-33 （续）

视频讲解

代码实现如例 4-18 所示。

**【例 4-18】** 双向链表插值法排序。

(1) 在 dulinklist.py 中添加 insertBySort 方法。

```
def insertBySort(self,data):
    node = DulNode(data)
    pl = self.ptail                                #先找到尾节点
    if pl!= None:
        while pl!= None and data < pl.data:        #从尾向前,找到 data 比节点数大的地方
            pl = pl.pre
        if pl!= None:
            if pl!= self.ptail:                    #从中间插入
                nextNode = pl.next
                pl.next = node
                node.pre = pl
                node.next = nextNode
                nextNode.pre = node
            else:                                  #从尾部追加
                pl.next = node
                node.pre = pl
                self.ptail = node
        else:                                      #从头部插入
            node.next = self.phead
            self.phead.pre = node
            self.phead = node
```

```
    else:
        self.phead = node
        self.ptail = node
    self.length += 1
```

(2) 测试代码(test.py)。

```
from dulinklist import DuLinkList
dlink = DuLinkList()
lst = [25,3,7,5,3,6,9,2,17,3,5,10,11]
for i in lst:
    dlink.insertBySort(i)                        #循环排序插入

print(dlink.display())
```

上述代码运行结果如图 4-34 所示。

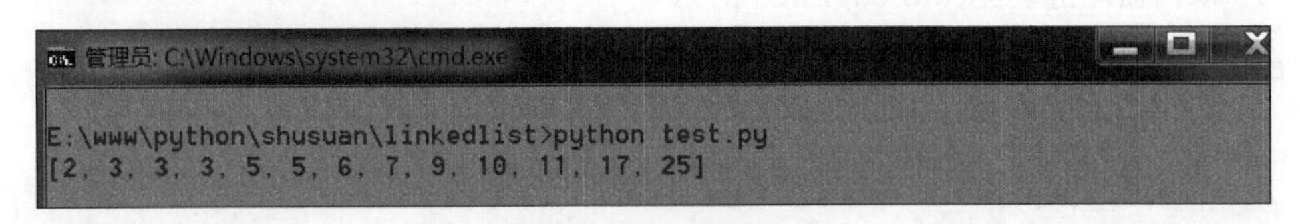


图 4-34　排序结果

# 4.5　双向循环链表

和双向链表一样,双向循环链表上的每个节点都有前后两个指针,分别指向前节点和后节点。但与双向链表不同的是:它的尾节点和链表的头节点是连着的。即尾节点的后(next)指针指向头节点,头节点的前(pre)指针指向尾节点。此类双向循环链表形成一个头尾相连的环状。与单向循环链表的区别在于:它可以正向遍历,也可以反向遍历,双向循环链表如图 4-35 所示。

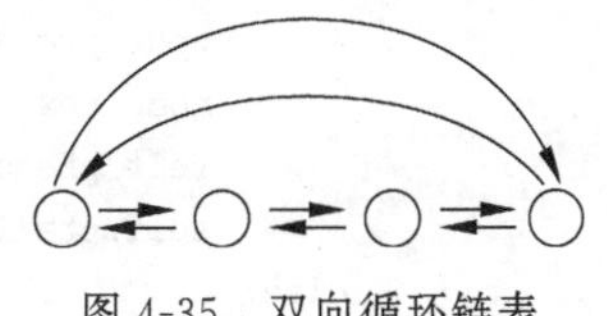

图 4-35　双向循环链表

## 4.5.1　双向循环链表的追加和遍历

双向循环链表的追加与双向链表大致相同。所不同的是:每次插入或删除必须顾及是否破坏头尾相连的循环结构。双向循环链表的每次追加必须涉及与头节点的重新连接。追加节点的算法逻辑必须考虑两个因素:①双向循环链表在插入第一个元素时,需要将第一个元素的前向和后向指针均指向其自身。②实现双向循环链表的插入、删除在中间部位与双向链表相同,其关键是考虑头尾节点(或只有一个节点的情况)问题,因为头尾节点带有头尾指针,插入(或删除)后会导致指针指向转移,双向循环链表追加节点算法图解如图 4-36 所示。

(a) 双向循环链表在只有1个节点的情形下，前后向指针均指向自身

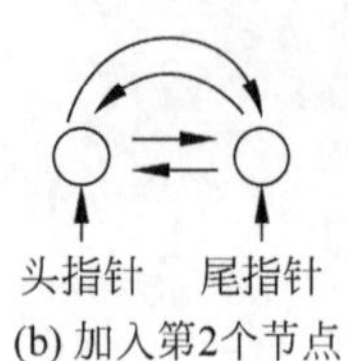

(b) 加入第2个节点

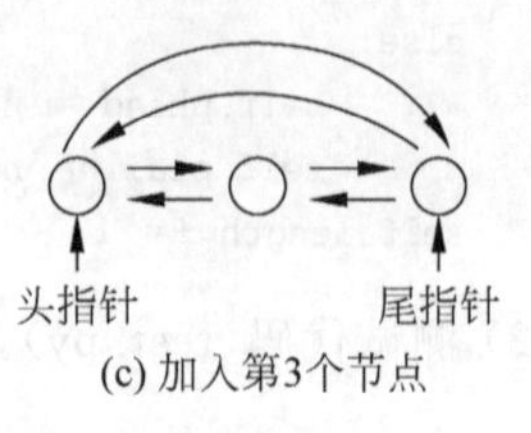

(c) 加入第3个节点

图 4-36　双向循环链表追加节点的步骤

每一个追加节点需要设置的指针包括：前尾节点的后向指针指向新节点，新节点的前向指针指向链表的尾节点，新节点的后向指针指向头节点，还有尾指针指向到新节点。整个过程在各种链表中算是最为烦琐的。代码实现如例 4-19 所示。

视频讲解

【4-19】 双向循环链表的追加和遍历。

(1) 双向循环链表类(duLoopLink.py)。

```
from dulnode import DulNode

class DuLoopLink:
  def __init__(self):
        self.phead = None
        self.ptail = None
        self.length = 0

  def append(self,data):                                    #追加
        node = DulNode(data)
        if self.phead!= None:
              self.ptail.next = node                        #链表尾节点后序指向新节点
              node.pre = self.ptail                         #新节点前向指针指向链表尾节点
              node.next = self.phead                        #新节点后向指针指向头节点
              self.phead.pre = node                         #头节点前向指针指向新节点
              self.ptail = node                             #尾指针指向新节点
        else:
              node.next = node                              #当链表加入第一个节点时
              node.pre = node                               #所有指针都指向自身
              self.phead = node
              self.ptail = node
        self.length += 1

  def display(self):                                        #遍历
        lst = []
        node = self.phead
        for i in range(self.length):                        #只能按长度遍历
              lst.append(node.data)
              node = node.next
        return lst
```

```
  def revDisplay(self):                       #逆向遍历
        lst = []
        node = self.ptail
        for i in range(self.length):
              lst.append(node.data)
              node = node.pre
        return lst
```

(2) 测试代码(test.py)。

```
from duplooplink import DuLoopLink
duLoopLink = DuLoopLink()
for i in range(1,11):
  duLoopLink.append(i)
print(duLoopLink.display())                  #正向显示
print(duLoopLink.revDisplay())               #逆向显示
```

上述代码运行结果如图 4-37 所示。

图 4-37 双向循环链表前向遍历和后向遍历显示

## 4.5.2 双向循环链表的随机插入和随机删除

双向循环链表在随机插入和随机删除上相似于双向链表,所不同的在于头尾节点,因为多了一对指针的相互指向,所以要多加两次引用赋值,烦琐度更高些。代码实现如例 4-20 所示。

**【例 4-20】** 双向循环链表的随机插入和随机删除。

(1) 在 DuLoopLink 类中添加随机插入方法 insert 和随机删除方法 remove。

```
def insert(self,data,seq):                   #随机插入
    if seq>=self.length:
          self.append(data)
          return
    elif seq<0:
          seq = 0
    node = DulNode(data)
    if seq>0:                                #如果插入在中间或尾部
          pl = self.phead
          n = 0
          while n<(seq-1):                   #找到前一个节点
                pl = pl.next
```

```
                n += 1
            inode = pl.next                          # 找到插入位置节点
            pl.next = node
            node.pre = pl
            node.next = inode
            inode.pre = node
        else:                                        # 如果插入在头部
            node.next = self.phead
            self.phead.pre = node
            self.phead = node
            self.ptail.next = node
            node.pre = self.ptail
        self.length += 1

    def remove(self,seq):                            # 随机删除
        node = None
        if self.length == 0:
            return None
        if seq >= (self.length - 1):                 # 如果删除的是尾节点
            # seq = self.length - 1
            node = self.ptail
            if self.length > 1:                      # 如果链表中有多个节点
                self.ptail = node.pre
                node.pre.next = self.phead
                self.phead.pre = node.pre
                node.pre = None
                node.next = None
            else:                                    # 如果链表中只有一个节点
                node.pre = None
                node.next = None
                self.phead = None
                self.ptail = None
            self.length -= 1
            return node.data
        elif seq <= 0:                               # 如果删除的是头节点
            # seq = 0
            node = self.phead
            if self.length > 1:
                self.phead = node.next
                self.phead.pre = self.ptail
                self.ptail.next = self.phead
                node.next = None
                node.pre = None

            else:
                node.pre = None
                node.next = None
```

```
                self.phead = None
                self.ptail = None
            self.length -= 1
            return node.data
        # ---------------删除中间节点--------------
        pl = self.phead
        n = 0
        while n < seq:
            pl = pl.next
            n += 1
        node = pl
        node.pre.next = node.next
        node.next.pre = node.pre
        node.pre = None
        node.next = None
        self.length -= 1
        return node.data
```

(2) 测试代码(test.py)。

```
from duloopli nk import DuLoopLink
duLoopLink = DuLoopLink()
for i in range(1,11):
    duLoopLink.append(i)
print(duLoopLink.display())
duLoopLink.remove(0)
duLoopLink.remove(5)
duLoopLink.remove(10)
print(duLoopLink.display())
```

上述代码运行结果如图 4-38 所示。

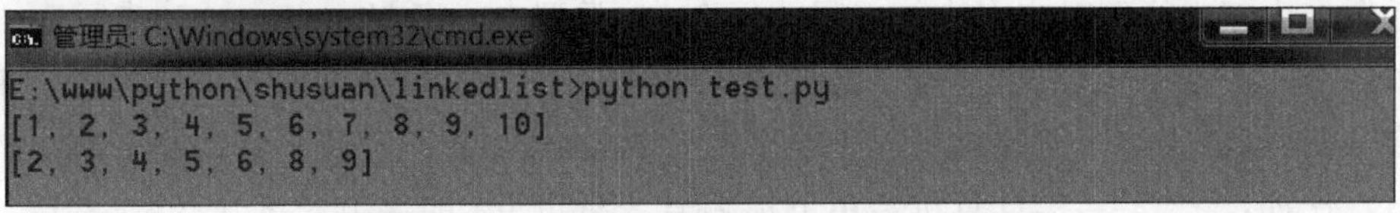

```
管理员: C:\Windows\system32\cmd.exe
E:\www\python\shusuan\linkedlist>python test.py
[1, 2, 3, 4, 5, 6, 7, 8, 9, 10]
[2, 3, 4, 5, 6, 8, 9]
```

图 4-38 双向循环链表删除三个元素前后结果

第 5 章

# 数　组

数组是各种编程语言中最常见的一种数据结构，是一种把同一类型的数值聚集在一起，用下标快速访问的数据集合。但不同语言中数组的概念其实不尽相同。凡是在使用前必须事先声明数据类型和长度的数组才是真正的数组格式。以这种方式定义数组的语言往往也是编译型语言，比如 C、Java、C# 等；而使用前无须声明数据类型和长度的所谓数组其实是某种链表格式，以这种方式定义数组的语言往往是解释型语言，比如 Ruby、JavaScript、Lua 等。Python 中的数组是什么类型的？具体看下面的描述。

## 5.1 数组结构

首先需要弄清楚数据结构中数组的概念，以及 Python 中所谓替代数组的列表类型是什么。

在 C++、Java 等严格编译型语言中，数组是需要定义类型和长度的。比如 Java 语言中定义一个 int 型数组格式为：int arr＝new int[5]；（定义一个 int 型 5 个元素长的数组）。真正的数组定义必须含有以下两条：①必须声明数组类型；②必须声明数组长度。数组被声明后会在内存中开辟对应大小的空间。每个 int 类型占 4 字节，new int[5]表示在内存中获取了一个 4×5＝20 字节的空间。数组的访问，需要先根据要访问的数组下标数字乘以字节长度，来计算出要访问的数组元素在内存中的位置，然后把内存指针移动到计算出的内存位置上。比如：arr[3]＝3，计算机会用下标编号 3 乘以 int 的字节长度 4，3×4＝12。指针在内存中平移 12 字节，指到 arr[3]所在的位置，并给此位置的内存空间赋值为 3。

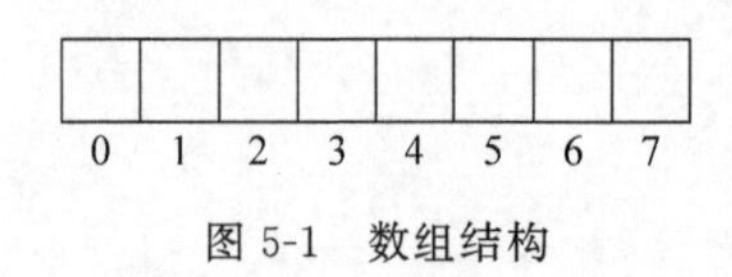


图 5-1　数组结构

数组本质上是内存中一段大小固定、地址连续的存储单元。此数组空间一经开辟，不可拓展。这意味着如果企图访问超过此数组长度的空间，比如：arr[8]＝8，系统会报下标越界。数组结构示意如图 5-1 所示。

常用的数组有两种：一维数组和二维数组。一维数组是一个长度固定、下标有序的线性序列；二维数组则是一个矩阵结构，本质上是以数组作为数组元素的数组，即“数组的数组”。

以上是编译型语言中数组的定义，而 Python 是解释型语言，它标榜的列表其实只能算是一种链表。在内置方法上，Python 的列表看起来更像数组、链表、栈等结构的混合体，其访问方法包括：append、insert、pop、下标访问等，可以当成数组、链表、栈等使用，但本质结构并非数组而是链表。

为了后续计算方便，可把 Python 中的列表(list)当数组用，下面列出列表(list)的一些常用的内置方法：

(1) 列表声明：

```
lst = [];
lst = [3,7,5,'hello'];
```

(2) 列表追加：

```
lst.append('good')
lst.append('ok')
```

(3) 列表访问：

```
a = list[0]
b = list[3]
```

(4) 列表长度：

```
lstLen = len(lst)
```

(5) 列表遍历：

```
for item in lst:
      print(item)
```

(6) 列表插入：

```
lst.insert(索引位置,插入数据)
```

(7) 列表删除：

```
v = lst.pop()                        # 弹出列表尾部元素
del lst[2]                           # 删除列表中下标为 2 的元素
```

## 5.2 消除数组中重复元素

将数组[1,23,1,1,1,3,23,5,6,7,9,9,8,5]中重复的数字消除掉，只留下不重复的数字。

上题可以有以下三种解决方法：

(1) 字典(哈希)法，后续学完散列表再讲解。

（2）新链表法：创建一个新链表，循环逐一取出数组中的元素并与列表中的元素逐一比较，如果重复数值就把该元素加入新链表。

（3）暴力法：每个元素和后面的元素循环逐一比较，有重复的则删除。

这里采用方法(3)，其逻辑是：用双重循环遍历数组，第 1 重循环中的每个元素和此元素后面的元素逐一比较，发现后面有重复的数据直接删除后面的重复项。用暴力法消除数组中重复元素的算法图解如图 5-2 所示。

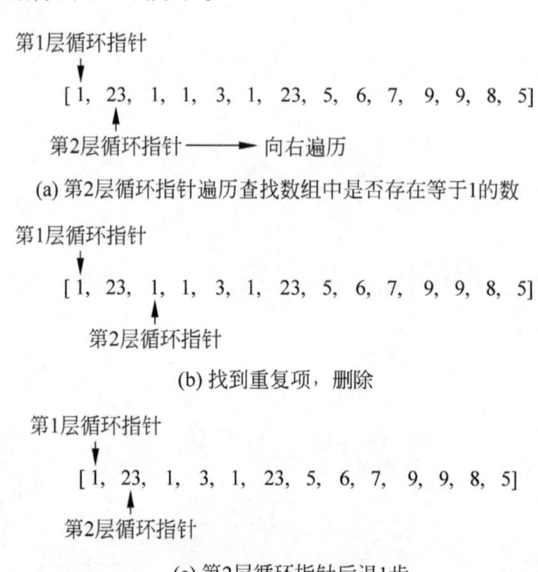


(a) 第2层循环指针遍历查找数组中是否存在等于1的数

(b) 找到重复项，删除

(c) 第2层循环指针后退1步

第1层循环指针

[1, 23, 1, 3, 1, 23, 5, 6, 7, 9, 9, 8, 5]

第2层循环指针

(d) 第2层循环指针继续遍历，再次找到重复项，删除并再次后退1步

第1层循环指针

[1, 23, 3, 23, 5, 6, 7, 9, 9, 8, 5]

第2层循环指针

(e) 重复上述动作，直到第2层循环指针运动到队尾，第1轮遍历结束

第1层循环指针

[1, 23, 3, 23, 5, 6, 7, 9, 9, 8, 5]

第2层循环指针

(f) 第1层循环指针向下进1步，第2层循环指针从此位置开始遍历查重

图 5-2　用暴力法在数组中消除重复元素的图解分析

由于在遍历中删除数组中的元素会导致数组长度和被删除元素后续的元素下标发生变化，所以每删除 1 个重复项，第 2 层循环指针都需要回退 1 步，重新计数。而在 C++、Java 等语言中则不会发生 Python 列表中出现的这个问题。因为强类型语言中的数组一经创建，长度和下标不可改变，所以无须做出指针后退这种在 Python 中出现的动作，这点要注意。代码实现如例 5-1 所示。

**【例 5-1】** 消除数组中重复元素(delrepeat.py)。

```
lst = [1, 23, 1, 1, 1, 3, 23, 5, 6, 7, 9, 9, 8, 5]
lenLst = len(lst)
i = 0
while i < lenLst:                          #逐个取出数组中的元素
  v = lst[i]
  j = i + 1
  while j < lenLst:                        #从下一个元素开始与上面循环取出的元素比较
        if v == lst[j]:                    #如果有重复
              del lst[j]                   #删除
              j -= 1                       #j 回退一个序号
              lenLst -= 1                  #长度减 1
        j += 1
  i += 1
print(lst)
```

上述代码运行结果如图 5-3 所示。

```
管理员: C:\Windows\system32\cmd.exe
E:\www\python\shusuan\arr>python delrepeat.py
[1, 23, 3, 5, 6, 7, 9, 8]
```

图 5-3 暴力法消除重复元素后的数组结果

# 5.3 求数组中的最大值和次大值

求一个数组的最大值比较简单，声明一个变量，放入数组的第 1 个元素；然后遍历数组中的元素，逐一和变量中的元素比较，如果比变量元素大，则把变量元素替换为更大的元素；这样循环到队尾时，变量的元素肯定是数组中的最大值。但加上次大值就要麻烦些，看下述求数组最大值和次大值的算法分析。

算法分析：声明两个变量，一个存入最大值，另一个存入次大值；循环数组，每个元素先和最大值比较，如果比最大值小，再和次大值比较，比次大值大就赋值给次大值，比最大值还大就用个临时变量先存入原先的最大值，把最大值变量更新后再把临时变量中的原最大值赋值给次大值变量，如此循环完毕，两个变量就分别存储着最大值和次大值。求数组中的最大值和次大值的图解分析如图 5-4 所示。

最大值：1
次大值：None

[1, 38, 29, 47, 12, 6, 21, 33, 17, 39]

循环指针

(a) 循环指针指在第1个元素上时，最大值为第1个元素，次大值为空

最大值：38
次大值：1

[1, 38, 29, 47, 12, 6, 21, 33, 17, 39]

循环指针

(b) 循环指针向后移动，1<38，则次大值置为1，最大值换成38

最大值：38
次大值：29

[1, 38, 29, 47, 12, 6, 21, 33, 17, 39]

循环指针

(c) 循环指针再向后移，38>29、1<29，次大值换成29

最大值：47
次大值：38

[1, 38, 29, 47, 12, 6, 21, 33, 17, 39]

循环指针

(d) 循环指针再后移，38<47，把38赋值给次大值，最大值换成47，以此类推

图 5-4 求数组中最大值和次大值的图解分析

循环指针每后移 1 次，最大值先和指针指向的元素比较大小。如果新元素更大，把原最大值赋值给次大值，最大值换上新值；如果新元素更小，则再和次大值比较，如值更大则替换之。代码实现如例 5-2 所示。

视频讲解

【例 5-2】 求数组的最大值和次大值(maxSecond.py)。

```
lst = [1,38,29,47,12,6,21,33,17,39]
lenLst = len(lst)
max = None
second = None
for v in lst:
    if max!= None:                      #如果 max!= None
        if max < v:                     #如果 max < v,v 赋值给 max,max 原值赋给 second
            temp = max
            max = v
            second = temp
        else:                           #如果 max≥v,判断 second < v 成立,把 v 赋给
                                        #second
            if second!= None:
```

```
                if second < v:
                    second = v
            else:
                second = v
    else:
        max = v
print(max,',',second)
```

上述代码运行结果如图 5-5 所示。

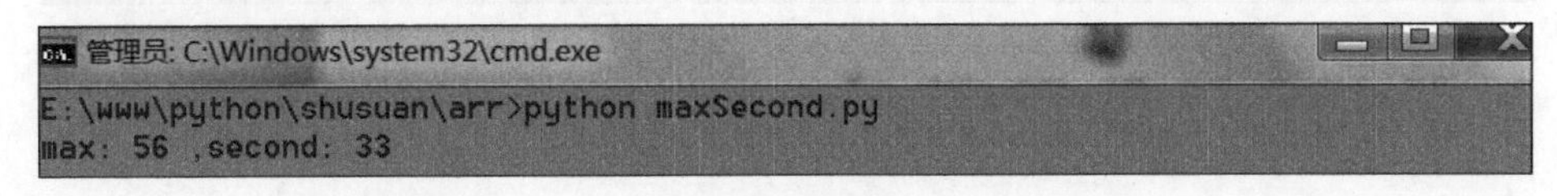


图 5-5　求数组最大值和次大值的输出结果

## 5.4　求一个数组的支点元素

一个数组由正负整数或 0 构成，在数组中找到一个元素（支点），让元素左侧子数组之和与右侧子数组之和相等（不包含元素本身），返回这个元素的下标。如果无此种元素，返回－1，如图 5-6 所示。

左侧子数组之和=右侧子数组之和

[9, −3, 7, 5, 15, −9, 5, 4, −2]

支点

图 5-6　数组中的支点元素

解题思路分析：从下标 1 开始循环遍历，左侧子数组循环求和，右侧子数组循环求和，两和相等则此下标所在元素是支点元素（此支点元素本身不参与左、右数据求和运算）。一个数组中可能有 1 个支点，也可能有多个，或者一个也没有。如果循环到数组右侧倒数第 2 个元素的位置还没有发现支点，则说明此数组无支点。代码实现如例 5-3 所示。

视频讲解

**【例 5-3】**　求一个数组的支点元素(fulcrum.py)。

```
lst = [9, - 3,7,5,15, - 9,5,4, - 2]
fulcrums = [ ]
lstLen = len(lst)
for v in range(1,lstLen - 1):              #循环到右侧倒数第 2 个元素
    #左侧子数组求和
    leftSum = 0
    for i in range(0,v):
        leftSum += lst[i]

    #右侧子数组求和
    rightSum = 0
    for j in range(v + 1,lstLen):
        rightSum += lst[j]
```

```
    if leftSum == rightSum:
        fulcrums.append(v)
print('支点元素是:',fulcrums)
```

上述代码运行结果如图 5-7 所示。

图 5-7　支点元素是下标为 3 的元素

## 5.5　求数组的幸运值

一个数组由 0～9 的整数构成，6，8，9 为幸运数，遇到这些幸运数则幸运值加 1；4 为不幸数，遇到此不幸数则幸运值减 1；但如果 0 在 4 的左侧，04 转为幸运数，幸运值反加 1。同理，6，8，9 左侧如果有 0，均变成不幸数，幸运值减 1。如图 5-8 所示数组的幸运值。

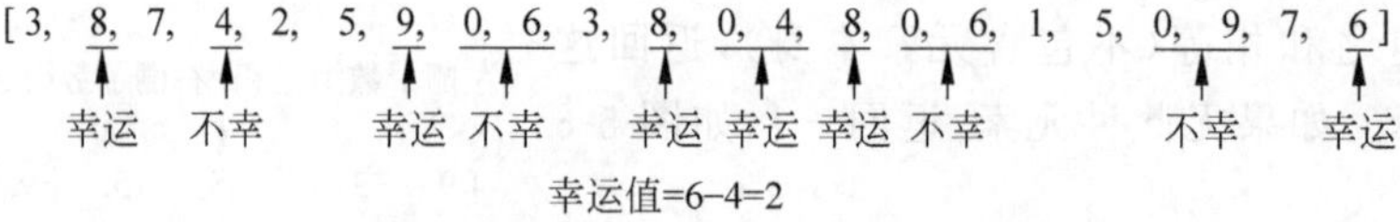

[3, 8, 7, 4, 2, 5, 9, 0, 6, 3, 8, 0, 4, 8, 0, 6, 1, 5, 0, 9, 7, 6]

幸运 不幸 幸运 不幸 幸运 幸运 幸运 不幸 不幸 幸运

幸运值=6−4=2

图 5-8　数组的幸运值(6 个幸运，4 个不幸)

解题思路分析：声明一个储存当前指针所指向元素的前 1 个元素的变量 preV，如果 preV 不为 0，后面遇到 6，8，9 幸运数则给幸运值变量加 1，遇不幸数 4 则减 1；如果 preV 为 0，后面遇到 6，8，9 幸运数则给幸运值变量减 1，遇不幸数 4 则加 1。幸运值增减如图 5-9 所示。

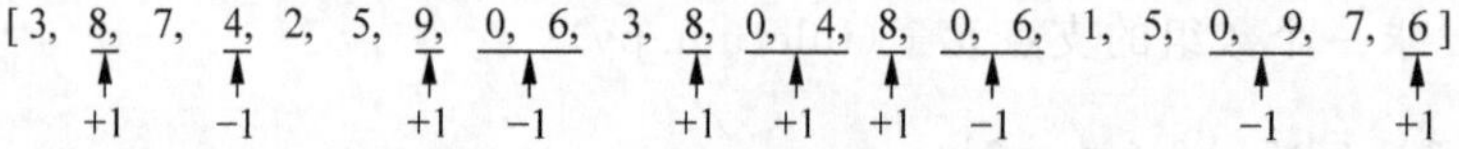

[3, 8, 7, 4, 2, 5, 9, 0, 6, 3, 8, 0, 4, 8, 0, 6, 1, 5, 0, 9, 7, 6]

+1 −1 +1 −1 +1 +1 +1 −1 −1 +1

图 5-9　幸运值增减

视频讲解

代码实现如例 5-4 所示。

**【例 5-4】**　求数组的幸运值(luckyv.py)。

```
lst = [6,3,8,7,2,5,9,0,6,3,8,4,8,0,6,1,5,0,9,7,6,4]
preV = None                          # 储存前一个数值
luckyV = 0                           # 幸运值
for v in lst:
    if preV!= 0:                     # 如果前一个数不是 0
        if v == 6 or v == 8 or v == 9:   # 如果是 6,8,9,幸运值加 1
            luckyV += 1
```

```
        elif v == 4:                    # 如果是 4, 幸运值减 1
            luckyV -= 1
    else:                               # 如果前数字为 0
        if v == 6 or v == 8 or v == 9:  # 下一个数字遇到 6,8,9, 幸运值减 1
            luckyV -= 1
        elif v == 4:                    # 下一个数字为 4, 幸运值加 1
            luckyV += 1
    preV = v

print('幸运值:',luckyV)
```

上述运行结果如图 5-10 所示。

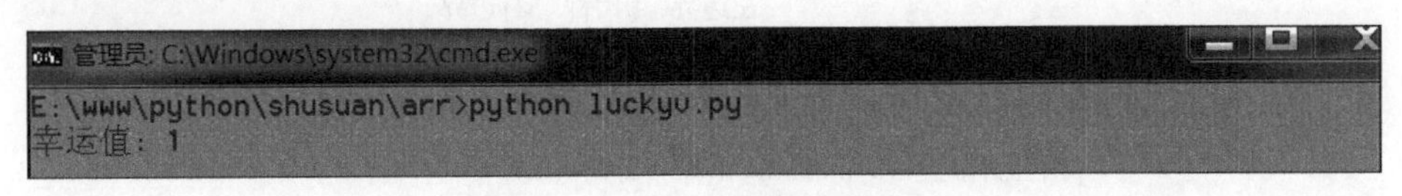


图 5-10　数组幸运值输出结果

## 5.6　在数组中实现二分法查找

在一个有序数组中查找一个数，如果找到此数则获取此数的下标（在数组中的序号），如果不存在此数，则返回－1。

解题思路分析：一般的思路是在数组中循环查找，直到找到与目标数相同的数为止。但当数组非常大时，尤其还是有序的数组时，顺序查找就比较费时了。二分法查找采取两边取中法，逐步夹逼定位待查数字，效率要高很多。

其步骤是：声明左、右两个边界，初始化时左边界在数组 0 下标位置，右边界在数组最右侧节点位置。然后计算左、右两个下标的中点位置（右边界－左边界除以 2 并向下取整），取中点数与待查数比较，如果待查数更小，则右边界移动到中点位置，若更大，则左边界移动到中点位置。然后重新计算左、右边界的中点位置，如此循环，直到找到待查数在数组中的序号。

链表由于需要从头指针循环到下标所在位置，二分法查找在链表中的查找速度并不快；但在数组中的查找速度却非常快（数组是通过下标直接定位的）。在数组中实现二分法查找算法的图解分析如图 5-11 所示。

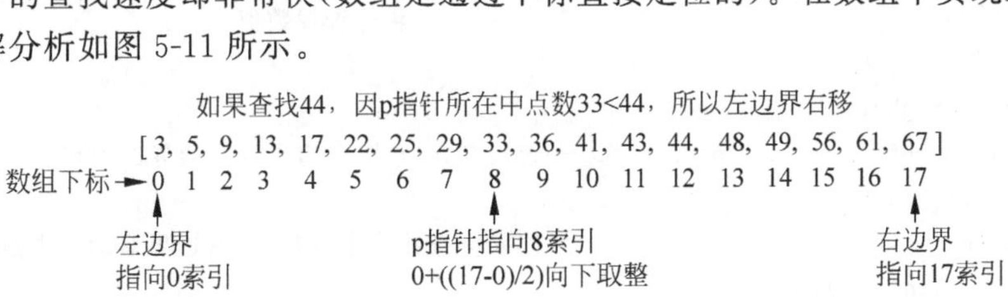

(a) 用二分法在数组中查找数44，p指针首先指到中点位置

图 5-11　在数组中用二分法查找数值的图解分析

p指针新位置=(左边界+(右边界−左边界)/2)向下取整
p=9+math.floor(17−9)=13
[ 3, 5, 9, 13, 17, 22, 25, 29, 33, 36, 41, 43, 44, 48, 49, 56, 61, 67 ]
数组下标→0 1 2 3 4 5 6 7 8 9 10 11 12 13 14 15 16 17
左边界 移动到原p索引+1处 p指针 右边界 指向17索引

(b) 因33＜44，左边界指针右移，p指针指向新的二分位置，p指针处新值为48

p指针新位置=9+math.floor((13−9)/2)=11
[ 3, 5, 9, 13, 17, 22, 25, 29, 33, 36, 41, 43, 44, 48, 49, 56, 61, 67 ]
0 1 2 3 4 5 6 7 8 9 10 11 12 13 14 15 16 17
左边界 p指针 右边界 指向原p指针所在索引

(c) 因44＜48,右边界移动到p指针位置，p指针指向新的二分位置

p指针新位置=12+math.floor((13−12)/2)=12
[ 3, 5, 9, 13, 17, 22, 25, 29, 33, 36, 41, 43, 44, 48, 49, 56, 61, 67 ]
0 1 2 3 4 5 6 7 8 9 10 11 12 13 14 15 16 17
左边界 右边界
左边界新位置=p指针原索引+1位置=12
p指针

(d) 左边界指针与p指针重合，44=44，此数值找到，跳出循环，查找完毕

图 5-11 （续）

由以上步骤得知，在二分法查找中，p 指针只需移动 4 次即可找到所查数值。在数据量大的数组中查找效率要远高于普通的循环遍历。

视频讲解

代码实现如例 5-5 所示。

【例 5-5】 在数组中实现二分查找(dichotomy.py)。

```
import math
lst = [3,5,9,13,17,22,25,29,33,36,41,43,44,48,49,56,61,67]
lstLen = len(lst)
left = 0                                        #声明左边界
right = lstLen - 1                              #声明右边界
search = 29                                     #待查找数值
flag = 0
while left < right:
    point = left + math.floor((right - left)/2) #取左边界到右边界的中点
    v = lst[point]
    if search < v:                              #如果待查数比中点数小,右边界移动到中点位置
        right = point
    elif search > v:                            #如果待查数大于中点数,左边界移动到中点 + 1 位置
        left = point + 1
```

```
    else:                                   #如果找到,跳出循环
        print('找到位置:',point)
        flag = 1
        break
if flag == 0:
    print('没找到')
```

上述代码运行结果如图 5-12 所示。

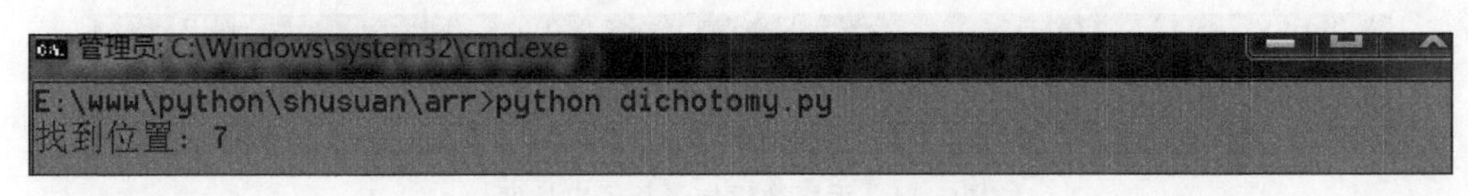


图 5-12 找到 29,在下标为 7 的位置上

## 5.7 求无序数组中最长连续子串的长度

找出数组[13,5,9,3,4,5,43,2,7,5,9,10,11,12,13,24,6,17,9]中最长的连续子串。此数组中包含 3,4,5 和 9,10,11,12,13 两个连续子串,如图 5-13 所示。写段代码,求出数组中最长连续子串的长度。

[13, 5, 9, 3, 4, 5, 43, 2, 7, 5, 9, 10, 11, 12, 13, 24, 6, 17, 9]

图 5-13 数组中的连续子串

解题思路如下:

(1) 声明三个变量:一个存先前数值,一个存连续子串的累加计数,一个存最大计数。

(2) 遍历数组,循环用"先前数值+1"的方式来判断数组中是否包含一个连续子串,如果连续则计数累加;若子串断裂,则把计数赋值给最大计数,其他变量重新归位。

直接看例 5-6 的代码。

**【例 5-6】** 求无序数组中最长连续子串的长度(continueSub.py)。

```
lst = [13,5,9,3,4,5,43,2,7,5,9,10,11,12,13,24,6,17,9]
preV = None                             #前一个值
n = 0                                   #子串计数器
max = 0                                 #子串最大长度
for v in lst:
    if preV!= None:                     #不是第 1 个数
        preV += 1
        if preV == v:                   #如果和上一个数连续,n+1
            n += 1
        else:                           #否则把 n 赋值给 max(如果 n > max),并重置 preV 和 n
            preV = v
            if n > max:
```

```
                    max = n
                n = 1
        else:                                   #是第一个数
            preV = v
            n = 1
print('最长子串:',max)
```

上述代码运行结果如图 5-14 所示。

图 5-14 无序数组中最长子串长度

## 5.8 求数组中出现次数超过总数一半的数

一个长度为 $n$ 的数组中,其中有一个数出现的次数超过 $n/2$,写段程序,求出这个数。

解题思路分析:这题看似简单,但是找到最优解不容易。一般情况下首先会想到最笨的方法,每选一个数,遍历一次数组,复杂度为 $O(n^2)$,或者先排序再找那个数,复杂度一般为 $O(n\lg n)$,或者用哈希,时间复杂度为 $O(n)$,空间复杂度需要看输入的数据规模,空间复杂度为 $O(n)$。所以这些都不是最优解,先分析这个题目,设该数出现的次数为 $x$,则 $x$ 满足,$n/2+1\leqslant x\leqslant n$;因此可以联想到如果该数和其余的数全部相抵消,至少还剩 1 个。步骤描述:程序从前往后遍历,设 key 为第一个数,key 出现的次数为 ntime,初始化为 1,代表 key 出现了一次,从前往后,如果某个数不等于 key,则抵消,key 的出现次数减 1,如果等于 key,则 key 的出现次数加 1,如果 key 的出现次数变成 0,则说明 key 已经用完了,所以需要重新初始化 key 为另一个数,再重复以上步骤,因为一定有一个数大于 $n/2$,所以遍历到最后剩下的那个数,就是要求的数。例如,对于数组[8,9,3,3,7,3,5,3,7,3,8,3,3,2,3,6,3,1,3,0,3,6,3,9,3,3,8,3,5,3,2,3,1,2,3,4,3,7],出现次数超过总数一半的数是 3,程序开发的运算步骤图解如图 5-15 所示。

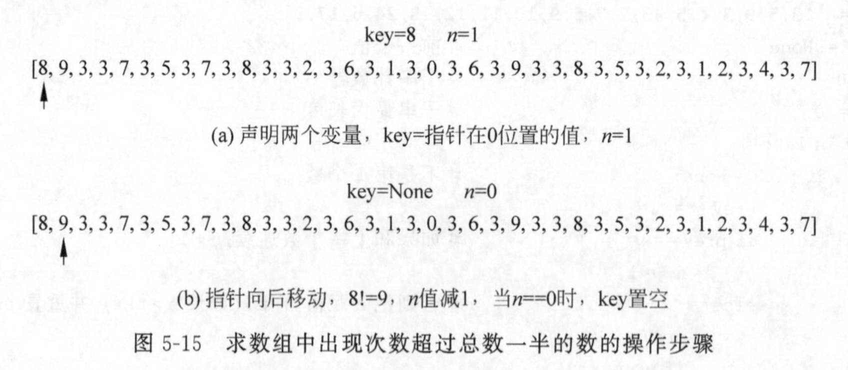


图 5-15 求数组中出现次数超过总数一半的数的操作步骤

key=3 $n$=1

[8, 9, 3, 3, 7, 3, 5, 3, 7, 3, 8, 3, 3, 2, 3, 6, 3, 1, 3, 0, 3, 6, 3, 9, 3, 3, 8, 3, 5, 3, 2, 3, 1, 2, 3, 4, 3, 7]

↑

(c) 指针后移，key赋值指针新值，$n$置为1

key=3 $n$=2

[8, 9, 3, 3, 7, 3, 5, 3, 7, 3, 8, 3, 3, 2, 3, 6, 3, 1, 3, 0, 3, 6, 3, 9, 3, 3, 8, 3, 5, 3, 2, 3, 1, 2, 3, 4, 3, 7]

↑

(d) 指针后移，3==3，$n$值加1

key=3 $n$=1

[8, 9, 3, 3, 7, 3, 5, 3, 7, 3, 8, 3, 3, 2, 3, 6, 3, 1, 3, 0, 3, 6, 3, 9, 3, 3, 8, 3, 5, 3, 2, 3, 1, 2, 3, 4, 3, 7]

↑

(e) 指针后移，7!=3，$n$值减1

key=3 $n$=2

[8, 9, 3, 3, 7, 3, 5, 3, 7, 3, 8, 3, 3, 2, 3, 6, 3, 1, 3, 0, 3, 6, 3, 9, 3, 3, 8, 3, 5, 3, 2, 3, 1, 2, 3, 4, 3, 7]

↑

(f) 指针后移，3==3，$n$值加1

图 5-15 （续）

以上操作重复进行，当 key 遇到与之相同的数，则 $n$ 值加 1；当 key 遇到与之不同的数则 $n$ 值减 1，当 $n$ 减到 0 时，key 值置空。最终剩下的那个数，就是出现次数大于 $n/2$ 的那个数。下面看代码，如例 5-7 所示。

**【例 5-7】** 求数组中出现次数超过总数一半的数(Half. py)。

```
lst = [8,9,3,3,7,3,5,3,7,3,8,3,3,2,3,6,3,1,3,0,3,6,3,9,3,3,8,3,5,3,2,3,1,2,3,4,3,7]
key = None
n = 0
for v in lst:
    if key!= None:
        if key == v:
                                        #如果key与后面的数相等,累加一个,n+1
            n += 1
        else:                           #如果key与后面的数不等,抵消一个,n-1
            n -= 1
            if n == 0:                  #如果key被其他数抵消殆尽,置空
                key = None
    else:
        key = v                         #重新记数
        n = 1
if n > 0:
    print('超过半数的是:',key)
else:
    print('没有超半数的')
```

上述代码运行结果如图 5-16 所示。

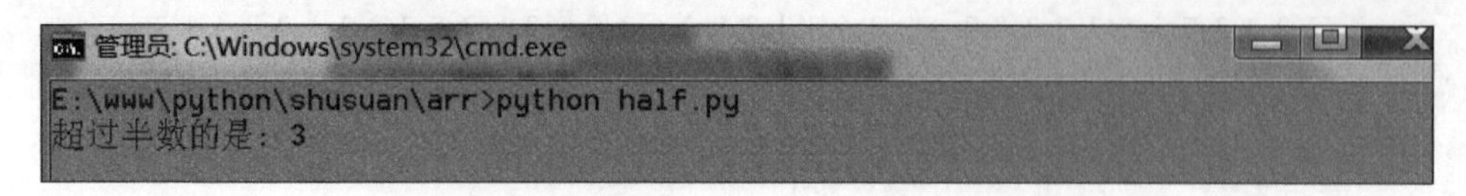


图 5-16 抵消法找出数组中超过半数的数

## 5.9 环路加油站问题

环路上有 $n$ 个加油站,每一个加油站储油量为 gas[$i$],一辆汽车从第 $i$ 个加油站到第 $i+1$ 个加油站的耗油量为 cost[$i$],问从哪个加油站出发可以走完环路(若没有任何一个节点能走完整个环路则返回-1,假设油箱容量无限,初始时储油量为 0)? 先理解例 5-8 题干。

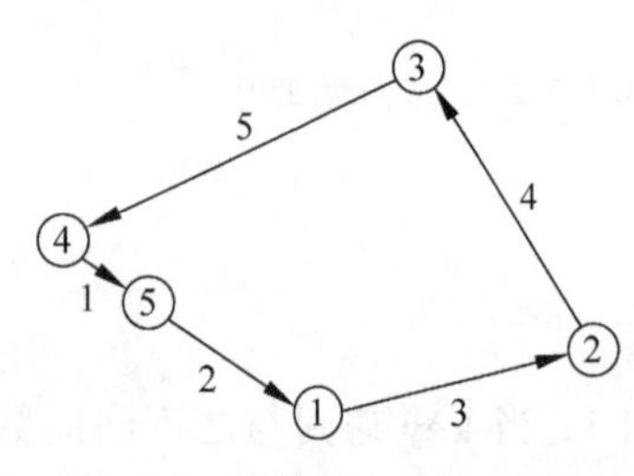


图 5-17 储油量(1,2,3,4,5),路程耗油(3,4,5,1,2)

**【例 5-8】** 每个加油站的储油量: gas=[1,2,3,4,5];从每个节点出发到下一个加油站的耗油量: cost=[3,4,5,1,2];如图 5-17 所示。

解题算法分析如下:

(1) 暴力法:从第 0 个加油站开始,逐个判断车加油后的油量能否支撑到下个加油站,最后能否走完全程(每个加油站的加油量-耗油量,累加比较),若不能,继续判断下一个节点。

(2) 区间法:声明一个长度为 $n$ 的差值数组,把每个节点的储油量与耗油量的差值全放进这个数组。然后声明一个起点游标初始化指向数组下标 0,并开始从此位置向后遍历。另声明一个变量 sum 代表差值和,在遍历过程中累加各个节点的差值。一旦有负数,起点游标立刻移动到此节点的下一节点,重新开始遍历。遍历位置从起点游标经过所有节点(如果超过下标,转到数组 0 下标)。如果遍历完成,各个加油站之间加油量减去耗油量的差值和大于或等于 0,则此起点游标位置就是所求节点。

此处采用区间法解题,如图 5-18 所示。

从起点开始向后旋转累加 diff(=储油量-耗油量),当 diff 和小于 0 时,则把下一节点设为新的起点,直到转完一圈后 diff 和大于或等于 0,则此节点为可以走完全程的起始节点。代码实现如例 5-9 所示。

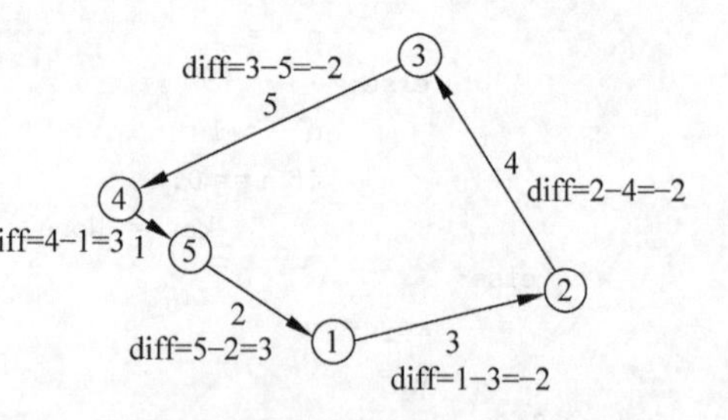


图 5-18 各节点储油量与油耗量的差值

**【例 5-9】** 环路加油站问题解法(gastation.py)。

```
gas = [1,2,3,4,5]
cost = [3,4,5,1,2]
glen = len(gas)
diff = []
for i in range(glen):                     #算出各个加油站间储油量与油耗量的差值
  diff.append(gas[i] - cost[i])

start = 0                                 #起点加油站的下标
sum = 0                                   #差值总和

#找起点,从起点向后累加储油量与耗油量之间差值,如果中间的累加结果小于或等于 0,起点下标
#向后移
#从起点循环到列表尾部(起点未必是 0 点)
for i in range(start,glen):
  sum += diff[i]
  if sum < 0:
      start = i + 1
      sum = 0
#从 0 点循环回起点(如果起点为非 0 点,完成 1 个闭合循环)
for i in range(0,start):
  sum += diff[i]
  if sum < 0:
      break

if sum >= 0:
  print('转完全程起点在:',start)
else:
  print('所给油量转不完全程')
```

上述代码运行结果如图 5-19 所示。

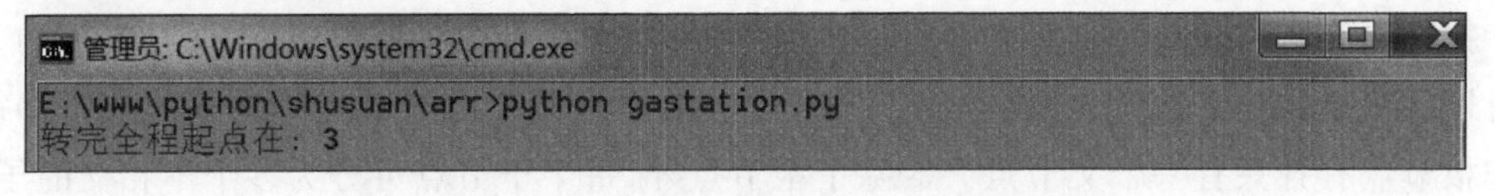


图 5-19 找出起点(从 0 算起),转完全程 sum≥0

# 第6章 树结构

生活中的树结构几乎随处可见。比如总公司下面有多个子公司，子公司下面还有分公司；国家的行政单位是省、市、县，层层分支；一根燃气管道，分成多个分支进入各个城市，再分成多个分支进入社区等，这些都可称为树结构，设计出一棵优良的树结构，对提高效率，降低消耗具有非常现实的意义。同时在数学应用中，树结构也具有非常独特的应用价值。比如一棵平衡树，查找和插入的时间复杂度都是$O(\log_2 n)$级，线性结构的$O(N)$和树结构的$O(\log_2 n)$在数据量十分巨大时有着天壤之别的效率差异。比如$N$为65536(2的16次方)时，链表平均查找次数是3万多次，而平衡树只需要16次，效率相差很大。下面介绍树、森林、二叉树这些同属树结构类型的概念。

## 6.1 树、森林、二叉树

我们先看树、森林、二叉树的概念。

(1) 树：树是一种数据结构，它是由$n(n\geqslant 1)$个有限节点组成一个具有层次关系的集合。把它称为“树”是因为它看起来像一棵倒挂的树，也就是说它是根朝上，而叶朝下的。其具有以下特点：①每个节点有零个或多个子节点；没有父节点的节点称为根节点。②每一个非根节点有且只有一个父节点。③除了根节点外，每个子节点可分为多个不相交的子树。先了解常用的树基本术语，其包括：①度：可分为“节点的度”与“树的度”。节点的度是指一个节点子树(节点)的个数；树的度是指树中所有节点的度中的最大值。②叶子节点：是指没有子树的节点。③层：树是有层次的，一般根节点为第0层。规定根节点到某节点的路径长度为该节点的层数。④深度：树中节点的最大层数。⑤兄弟：同一双亲的节点，互为兄弟。⑥堂兄弟：双亲在同一层次的节点，互为堂兄弟。⑦祖先：从根节点到该节点的路径上的所有节点都是该节点的祖先。⑧子孙：以某一节点为根的子树上的所有节点都是该节点的子孙。

(2) 森林：由若干棵互不相交的树组成的集合称为森林。任何一棵树，删除了根节点就变成了森林。

(3) 二叉树：二叉树是每个节点最多有两个子树的树结构。通常子树被称为“左子树”(left subtree)和“右子树”(right subtree)。说明：二叉树不是树的一种特殊情形，尽管其与树有许多相似之处，但树和二叉树有两个主要差别：①树中每个节点的最多子节点数量没有限制，而二叉树每个节点的最大子节点数量为2。②树的节点无左、右之分，而二叉树的节点有左、右之分。常见的二叉树类型包括：满二叉树、完全二叉树、平衡二叉树、二叉搜索树、红黑树、哈夫曼树等。由于数据结构中最常用到的结构就是二叉树，所以本章只讲解二叉树结构。

## 6.2　二叉排序树

二叉排序树(Binary Sort Tree)，(又称为二叉搜索树或二叉查找树)或者是一棵空树，或者具有下列性质的二叉树：

(1) 若它的左子树不空，则左子树上所有节点的值均小于它的根节点的值。

(2) 若它的右子树不空，则右子树上所有节点的值均大于它的根节点的值。

(3) 它的左、右子树也分别为二叉排序树。

二叉排序树空间结构如图6-1所示。

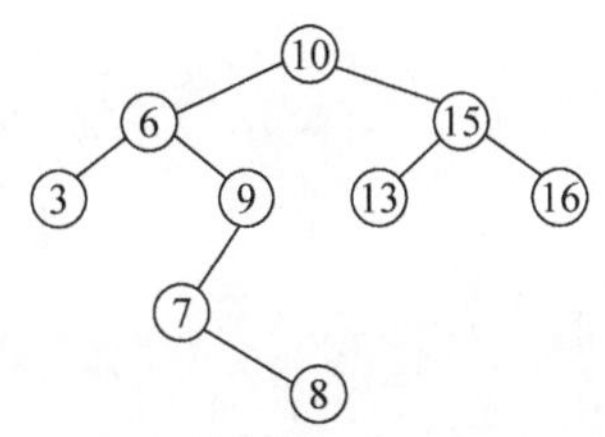


图6-1　数组[10,6,15,9,3,13,7,16,8]的二叉排序树空间结构

### 6.2.1　二叉排序树的插入与中序遍历

二叉排序树的类结构包括：节点和树。①节点：包含数据引用、左指针、右指针、插入递归方法、遍历递归方法等。②树：包括根节点指针、插入方法、遍历方法等。下面介绍二叉排序树的插入方法和遍历方法。其遍历方法又分为3种，这里先介绍中序遍历。

(1) 二叉排序树的插入算法：二叉排序树从根节点开始，比较待插入的节点数据和当前节点数据的大小，如果插入节点数据小于当前节点数据，则向左指针寻求继续比较；如果左指针为空，节点作为叶子节点添加到当前节点的左指针；如果插入节点数据大于或等于当前节点数据，则反之。若二叉排序树为空，则首先单独生成根节点。注意：新插入的节点总是二叉排序树的叶子节点。

(2) 二叉排序树的中序遍历算法：中序遍历首先遍历左子树，然后访问根节点，最后遍历右子树。若此树3个方向都为空则结束返回，若任一分支不为空则视此分支为1棵新的二叉排序树，递归执行：①遍历此分支的左子树。②访问此分支的根节点。③遍历此分支的右子树。如果还有分支，继续递归…… 此类二叉排序树按照中序遍历后得到的最终结果是一个从小到大的排序列表。

二叉排序树的插入操作的算法图解如图6-2所示。

[10, 6, 15, 9, 3, 13, 7, 16, 8]

10 —— 根节点

(a) 二叉排序树中插入根节点

[10, 6, 15, 9, 3, 13, 7, 16, 8]

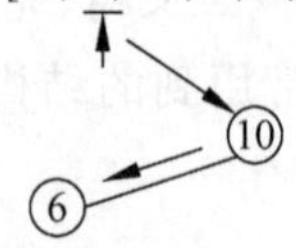

(b) 6比根节点处15小，向根节点左侧放置

[10, 6, 15, 9, 3, 13, 7, 16, 8]

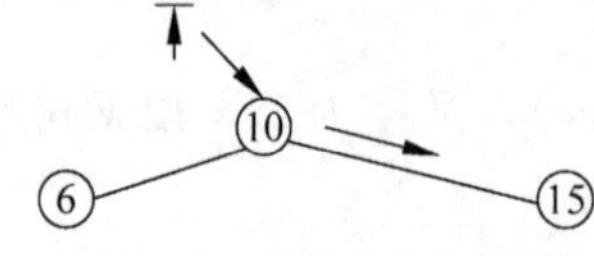

(c) 15比10大，向根节点右侧放置

[10, 6, 15, 9, 3, 13, 7, 16, 8]

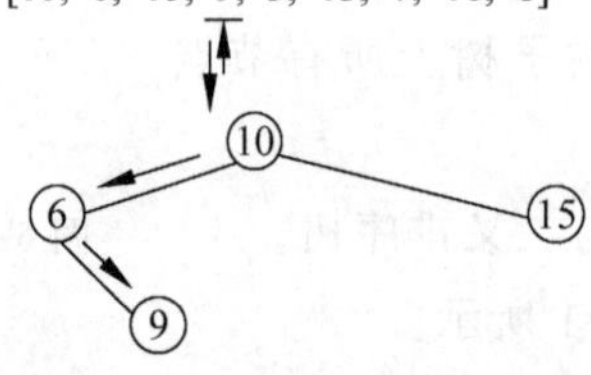

(d) 9＜10，向根节点左侧放置，9＞6，向6节点右侧放置

[10, 6, 15, 9, 3, 13, 7, 16, 8]

(e) 3＜10，向根节点左侧放置，3＜6，向6节点左侧放置

图 6-2　二叉排序树插入节点的操作步骤

后续以此类推。

二叉排序树中序遍历的算法图解如图 6-3 所示。

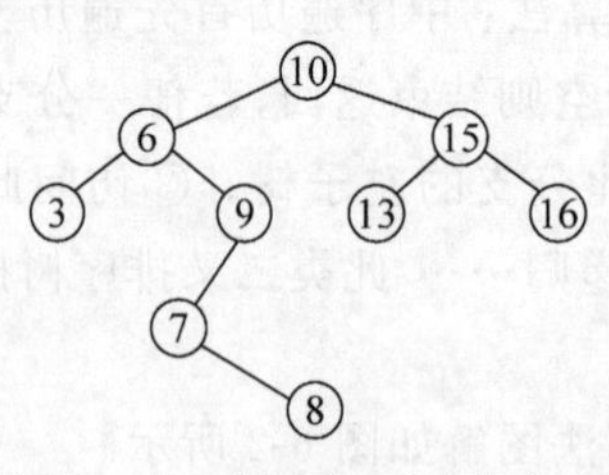

(a) 按中序遍历原则，递归调用从根节点起先左、再中、后右

图 6-3　二叉排序树中序遍历的操作步骤

(b) 欲访问中节点，先访问左节点，左节点不为空，递归到左节点

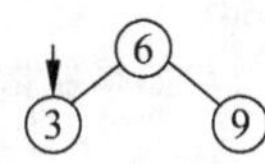


(c) 6节点处依然遵循左、中、右原则，先递归到左节点处

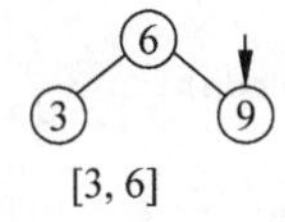


(d) 3节点没有子节点，左节点3放入结果，中节点6再放入，指针移到右节点

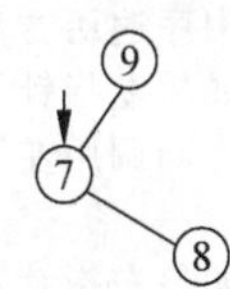


(e) 9节点有左子7节点，7节点只有右节点，左、中、右原则指针定位到7节点上

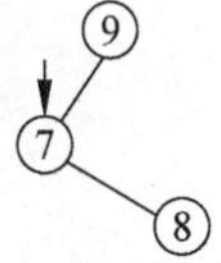


(f) 7节点入队，右侧8节点再入，9的左子节点全部入完后9再入

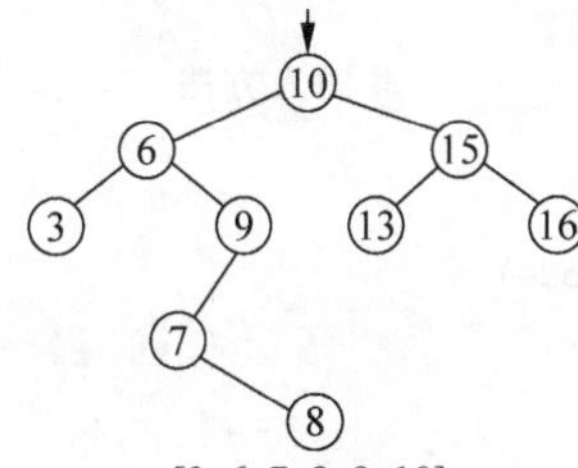


(g) 根节点左侧全部入队完毕，指针递归到根节点本身，10入队，然后向右

图 6-3 （续）

以此类推，把根节点右侧也顺序放入结果集。

代码实现如例 6-1 所示。

视频讲解

**【例 6-1】** 二叉排序树的插入与中序遍历。

(1) 二叉树节点类(Node. py)。

```
class Node:
  def __init__(self,data):
        self.data = data              #数据引用
        self.left = None              #左指针
```

```
        self.right = None                   # 右指针
    def add(self,node):                     # 插入方法
        if node.data < self.data:           # 如果插入节点值小于当前节点数值
            if self.left!= None:            # 如果左指针不为空,递归调用下一个节点的插入方法
                self.left.add(node)
            else:                           # 如果左指针为空,节点置于左指针下
                self.left = node
        else:                               # 如果插入节点值大于或等于当前节点数值
            if self.right!= None:
                self.right.add(node)
            else:
                self.right = node

    def display(self,lst):                  # 中序遍历方法
        if self.left!= None:                # 如果左指针不为空
            self.left.display(lst)          # 递归调用左节点的遍历方法
        lst.append(self.data)
        if self.right!= None:               # 如果右指针不为空,递归调用右节点遍历方法
            self.right.display(lst)
```

(2) 二叉排序树类(sortree.py)。

```
from node import Node
class SortTree:
    def __init__(self):
        self.root = None                    # 根节点
        self.length = 0
    def add(self,data):                     # 插入方法
        snode = Node(data)
        if self.root!= None:
            self.root.add(snode)
        else:
            self.root = snode
        self.length += 1

    def display(self):                      # 中序遍历
        lst = []
        self.root.display(lst)
        return lst
```

(3) 测试类(test.py)。

```
from sortree import SortTree
sTree = SortTree()
lst = [10,6,15,9,3,13,7,16,8]
for item in lst:
    sTree.add(item)
print(sTree.display())
```

上述代码运行结果如图 6-4 所示。

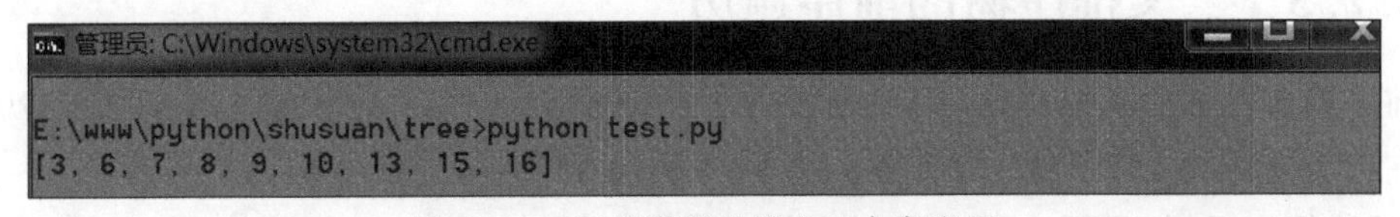


图 6-4　二叉排序树的插入和中序遍历

## 6.2.2　二叉排序树的深度优先遍历和广度优先遍历

对于二叉排序树的遍历方式，有深度优先遍历和广度优先遍历两种。深度优先遍历又有前序、中序、后序遍历三种类型，广度优先遍历就是按层遍历。下面分别介绍这两种遍历方式。

(1) 深度优先遍历：就是先找分支，向深里挖；再找层级，横向挖。深度优先遍历分为前序、中序、后序三种。前面在二叉排序树的遍历中使用了中序遍历，现把这三种遍历方式分别介绍如下：

① 前序遍历也称为先根遍历，就是首先访问树的根节点，然后遍历左子树，最后遍历右子树。简称中→左→右遍历。比如用于做目录结构的显示，先显示上级目录，再罗列下级目录，如图 6-5 所示。

② 中序遍历在前面已介绍过，就是先访问树的左子树，然后访问树的根节点，最后访问右子树，简称左→中→右遍历。比如可以做表达式树，在编译器底层实现时用户可以实现基本的加、减、乘、除，实现先乘除后加减，如图 6-6 所示。

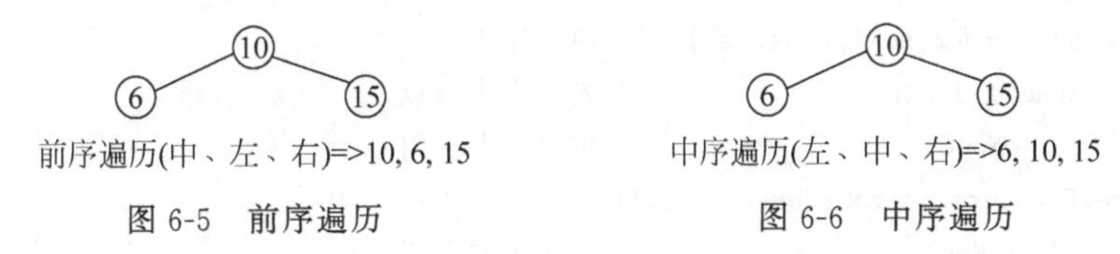


图 6-5　前序遍历　　图 6-6　中序遍历

③ 后序遍历就是先访问树的左子节点，然后访问树的右子节点，最后访问根节点，简称左→右→中遍历。比如删除操作，需要先删除所有子项，然后才能删除父级元素，如图 6-7 所示。

(2) 广度优先遍历：顾名思义，就是横向先遍历，也就是按树的深度层次遍历，从根节点往下，对每一层依此访问，在每一层中从左到右(也可从右到左)遍历，遍历完一层就进入下一层，直到没有节点，如图 6-8 所示。

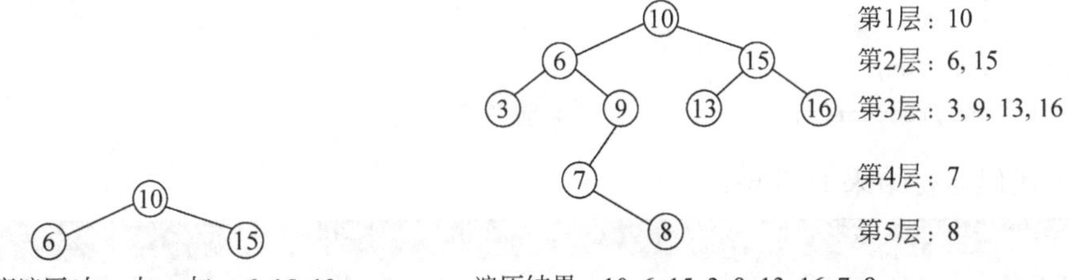


图 6-7　后序遍历　　图 6-8　二叉树的广度优先遍历

### 6.2.3 二叉排序树的前序遍历

前序遍历也称为先根遍历，前序遍历首先访问根节点然后遍历左子树，最后遍历右子树。在遍历左子树、右子树时，仍然先访问子树父节点，然后遍历左子树，最后遍历右子树。若二叉排序树为空则结束返回，否则递归继续访问子树。需要注意：遍历左、右子树时仍然采用前序遍历方法，即中→左→右模式遍历子树。二叉排序树的前序遍历的算法图解如图6-9所示。

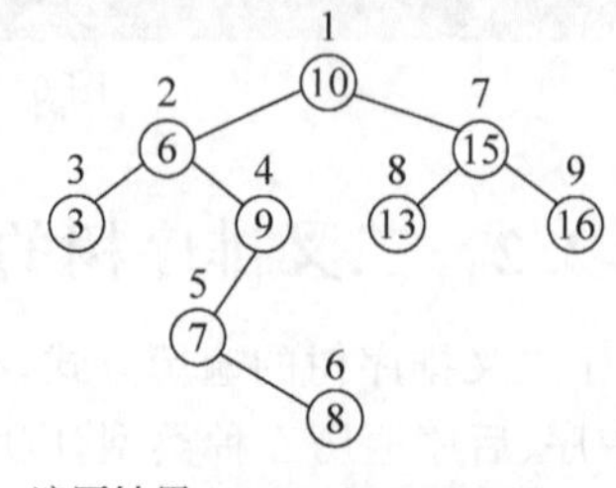


图6-9 先中、再左、后右，遇到子树按此原则递归进入

前序遍历调用不再写在节点类，换个方式，写到管理类中，代码实现如例6-2所示。

视频讲解

**【例6-2】** 二叉排序树的前序遍历。

(1) 在二叉排序树类中添加方法(sortree.py)。

```
def preorder(self):                       #前序遍历
  lst = []
  node = self.root
  self.recursivePreOrder(node,lst)        #调用前序递归
  return lst
def recursivePreOrder(self,node,lst):     #前序递归
  lst.append(node.data)                   #先放入中节点
  if node.left!= None:                    #再放入左子树
        self.recursivePreOrder(node.left,lst)
  if node.right!= None:                   #后放入右子树
        self.recursivePreOrder(node.right,lst)
```

(2) 测试类(test.py)。

```
from sortree import SortTree
sTree = SortTree()
lst = [10,6,15,9,3,13,7,16,8]
for item in lst:
  sTree.add(item)
print(sTree.preorder())                   #前序遍历
```

上述代码运行结果如图6-10所示。

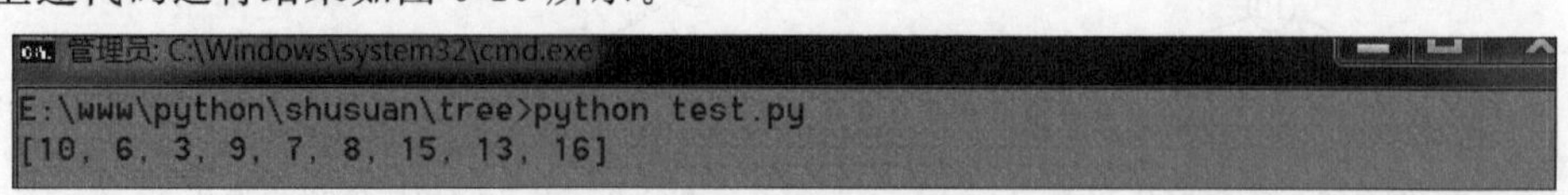


图6-10 前序遍历结果

## 6.2.4　二叉排序树的后序遍历

后序遍历，也称为先子遍历。后序遍历首先遍历左子树，再遍历右子树，最后遍历根节点。在遍历左、右子树时，仍然先访问左子节点，然后访问右子节点，最后访问父节点。若二叉排序树为空则结束返回，否则继续进入子树按后续遍历原则递归遍历。代码实现如例 6-3 所示。

视频讲解

【例 6-3】　二叉排序树的后序遍历。

(1) 二叉排序树类中添加方法(sortree.py)。

```
def postOrder(self):                                  #后序遍历
  lst = []
  node = self.root
  self.recursivePostOrder(node,lst)                   #调用后序递归
  return lst

def recursivePostOrder(self,node,lst):                #后序遍历
  if node.left!= None:                                #先向左遍历寻找
        self.recursivePostOrder(node.left,lst)
  if node.right!= None:                               #再向右遍历寻找
        self.recursivePostOrder(node.right,lst)
  lst.append(node.data)
```

(2) 测试类(test.py)。

```
from sortree import SortTree
sTree = SortTree()
lst = [10,6,15,9,3,13,7,16,8]
for item in lst:
sTree.add(item)
print(sTree.postOrder())                              #后序遍历
```

上述代码运行结果如图 6-11 所示。

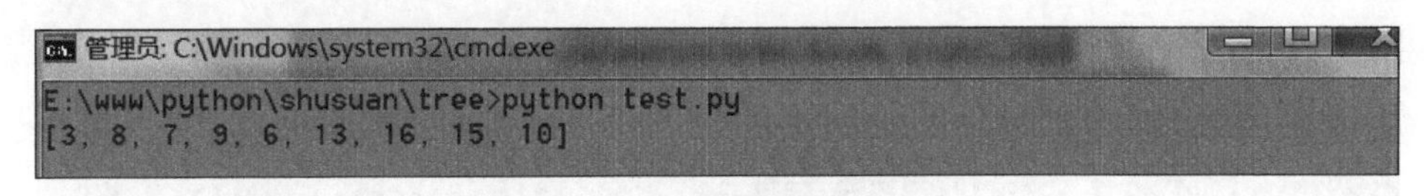


图 6-11　后序遍历运行结果

## 6.2.5　二叉排序树的广度优先遍历

前面学到的前序、中序、后序都是深度优先遍历，广度优先遍历则是按层次遍历，输出完上一层再输出下一层，直到最底层，如图 6-8 所示。

程序实现思路：声明一个层节点列表和一个数据列表，首先把每层的节点放入层节点

列表，然后把层节点列表中的数据放入数据列表，再把下一层的节点放入层节点列表。层层往复，直到最底层。代码实现如例6-4所示。

视频讲解

**【例6-4】** 二叉排序树的广度优先遍历。

(1) 二叉排序树中添加方法(Sortree.py)。

```
def levelTraverse(self):                          #广度优先遍历
    lst = []                                      #声明数据列表
    nodeLst = []                                  #声明层节点列表
    nodeLstTmp = []                               #临时节点列表
    if self.root!= None:
        nodeLst.append(self.root)
        while len(nodeLst)> 0:                    #整层无节点则跳出循环
            for node in nodeLst:                  #把本层节点数据加入 lst
                lst.append(node.data)
                nodeLstTmp.append(node)
            nodeLst.clear()                       #清空层节点列表

            for node in nodeLstTmp:               #将下一层节点加入 lst
                if node.left!= None:
                    nodeLst.append(node.left)     #左节点加入节点列表
                if node.right!= None:
                    nodeLst.append(node.right)    #右节点加入节点列表
            nodeLstTmp.clear()                    #清空临时节点列表
    return lst
```

(2) 测试类(test.py)。

```
from sortree import SortTree
sTree = SortTree()
lst = [10,6,15,9,3,13,7,16,8]
for item in lst:
  sTree.add(item)
print(sTree.levelTraverse())
```

上述代码运行结果如图6-12所示。

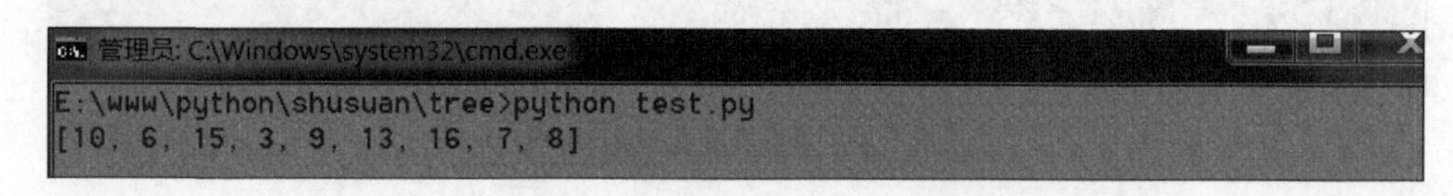


图6-12 广度优先遍历执行结果

## 6.2.6 二叉排序树的节点删除

二叉排序树的节点删除可能要面临的问题：删除某个节点后相应的树可能散架。为此必须考虑在子树存在的情况下用子树来填补被删除节点的空间。二叉排序树的节点删除有以下两种方法：

(1) 标志位法：给节点添加一个标志位 flag,0 表示此节点可用；1 表示此节点已被删除。在做插入运算时此节点继续运用,但在遍历和查询时此节点不参与运算。这种方法的优点是简单,适用于只会发生少量删除的情况。但多次删除会在集合中留下大量冗余数据。此种方法只需在删除时找到此节点并修改标志位(0 改为 1),在遍历时加个判断,标志位为 0 才能显示。因方法简单,可自行做代码实现,如图 6-13 所示。

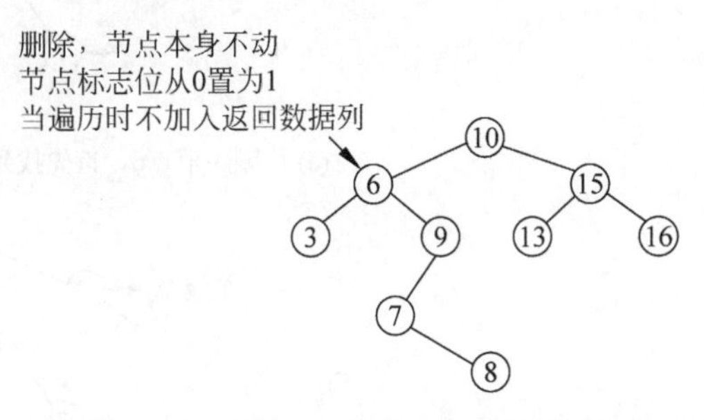


图 6-13　节点标志位改变法实现伪删除操作

(2) 节点删除法：从集合中硬删除,此节点在原树中不复存在。此种删除需考虑如下三种情况：①被删除的节点是叶子节点。②被删除的节点只有左子树或者只有右子树。③被删除的节点既有左子树,也有右子树。

注意,以上所有情况必须同时考虑被删除节点是否是根节点。下面分别对节点删除法中的三种情况进行描述。

情况 1：由于要删除的节点 p 既无左子树,又无右子树,因此删除节点 p 之后不会破坏二叉排序树结构的完整性,只要将其父节点原来指向被删除节点 p 的指针改为指向空即可(如果是根节点,根节点指针置空),如图 6-14 所示。

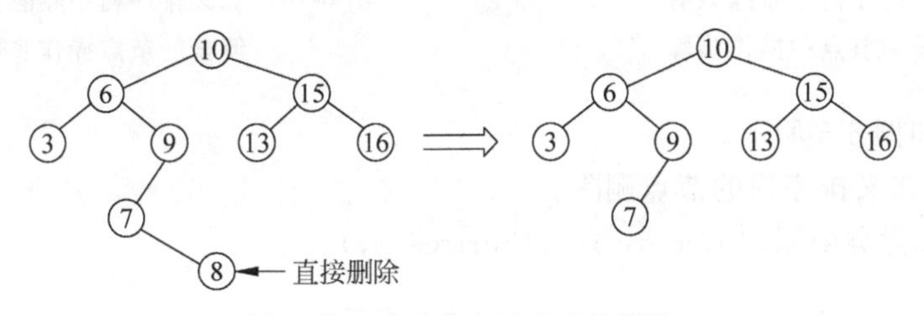


图 6-14　叶子节点可以直接删除

情况 2：要删除的节点 p 只有左子树 PL 或者右子树 PR,这时只要将 p 的左子树 PL 或 p 的右子树 PR 直接作为其父节点的相应左子树或右子树即可(如果是根节点,根节点指针指向 PL 或 PR),如图 6-15 所示。

情况 3：要删除的节点 p 既有左子树 PL 也有右子树 PR(左、右指针均不为空),这种删除需要进行两步操作：①首先找到待删除节点右子树中最小的那个值,也就是右子树中位于最左方的那个节点,然后将这个节点的值的父节点记录下来,并且将该节点的值赋给要删除的节点，也就是覆盖。②然后将右子树中最小的那个节点进行删除，该节点肯定符合上述两步中的某一步，要么是叶子节点，按步骤①进行删除；要么是含有左子树或右子树的节点，按步骤②进行删除，如图 6-16 所示。

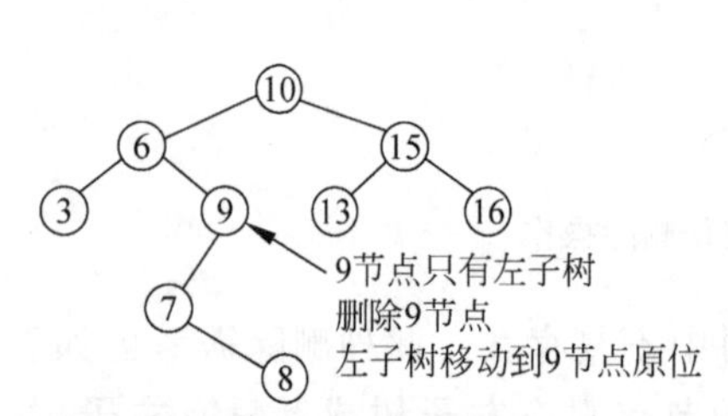


(a) 准备删除只有左子树或右子树的节点

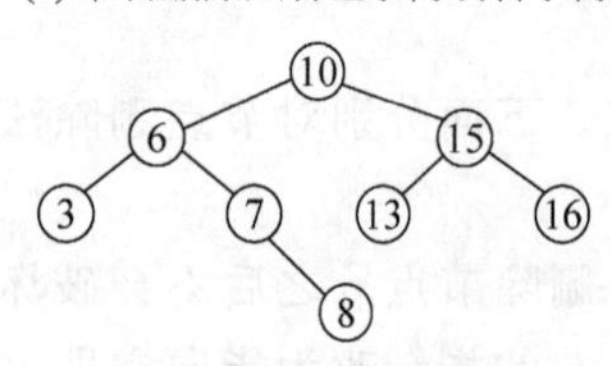

(b) 左子树根节点补充到被删除节点位置

图 6-15　二叉排序树中删除只有左子树节点的操作步骤

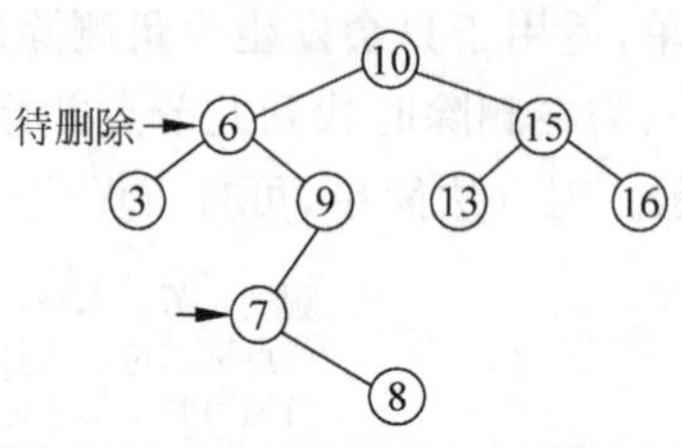


(a) 待删除节点6，首先找到6节点右子树中最小值节点

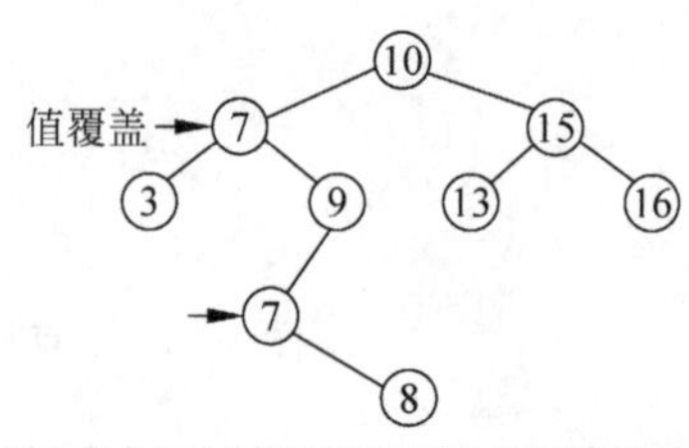


(b) 用6节点的右子树中最小值覆盖待删除节点值,6变成7

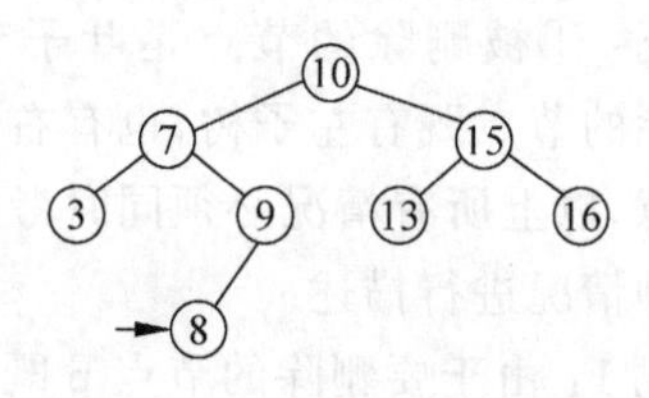

(c) 用步骤②方式删除右子树中最小值节点，节点删除完毕

图 6-16　二叉排序树中删除左右子树俱全的节点操作步骤

视频讲解

代码实现如例 6-5 所示。

【例 6-5】　二叉排序树的节点删除。

(1) 在二叉树类中添加 remove 方法(Sortree.py)。

```
def remove(self,data):                                    # 节点删除
    if self.root!= None:
        node = self.root
        if data!= node.data:                              # 不是根节点的情况
            # 需要查找:待删除节点的父节点,父节点的左或右指针,待删除节点,待删除节
            # 点有左子还是右子
            [parent,pflag,node,cflag] = self.removeFind(data)
            if node!= None:
            self.removeNode(parent,pflag,node,cflag)      # 调用删除节点方法
        else:                                             # 待删除节点是根节点
```

```
            cflag = self.findChild(node)   #查找根节点的子节点情况
            if cflag == 0:                 #没有子节点
                self.root = None
            elif cflag == 1:               #只有左子节点的情况
                self.root = node.left
                node.left = None
            elif cflag == 2:               #只有右子节点的情况
                self.root = node.right
                node.right = None
            elif cflag == 3:               #左右子节点都有的情况
                self.removeNode(None,None,node,cflag)
        return 1
    else:
        return 0
#查找待删除节点的父节点
#待删除节点是父节点的左子节点还是右子节点
#待删除节点指针
#待删除节点有左节点还是右节点或是有两个子节点
def removeFind(self,data):
    parent = None
    node = self.root
    pflag = 0                        #0表示左指针指向待删除节点,1表示右指针指向待删除节点
    while node!= None:
        if data < node.data:           #待删除数比当前节点数小
            parent = node
            pflag = 0
            node = node.left
        elif data > node.data:         #待删除数比当前节点数大
            parent = node
            pflag = 1
            node = node.right
        else:                          #找到待删除节点
            break
    if node!= None:
        cflag = self.findChild(node)   #查看待删除节点有几个子节点
        return [parent,pflag,node,cflag]
    else:
        return [None,None,None,None]   #没找到待删除节点

#查找待删除节点有几个子节点
def findChild(self,node):
    cflag = 0                          #0表示没子节点,1表示有左子节点,2表示有右子节点,
                                       #3表示左右都有子节点
    if node.left!= None:
        cflag = 1
```

```
        if node.right!= None:
            if cflag == 0:
                cflag = 2
            elif cflag == 1:
                cflag = 3
        return cflag
    #分 4 种情况删除节点
    def removeNode(self,parent,pflag,node,cflag):
        if cflag == 0:                          #待删除节点是叶子节点的情况
            if pflag == 0:
                parent.left = None
            elif pflag == 1:
                parent.right = None
        elif cflag == 1:                        #待删除节点只有左子节点
            if pflag == 0:
                parent.left = node.left
            elif pflag == 1:
                parent.right = node.left
            node.left = None
        elif cflag == 2:                        #待删除节点只有右子节点
            if pflag == 0:
                parent.left = node.right
            elif pflag == 1:
                parent.right = node.right
            node.right = None
        elif cflag == 3:                        #待删除节点即有左子节点又有右子节点
            #查找右子树中最小节点
            [mparent,mpflag,mnode,mcflag] = self.rightMin(node)
            #覆盖待删除节点 data
            node.data = mnode.data
            #删除右子树中最小节点
            self.removeNode(mparent,mpflag,mnode,mcflag)
    def rightMin(self,parent):                  #查找待删除节点右子树中最小子节点
        node = parent.right
        pflag = 1
        while node.left!= None:                 #一直向左子树中查找最小子节点
            parent = node
            pflag = 0
            node = node.left
        cflag = self.findChild(node)
        return [parent,pflag,node,cflag]
```

(2) 测试代码(test.py)。

```
from sortree import SortTree
```

```
sTree = SortTree()
lst = [10,6,15,9,3,13,7,16,8]
for item in lst:
      sTree.add(item)
print(sTree.remove(10))
print(sTree.remove(3))
print(sTree.remove(50))
print(sTree.remove(16))
print(sTree.display())
```

上述代码运行结果如图 6-17 所示。

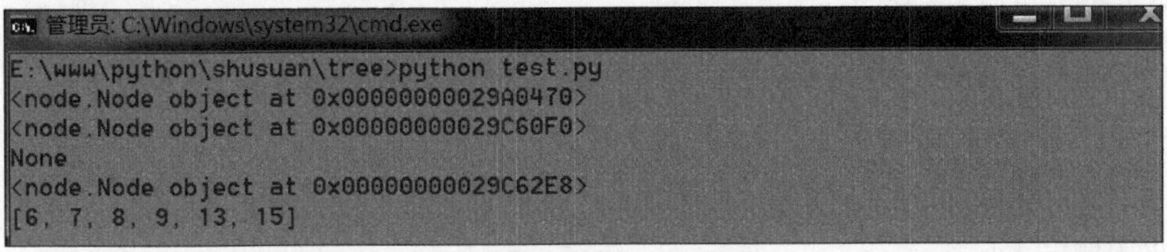

```
管理员: C:\Windows\system32\cmd.exe
E:\www\python\shusuan\tree>python test.py
<node.Node object at 0x00000000029A0470>
<node.Node object at 0x00000000029C60F0>
None
<node.Node object at 0x00000000029C62E8>
[6, 7, 8, 9, 13, 15]
```

图 6-17 删除节点运行结果

## 6.2.7 二叉排序树的按层遍历

这是一道企业面试题，原题是写个方法，传入数字 $k$，获得二叉树中第 $k$ 层的全部节点数据。这里做下修改，把整个树中所有节点数据按层遍历出来，自然也就可以获得任意层的数据了，如图 6-18 所示。

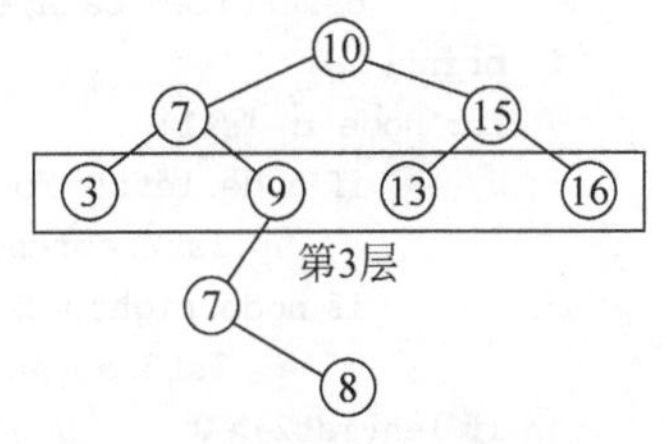


图 6-18 获取整层节点数据列表

思路分析：网上的实现方式大多用递归，但递归很不直观。这里采用的方式是用两个列表，列表 1 装上一层的节点引用，列表 2 装下一层的节点引用。如果需要循环向下，则把上一层列表全清空，然后把下一层中的节点全部放进上一层节点中。遍历上一层节点的左右指针，就可以获得下一层的全部节点。二叉排序树按层遍历的算法图解如图 6-19 所示。

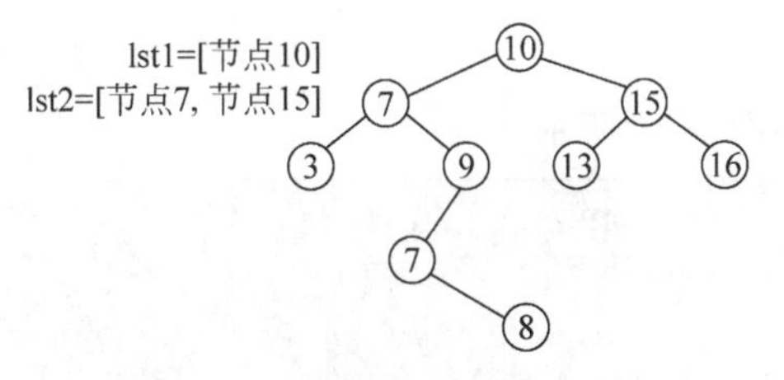


(a) 根节点放入lst1,根节点左右节点放入lst2

图 6-19 二叉排序树按层遍历的操作步骤

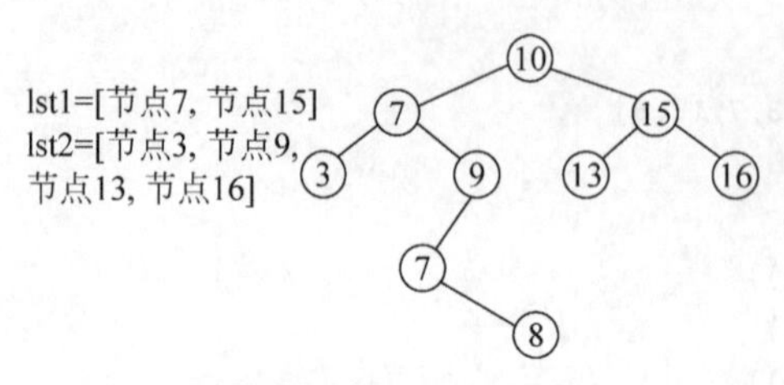


(b) lst2列表替换lst1,遍历lst1,把lst1中节点的所有子节点放入lst2

图 6-19 （续）

以此类推获得下一层的全部节点。

视频讲解

代码实现如例 6-6 所示。

**【例 6-6】** 二叉排序树的按层遍历(test.py)。

```
from sortree import SortTree
sTree = SortTree()
lst = [10,6,15,9,3,13,7,16,8]
for item in lst:
      sTree.add(item)
root = sTree.root
lst1 = [root]                                  #上一层节点列表
lst2 = []                                      #下一层节点列表
for i in range(sTree.length):                  #树的最大深度不会超过树中数据长度
      for item in lst1:                        #打印 lst1 中节点数据
            print(item.data,end = " ")
      print('')
      for node in lst1:                        #遍历 lst1 中节点
            if node.left!= None:
                  lst2.append(node.left)
            if node.right!= None:
                  lst2.append(node.right)
      if len(lst2)> 0:
            lst1.clear()                       #清空 lst1
            for node in lst2:                  #把 lst2 中节点放进 lst1
                  lst1.append(node)
            lst2.clear()                       #清空 lst2
      else:
            break
```

上述代码运行结果如图 6-20 所示。

```
管理员: C:\Windows\system32\cmd.exe
E:\www\python\shusuan\tree>python test.py
10
6 15
3 9 13 16
7
8
```

图 6-20 按层显示树中各层数据

## 6.2.8 求二叉树的最大深度、最小深度

求二叉树的最大深度(高度)和最小深度。本来是两道题,这里把两道题合成一道。最大深度是从根节点到最远的叶子节点的最长路径的节点数;最小深度是从根节点到最近的叶子节点的最短路径的节点数,如图 6-21 所示。

解题思路分析:这类题网上的算法大多采用递归方式,这里采用按层遍历的方式会更加便于理解。

具体做法:借鉴 6.2.7 节二叉排序树的按层遍历方法,每遍历一轮层级加 1;当在某一层遍历到第 1 个没有左右子节点的叶子节点时,此时记录的层级是此树的最小深度;当在某一层的所有节点均没有后续子节点时,此时记录的层级是此树的最大深度,求二叉树的最大深度和最小深度的算法图解如图 6-22 所示。

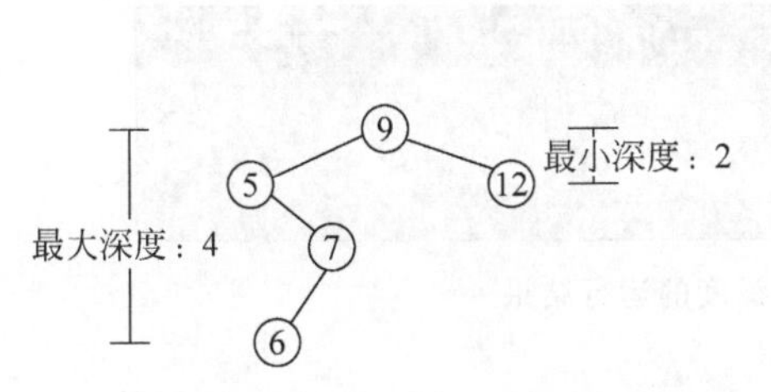


图 6-21 求二叉树的最大深度和最小深度

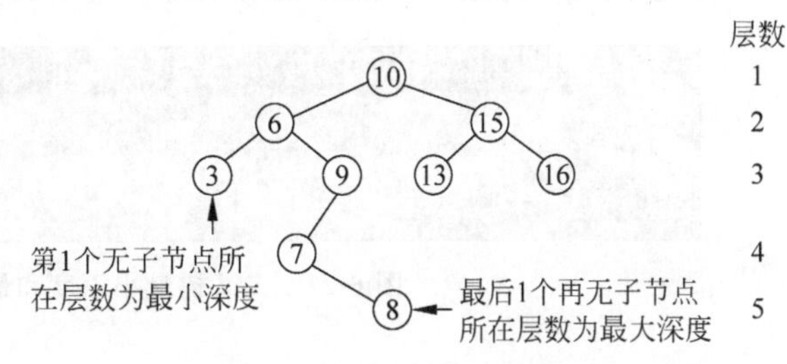


图 6-22 最小深度和最大深度的识别

代码实现如例 6-7 所示。

**【例 6-7】** 求解二叉树的最大深度和最小深度(test.py)。

```
from sortree import SortTree
sTree = SortTree()
lst = [10,6,15,9,3,13,7,16,8]
for item in lst:
  sTree.add(item)
root = sTree.root                    #假设根节点不为空的情况
lst1 = [root]                        #上一层节点列表
lst2 = []                            #下一层节点列表
minLayer = 0                         #最小层数
maxLayer = 0                         #最大层数
k = 1                                #计数器
for i in range(sTree.length):        #树的最大深度不会超过树中数据长度
  flag = 0                           #node 中是否有无后子节点的标志位
  for node in lst1:                  #遍历 lst1 中节点
        if node.left!= None:
              flag = 1
              lst2.append(node.left)
        if node.right!= None:
              flag = 1
```

```
            lst2.append(node.right)
        if minLayer == 0 and flag == 0:           # 找到一个节点是无后续子节点的
            minLayer = k                          # 最小深度
    if len(lst2) == 0:                            # lst2 列表数量为 0,表示已经遍历完最后一层
        maxLayer = k                              # 最大深度
        break
    k = k+1                                       # 层数加 1
    lst1.clear()                                  # 清空 lst1
    for node in lst2:                             # 把 lst2 中节点放进 lst1
        lst1.append(node)
    lst2.clear()                                  # 清空 lst2
print('最小深度:',minLayer)
print('最大深度:',maxLayer)
```

上述代码运行结果如图 6-23 所示。

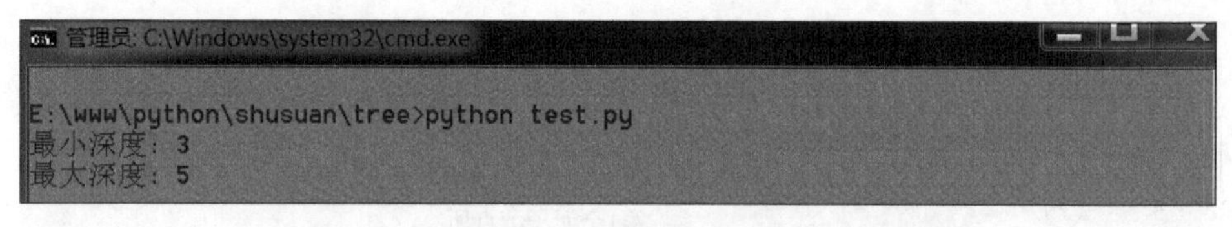

图 6-23 二叉树最小深度和最大深度的运行结果

## 6.2.9 求二叉树中任意两个节点之间的最低公共祖先

传入二叉树中两个节点的值,求两个节点之间最低的公共祖先,如图 6-24 所示。

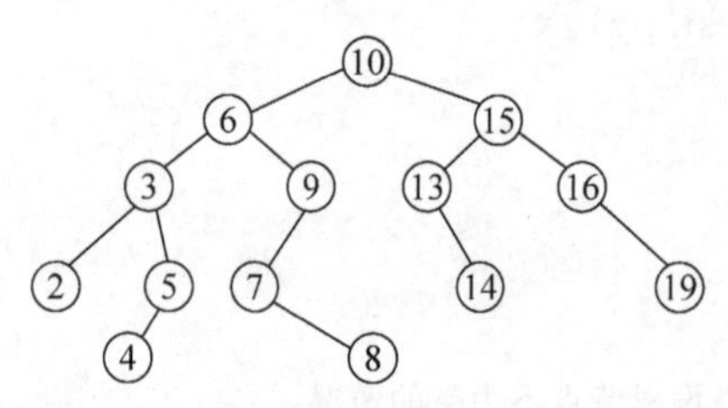


图 6-24 4 和 8 的共同祖先是 6,14 和 19 的共同祖先是 15

解题思路分析:先查找第 1 个值对应的节点,从根节点开始,把查找过程中遇到的节点全放入一个列表 lst1 中;再查找第 2 个值对应的节点,还是从根节点开始,在查找过程中遇到的节点全放入列表 lst2 中;然后在 lst1 和 lst2 中逐个节点做比较,如果遇到节点不同,则不同节点的前一个节点就是两个节点的共同祖先。代码实现如例 6-8 所示。

视频讲解

【例 6-8】 求二叉树中任意两个节点之间的最低公共祖先(test.py)。

```
from sortree import SortTree
sTree = SortTree()
lst = [10,6,15,9,3,13,7,16,8,2,5,4,14,16,19]
for item in lst:                       # 给树赋值
    sTree.add(item)
def lookup(v,lst):                     # 在树中查找值等于 v 的节点,并把查找路径存入 lst
    global sTree
    node = sTree.root
```

```
        slen = sTree.length                      #查找距离最长不会超过树中数据长度
        for i in range(slen):
            lst.append(node)
            if v < node.data:                    #向左查
                if node.left!= None:
                    node = node.left
                else:
                    return None                  #没找到
            elif v > node.data:                  #向右查
                if node.right!= None:
                    node = node.right
                else:
                    return None                  #没找到
            else:                                #找到
                return lst
#测试
v1 = 4                                           #欲查找的两个数字
v2 = 8
lst1 = []                                        #查找第1个节点所经历的节点路径
lst2 = []                                        #查找第2个节点所经历的节点路径
lookup(v1,lst1)
lookup(v2,lst2)
#对比两个列表中的节点值
slen = len(lst1)
commonNode = None                                #最低共同节点
for i in range(slen):                            #同步遍历两个列表,发现节点不同跳出
    p1 = lst1[i]
    p2 = lst2[i]
    if p2!= None and p1!= p2:
        break
    commonNode = p1                              #把相同的节点赋值给 commonNode
if commonNode!= None:
    print('最低共同祖先:',commonNode.data)
```

上述代码运行结果如图 6-25 所示。

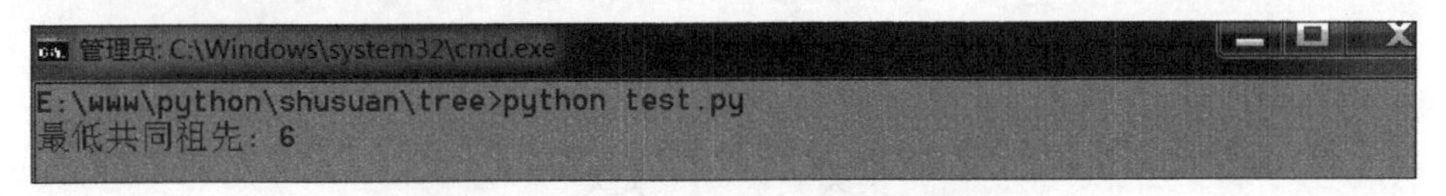


图 6-25　求树中两个节点的最低共同祖先

## 6.3　满二叉树

一个二叉树,如果每一个层的节点数都达到最大值,即所有内部节点都有两个子节点,最底一层是叶子节点,则这个二叉树就是满二叉树。也就是说,一棵深度为 $k$,且有 2^$k$－1

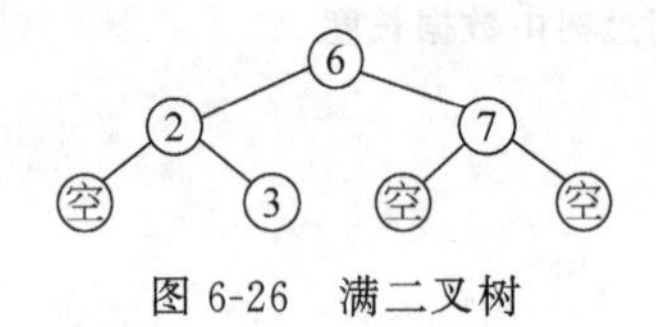


图 6-26 满二叉树

个节点的树是满二叉树。另一种定义：除了叶子节点外每一个节点都有左右子叶且叶子节点都处在最底层的二叉树。这两种定义是等价的。从树的外形来看，满二叉树是严格三角形，图 6-26 就是满二叉树的标准形态。

满二叉树有以下特点：①如果一棵树深度为 $h$，最大层数为 $k$，且深度与最大层数相同，即 $k=h$；②它的叶子数是：$2^\wedge(h-1)$；③第 $k$ 层的节点数是：$2^\wedge(k-1)$；④总节点数是：$2^\wedge k-1$（2 的 $k$ 次方减 1）；⑤总节点数一定是奇数；⑥树高：$h=\log_2(n+1)$。

满二叉树的常用方法包括：添加、遍历、查找、删除等，本文只介绍添加和遍历，查找和删除方法与二叉排序树方法接近，只不过多了一个为空判断。只要理解了二叉排序树的相关方法，相信读者很容易自行实现。

## 6.3.1 满二叉树的构建

满二叉树与二叉排序树的区别在于：如果添加的新节点在新的一层上，就必须把本层的其他叶子节点全部添加完全。即：用空节点填充其余叶子节点。在遍历时，也需要判断节点是有数据的节点还是空节点。而在删除时，如果删除的节点导致整层为空，则需要删除整层叶子节点。

程序算法分析如下：

(1) 添加：按二叉排序树的查找顺序，加一个判空条件。如果发现节点为空，直接将数据覆盖即可。如果需要添加新的叶子节点，则需要将整层叶子节点添加完全。满二叉树中添加新节点的算法图解如图 6-27 所示。

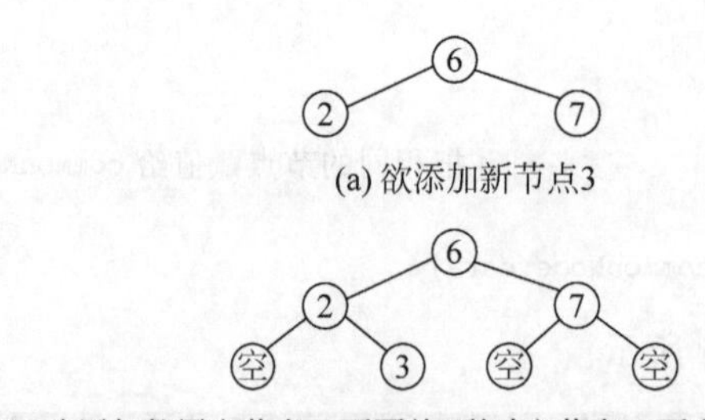


(a) 欲添加新节点3

(b) 先添加整层空节点，再覆盖3到对应节点，再向其中添加数字1

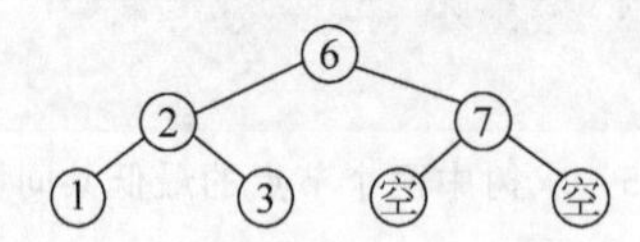


(c) 再向树中添加新数据1，无须创建节点，可直接覆盖掉空节点中数据

图 6-27 满二叉树中添加新节点的操作步骤

(2) 遍历：遍历方式类似于二叉排序树，只是要加一个节点是否为空的判断。

代码实现如例 6-9 所示。

**【例 6-9】** 满二叉树的添加和遍历。

(1) 满二叉树节点类(Fnode.py)。

```
class FNode:
    def __init__(self,data):
        self.data = data
        self.left = None
        self.right = None
```

(2) 满二叉树类(Fulltree.py)。

```
from fnode import FNode
class FullTree:
    def __init__(self):
        self.root = None
        self.length = 0
        self.k = 0                                  #层数
        self.nodes = []                             #所有节点列表
    def addLayer(self):                             #新创建一层
        m = 2 ** (self.k - 1)                       #最底层节点数
        start = len(self.nodes) - m
        lst = self.nodes[start:]                    #获取最底层所有节点
        for item in lst:                            #为所有最底层节点创建左右子节点
            item.left = FNode(None)
            item.right = FNode(None)
            self.nodes.append(item.left)            #将新层中所有节点添加到 nodes 列表中
            self.nodes.append(item.right)
        self.k += 1                                 #层数加 1
    def add(self,data):                             #满二叉树添加节点方法
        if self.root!= None:
            node = self.root
            for i in range(self.length):            #循环,最多到树内数据长度
                if data < node.data:                #如果新数据小于当前节点数据
                    if node.left!= None:            #如果左子节点不为空
                        if node.left.data!= None:
                                                    #如果节点有数据,继续循环找位置
                            node = node.left
                        else:                       #如果是空节点,直接把数据替换掉空数据
                            node.left.data = data
                            break
                    else:                           #如果需要新增节点
                        self.addLayer()#添加整层
                        node.left.data = data
                        break
                else:                               #如果新数据大于或等于当前节点数据
```

```
                if node.right!= None:
                    if node.right.data!= None:
                                            #如果右子节点中数据不为空,继续循环
                        node = node.right
                    else:                   #如果为空,数据覆盖
                        node.right.data = data
                        break
                else:
                    self.addLayer()         #添加整层
                    node.right.data = data
                                            #用新数据覆盖空节点数据
                    break
        else:                               #首次添加根节点数据
            fnode = FNode(data)
            self.root = fnode
            self.nodes.append(fnode)
            self.k += 1
        self.length += 1
    def displayNode(self,node,lst):         #遍历节点递归方法
        if node.left!= None and node.left.data!= None:
                                            #先递归找左子节点
            self.displayNode(node.left,lst)
        lst.append(node.data)               #添加中节点
        if node.right!= None and node.right.data!= None:
                                            #再递归找右子节点
            self.displayNode(node.right,lst)
    def display(self):                      #遍历节点方法
        node = self.root
        lst = []
        self.displayNode(node,lst)
        return lst
```

(3) 测试代码(test.py)。

```
from fulltree import FullTree
tree = FullTree()
lst = [6,2,7,3,5,9,8,4]
for item in lst:
    tree.add(item)
print(len(tree.nodes),'个节点')                  #打印满二叉树中所有节点个数
print([v.data for v in tree.nodes])             #打印满二叉树中所有节点数据
print(tree.k,'层')                               #打印满二叉树层数
print(tree.display())                           #打印满二叉树中的实际数据
```

上述代码运行结果如图 6-28 所示。

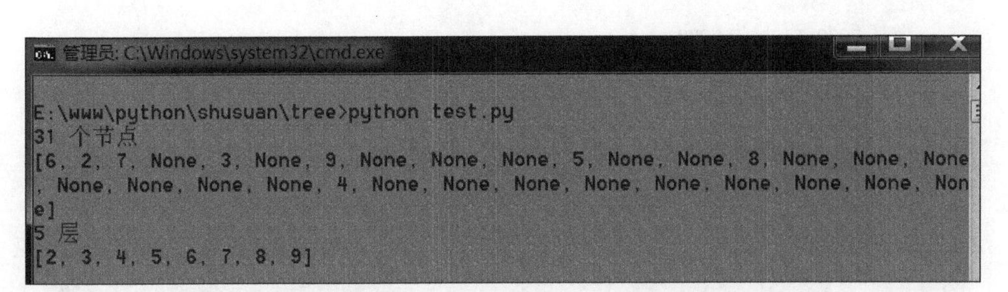


图 6-28 满二叉树内的层数、全部节点、实际数据的显示结果

## 6.3.2 判断一棵二叉树是不是满二叉树

如何判断一棵二叉树的形态为满二叉树。解题思路分析：满二叉树的每一层的节点数必须是 2^($k$-1)个节点($k$ 是层数)，如图 6-29 所示。

因此判断是否是满二叉树的算法逻辑可采用层节点计数的方式，把每层节点计数，如果有任一层节点数小于 2^($k$-1)个节点，此树就不是满二叉树，否则就是满二叉树。以图 6-30 所示的二叉排序树作为判断树形，用程序判断这是否是一棵满二叉树。

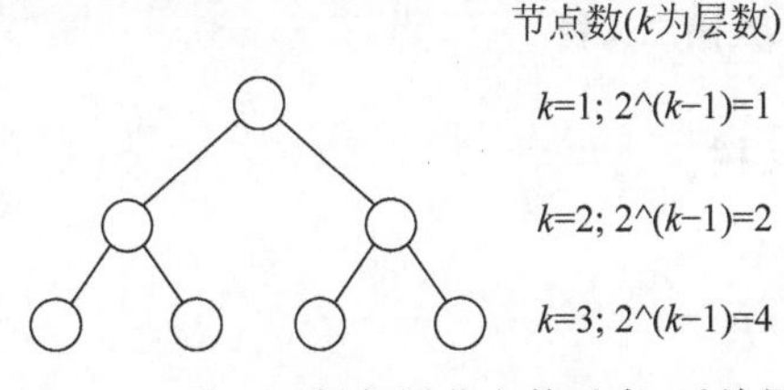


图 6-29 满二叉树每层节点数示意，后续层节点数类推

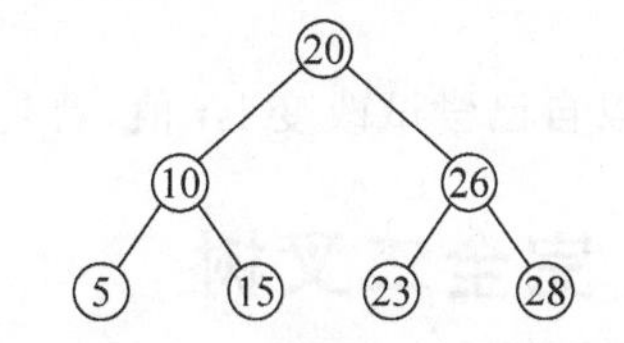


图 6-30 二叉排序树构成的树形

视频讲解

代码实现如例 6-10 所示。

**【例 6-10】** 判断一棵二叉树是否是满二叉树(test.py)。

```
#先构造一棵二叉树(用二叉排序树构造)
from sortree import SortTree                    #直接用排序二叉树
lst = [20,10,26,5,15,23,28]
# lst = [20,10,26,5,15,23,28,3,7,12,17,21,24]
sTree = SortTree()
for item in lst:
  sTree.add(item)
lst1 = [sTree.root]                             #上一层节点列表
lst2 = []                                       #下一层节点列表
k = 1                                           #层数,暂不考虑根节点不存在的问题
for i in range(sTree.length):                   #树的最大深度不会超过树中数据长度
  for node in lst1:
        if node.left!= None:
              lst2.append(node.left)
```

```
        if node.right!= None:
            lst2.append(node.right)
    slen = len(lst2)
    if slen == 0:                                    #表示没有后续层
        print('是满二叉树')
        break
    k += 1
    if slen == 2 ** (k - 1):                         #如果此层符合满二叉树层节点数量
        lst1.clear()
        for node in lst2:
            lst1.append(node)
        lst2.clear()
    else:
        print('不是满二叉树')
        break
```

上述代码运行结果如图 6-31 所示。

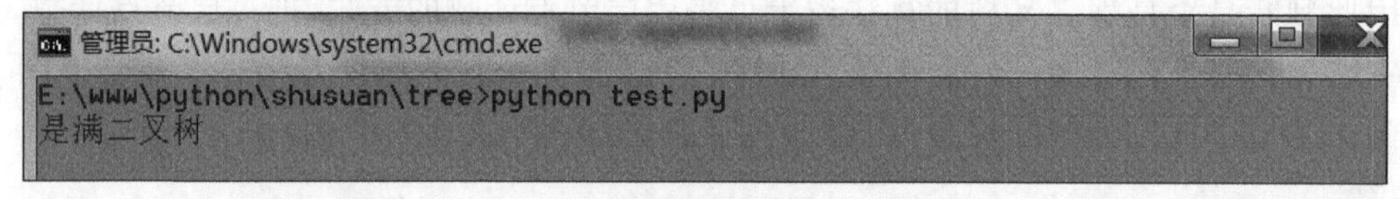


图 6-31 判断结果是满二叉树

可以自己尝试改变 lst 值,看是否还是满二叉树。

## 6.4 完全二叉树

掌握完全二叉树是后面学习二叉堆的基础。二叉堆是一个一维数组,要在这个一维数组上按二叉树的逻辑摆放数据,就必须按照完全二叉树的逻辑放置。所以首先需要弄清楚什么是完全二叉树。

完全二叉树是由满二叉树而引申出来的。对于深度为 $K$ 的,有 $n$ 个结点的二叉树,当且仅当其每一个节点都与深度为 $K$ 的满二叉树中编号从 $1\sim n$ 的节点一一对应时,称为完全二叉树。二叉树必须符合:

(1) 所有的叶节点都出现在第 $k$ 层或 $k-1$ 层(层次最大的两层)。

(2) 对于任意节点,如果其右子树的最大层次为 $L$,则其左子树的最大层次为 $L$ 或 $L+1$。

简言之就是最底层的任意节点,它的左侧和上一层的节点必须是满的,如图 6-32 所示。

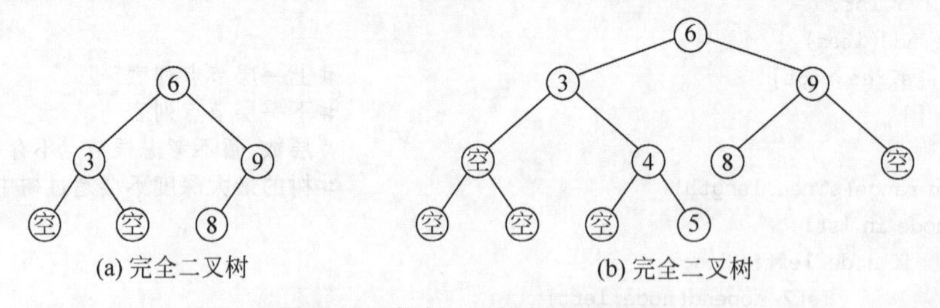


图 6-32 完全二叉树的不同形态

完全二叉树的最下层最右侧的叶子节点以上所有层和左侧必须是满的，右侧可以为空。

### 6.4.1 完全二叉树的插入

完全二叉树的插入，要遵循最右侧叶子节点左侧和以上所有层节点必须满配这一原则。其插入判断与满二叉树接近，当有空节点时用数据直接覆盖，当没有节点时上层把没补满的地方补满，新节点层的左侧必须补满，如图 6-33 所示普通排序树和完全二叉树的对比。

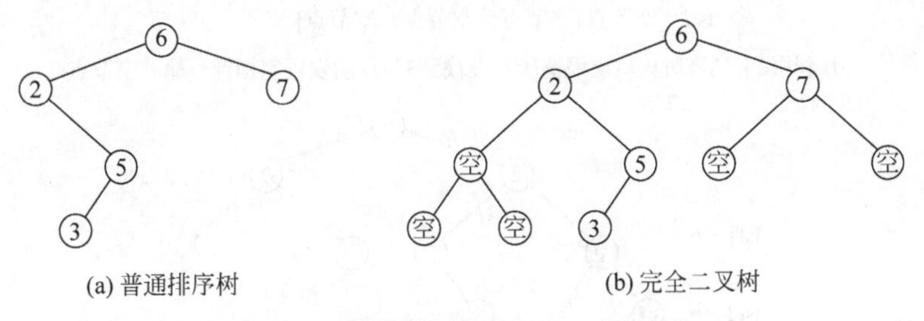


图 6-33 普通排序树和完全二叉树对比

完全二叉树的插入操作算法逻辑如下：

(1) 如果当前节点数值小于当前节点数值，判断左子节点。

(2) 如果左子节点是空节点，直接把数据覆盖进去。

(3) 如果左子节点不是空节点，调用补充节点方法，传入当前节点。

(4) 补充节点方法中从根节点向下层层查找，当找到传入节点时，本层全部节点补齐，下面新增层补充到新增节点左侧。

(5) 右子节点情况同左子节点，只是在本节点上新填一空左子节点。

下面看完全二叉树插入新节点的算法图解。欲在完全二叉树中插入新值 3，如图 6-34 所示。

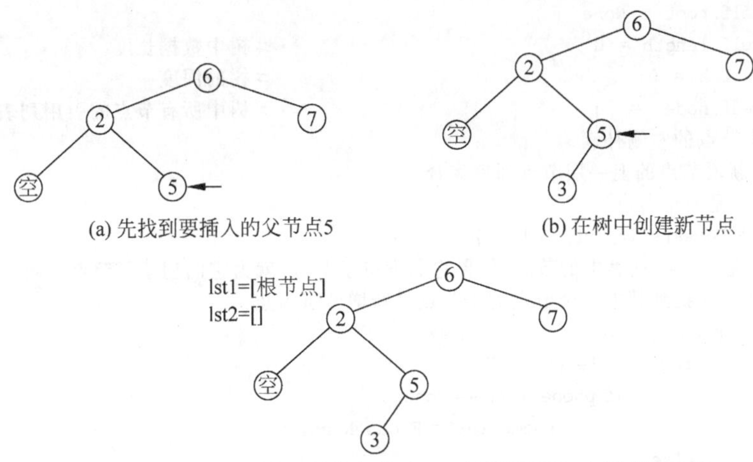


图 6-34 完全二叉树节点插入的操作步骤

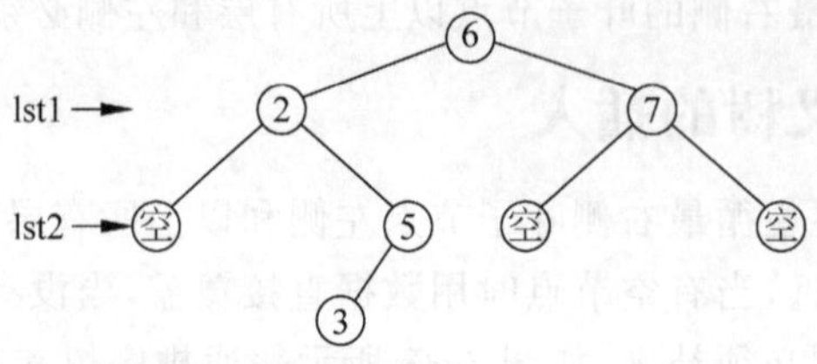


(d) 利用2个列表对树做层级遍历，没找到3节点前发现空指针一律补空节点

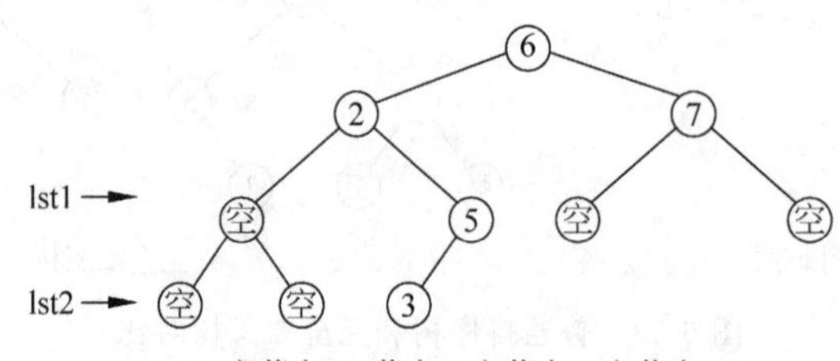


(e) 边遍历边补充空节点，找到3节点，循环结束

图 6-34 （续）

视频讲解

代码实现如例 6-11 所示。

**【例 6-11】** 完全二叉树的插入。

完全二叉树类(Completetree.py)。

```
from fnode import FNode
class CompleteTree:
  def __init__(self):
        self.root = None
        self.length = 0                                   #树中数据长度
        self.k = 0                                        #树的深度
        self.nodes = []                                   #树中所有节点的引用列表
  #把新增节点的左侧补满
  #lst 是新增节点的上一层节点列表集合
  #curNode 是新增节点
  def supplyNodes(self,lst,curNode):
        #遍历 lst 列表中的节点,如果它们没有子节点,就为它们创建子节点
        #直到找到其中一个节点的子节点是新增节点为止
        for pnode in lst:
              if pnode.left!= curNode:
                    if pnode.left == None:
                          pnode.left = FNode(None)
              else:
                    break
              if pnode.right!= curNode:
```

```
                if pnode.right == None:
                    pnode.right = FNode(None)
            else:
                break

    def add(self,data):
        if self.root!= None:
            node = self.root                        # 获得根节点
            lst1 = [node];                          # 上一层节点列表
            lst2 = [];                              # 下一层节点列表
            while node!= None:
                if data < node.data:
                    if node.left!= None:
                        if node.left.data!= None:
                            node = node.left
                        else:
                            node.left.data = data
                            break
                    else:
                        node.left = FNode(data)     # 创建左子节点
                        # 补充新节点左侧
                        self.supplyNodes(lst1,node.left);
                        self.k += 1                 # 层数加 1
                        break
                else:
                    if node.right!= None:
                        if node.right.data!= None:
                            node = node.right
                        else:
                            node.right.data = data
                            break
                    else:
                        node.right = FNode(data)    # 创建右子节点
                        # 补充新节点左侧
                        self.supplyNodes(lst1,node.right);
                        self.k += 1                 # 层数加 1
                        break
                # ------获取下一层级节点,如果此层有空位,补满此层节点
                for pnode in lst1:
                    if pnode.left == None:
                        pnode.left = FNode(None)
                    lst2.append(pnode.left)
                    if pnode.right == None:
                        pnode.right = FNode(None)
                    lst2.append(pnode.right)
                lst1 = lst2                         # 把 lst2 赋值给 lst1
                lst2 = []                           # 重建 lst2
```

```
        else:                                           #创建根节点
            self.root = FNode(data)
            self.k += 1
            self.nodes.append(self.root)
        self.length += 1
```

因插入操作无运行结果可显示，在 6.4.2 节查看完全二叉树中再显示运行结果。

## 6.4.2 查看完全二叉树

完全二叉树的遍历方式接近于二叉排序树的遍历，不同之处在于：除了需要判断节点是否为空之外，还要增加一个对节点数据是否为空的判断，为了看清完全二叉树的结构，这里增加一个按层显示整个树结构的方法。

按层显示树结构采用一个二维列表作为数据载体。树结构中有个变量 $k$ 记录了最大层数，就使用这个层数开辟二维列表的存储空间。将完全二叉树中的每个节点按层放置在二维列表对应的位置上，直接看例 6-12 代码。

视频讲解

**【例 6-12】** 查看完全二叉树。

(1) 完全二叉树类(Completetree.py)中添加中序遍历方法和按层遍历方法。

```
#遍历递归方法
def displayNode(self,node,lst):                         #遍历节点递归方法
    if node.left!= None and node.left.data!= None:     #先递归找左子树
        self.displayNode(node.left,lst)
    lst.append(node.data)                               #添加中节点
    if node.right!= None and node.right.data!= None:   #再递归找右子树
        self.displayNode(node.right,lst)
def display(self):                                      #遍历节点方法
    node = self.root
    lst = []
    self.displayNode(node,lst)
    return lst

#按层遍历方法
def getNodes(self):                                     #按层遍历节点
    lst1 = []
    lst2 = []
    nodes = []
    lst1.append(self.root)
    for i in range(self.k):                             #按层循环
        nodes.append(lst1)
        for pnode in lst1:
            if pnode.left!= None:
                lst2.append(pnode.left)
            else:
                break
```

```
                if pnode.right!= None:
                    lst2.append(pnode.right)
                else:
                    break
            lst1 = lst2
            lst2 = []
        return nodes
```

(2) 测试代码(test.py)。

```
from completetree import CompleteTree
tree = CompleteTree()                                  #创建完全二叉树
lst = [6,2,7,3,5,9,8,4]
for item in lst:
    tree.add(item)
print(tree.display())                                  #打印树中数据
nodes = tree.getNodes()
print('---------------------------------')
for item in nodes:                                     #按层打印树中节点数据
    for node in item:
        print(node.data,end = ' ')
    print('')
```

上述代码运行结果如图 6-35 所示。

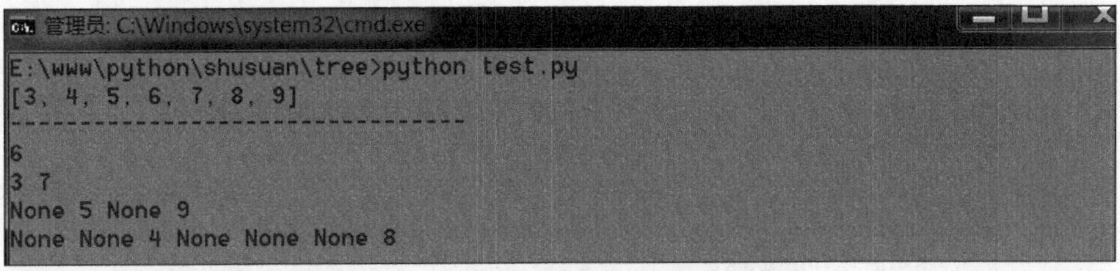

```
管理员: C:\Windows\system32\cmd.exe
E:\www\python\shusuan\tree>python test.py
[3, 4, 5, 6, 7, 8, 9]
--------------------------------
6
3 7
None 5 None 9
None None 4 None None None 8
```

图 6-35 完全二叉树生成的数据层结构

## 6.4.3 判断一棵二叉树是不是完全二叉树

原本这是两道题:①判断一棵二叉树是不是满二叉树;②判断一棵树是不是完全二叉树。因上述两道题的解题思路有相近之处,所以将此合并成一道。

解题思路分析:完全二叉树的判断是,最底层的叶子节点以上的树结构必须是一棵满二叉树;最底层最大叶子节点的左侧必须是满配,如图 6-36 所示。

判断是不是完全二叉树的算法逻辑:声明一个空位标志位 sflag,然后做逐层判断,当发现某一层有空位时,判断后续是否还有节点。如果有,就不是完全二叉树;如果没有,则是完全二叉树。下面的代码直接用二叉排序树构建一棵树,先看用二叉排序树构造的这棵树的树形如图 6-37 所示,然后用上述逻辑判断其是不是一棵完全二叉树。

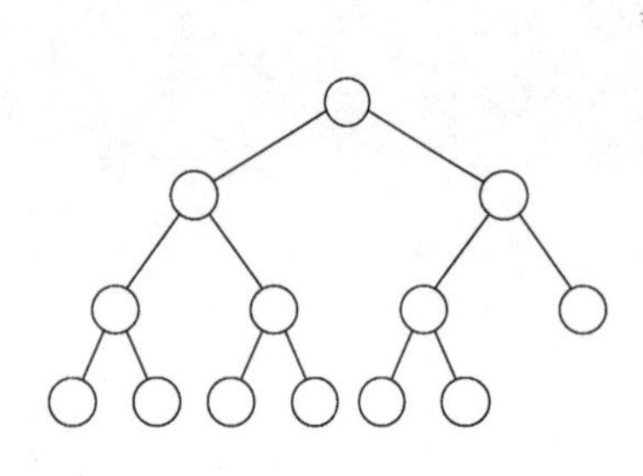


图 6-36 完全二叉树除叶子节点外每层应该含有的节点数

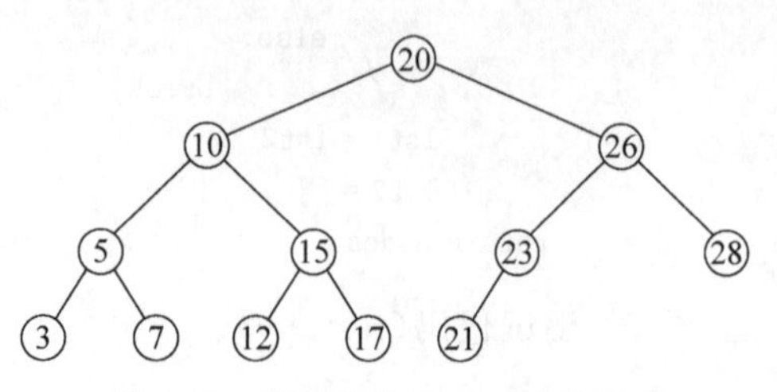


图 6-37 代码中排序二叉树的树形

视频讲解

下面看例 6-13 所示代码。

**【例 6-13】** 判断一棵二叉树是不是完全二叉树(test.py)。

```
#判断是不是完全二叉树
from sortree import SortTree                    #直接用排序二叉树
# lst = [20,10,26,5,15,23,28]
lst = [20,10,26,5,15,23,28,3,7,12,17,21]
sTree = SortTree()
for item in lst:
        sTree.add(item)
lst1 = [sTree.root]                             #上层节点列表
lst2 = []                                       #下层节点列表
k = 1                                           #层数,暂不考虑根节点不存在的问题
for i in range(sTree.length):                   #树的最大深度不会超过树中数据长度
        sflag = 0                               #0 表示前面没有空节点,1 表示有空节点
        nflag = 0                               #0 表示可以继续判断,1 表示已经不是完全二叉树
        for node in lst1:                       #从左向右扫描上层节点,要求:有右必须有左
                if node.left!= None:
                        if sflag == 0:          #前面没有空位的情况下
                                lst2.append(node.left)
                        else:
                                nflag = 1       #前面有空位而此层又有新的左侧节点,不是完全二叉树
                else:
                        sflag = 1               #此处为空位
                if node.right!= None:
                        if sflag == 0:          #假如前面没有空位
                                lst2.append(node.right)
                        else:
                                nflag = 1       #前面有空位而此层又有新的右侧节点,不是完全二叉树
                else:
                        sflag = 1               #此处出现空位(也有可能是最右侧此层最后一个空位)
        if nflag == 1:
                print('此树不是完全二叉树')
```

```
            break
        slen = len(lst2)
        if slen == 0:
            print('此树是完全二叉树')
            break
        #换层,lst2 中节点放进 lst1,lst2 清空
        lst1.clear()
        for node in lst2:
            lst1.append(node)
        lst2.clear()
```

上述代码运行结果如图 6-38 所示。

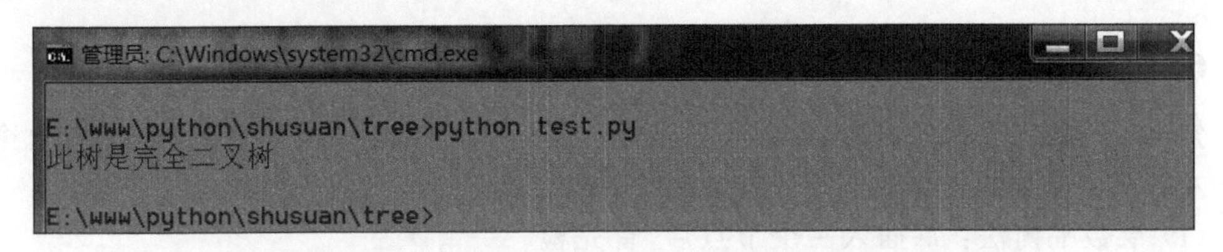

图 6-38 执行结果(可以自行调整下 lst 中数据,看是否得到不同结果)

## 6.5 平衡二叉树(AVL 树)

对于一般的二叉搜索树,从效率上看期望它的节点是尽可能左右平衡、排布均匀的。一棵左右节点比较均衡的二叉树,对它操作的时间复杂度是最低的。但是,在某些极端的情况下(如插入的序列是有序的),二叉搜索树将退化成近似链表,此时其操作的时间复杂度将退化成线性的,如同链表。这就大大降低了树的搜索效率,如图 6-39 所示。

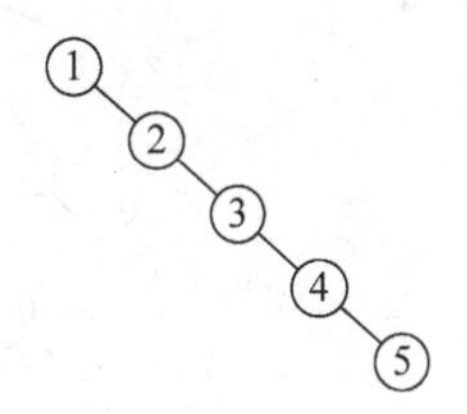


图 6-39 有序数列在二叉树中的排布

如何提高二叉树的查找效率呢,平衡二叉树是一个解决方案。平衡二叉树的规则是:其中每个节点的左子树和右子树的高度差至多等于 1。它是一种高度平衡的二叉排序树。意思是说,要么它是一棵空树,要么它的主树和所有子树的左子树和右子树都是平衡二叉树,且左子树和右子树的深度之差的绝对值不超过 1。判断是不是一棵平衡二叉树要用到一个概念:平衡因子。

平衡因子就是在平衡二叉树节点的结构体引进的一个 int 类型的变量,用来记录该节点的(左子树整体高度−右子树整体高度)。平衡二叉树的平衡因子只能为(−1,0,1)。如图 6-40 所示,每个节点上左最深层数−右最深层数的结果就是平衡因子。

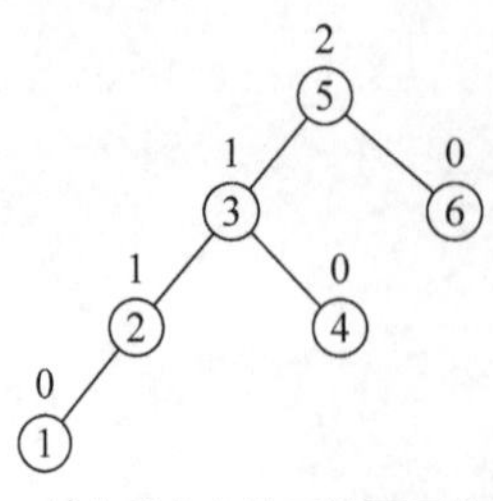


(a) 因为有节点上的平衡因子＞1，所以这不是一棵平衡二叉树

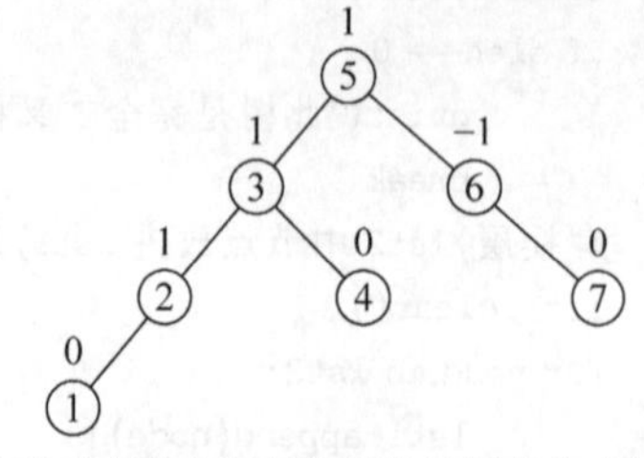

(b) 每个节点的左右最深层数差最多差1层，所以这是1棵平衡二叉树

图 6-40 平衡二叉树的识别方法

## 6.5.1 平衡二叉树的节点插入

知道了平衡二叉树的概念，那么向一棵树中插入一个节点时，关键就是如何控制这个节点的左右最深层数差。有如下两种方法完成平衡二叉树的节点插入操作。

(1) 层数平衡法：每插入一个节点后，首先检查是否破坏了树的平衡性，如果因插入节点而破坏了二叉查找树的平衡，则找出离插入点最近的不平衡节点，将该不平衡节点为根的子树进行旋转操作，该不平衡节点被称为旋转根，以该旋转根为根的子树称为最小不平衡子树。旋转分为左旋、右旋和双旋，分别应对右侧层数超高和左侧层数超高，如图 6-41 是一个简单的左旋操作。

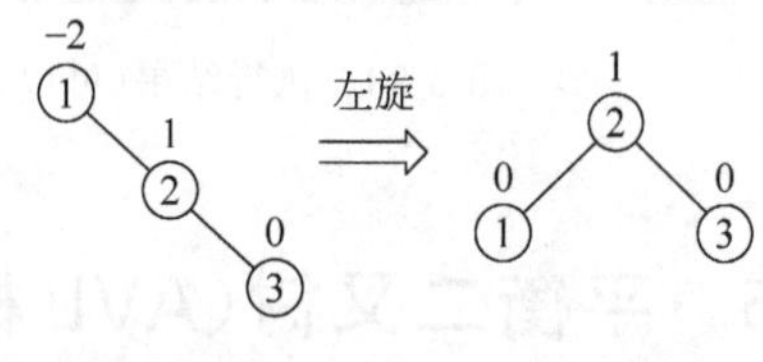


(a) 左旋前 (b) 左旋后

图 6-41 (a)图1节点平衡因子小于−1，触发左旋，构成(b)图

下面看一个稍复杂的左旋操作，如图 6-42 所示。

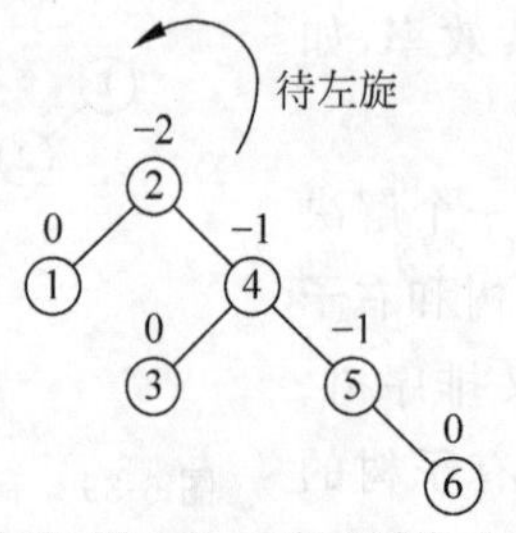


(a) 根节点平衡因子为1−3=−2(左子层数−右子层数)，需要左旋

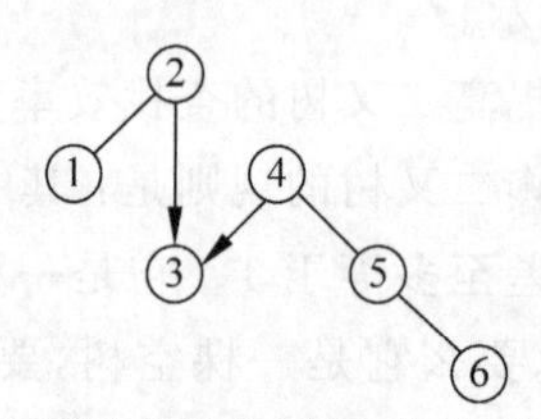

(b) 2节点的右指针指向原右节点(4节点)的左节点

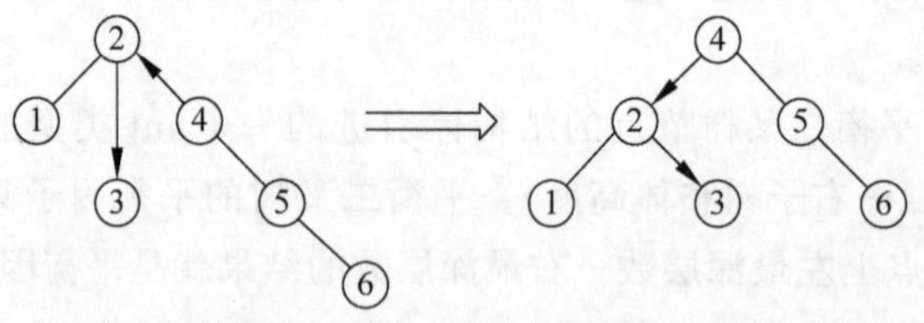

(c) 4节点的左指针转指向2节点，根节点指针转向4节点，旋转完成

图 6-42 平衡二叉树节点添加导致失衡需要左旋恢复平衡的操作步骤

右旋的道理一致，下面看双旋。有时形成的失衡单纯的左旋和右旋都无法恢复平衡，这时就需要双旋操作，如图 6-43 所示。

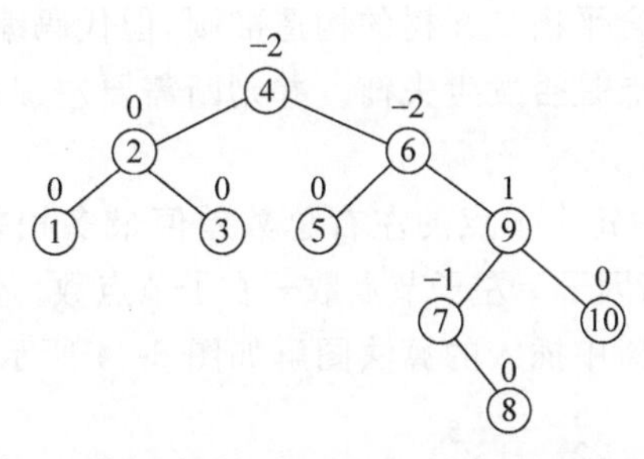

(a) 新增8节点，导致6、4两节点失衡，先左旋6节点

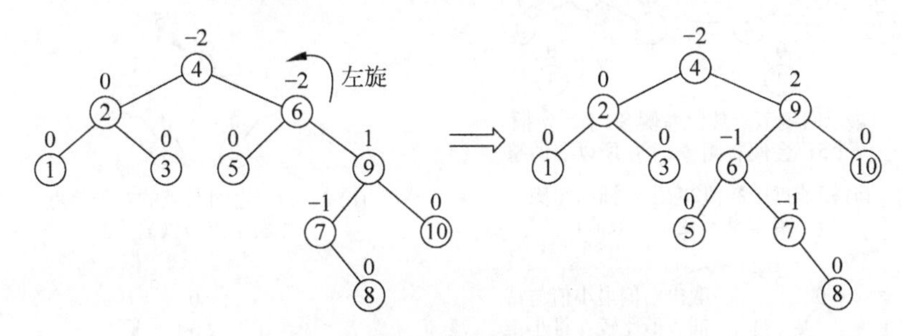


(b) 旋转未能恢复平衡,需重新考虑旋转方式

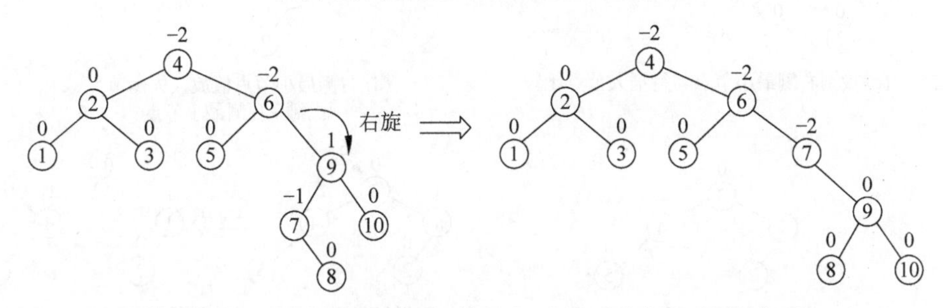


(c) 考虑使用双旋，先让右侧失衡因子符号不一致的9节点右旋，让右侧一致

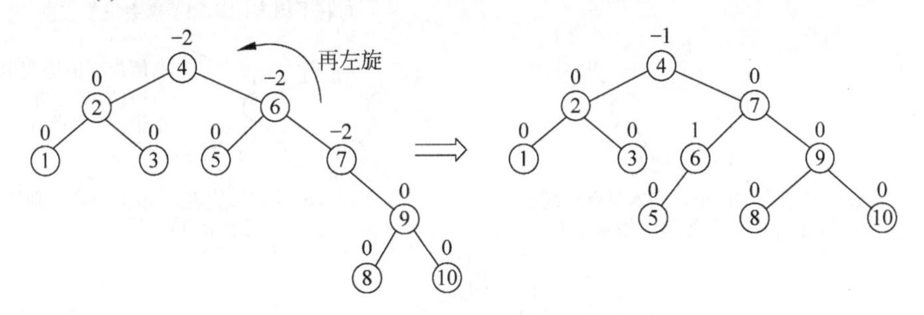


(d) 6再让失衡的6节点左旋，整个树恢复平衡

图 6-43　平衡二叉树添加节点导致失衡需要双旋恢复平衡的操作步骤

双旋的核心是在失衡节点(左右子节点层数差大于 1 的节点)的一侧保持失衡因子正负号一致，再在失衡节点上进行旋转。

层数平衡法虽然严格符合平衡二叉树的构造准则，但代码编写比较困难，需要在每次节点增减的状态下判断各个节点是否发生失衡。并判断需要左旋、右旋还是双旋，节点旋转还需要判断是否有左右子树。

(2) 节点数平衡法：树中每个节点的左右总数差值最多相差一个，只要超过立刻纠正。节点平衡因子逻辑改为：平衡因子＝左子节点数－右子节点数。假设有数组[2,1,4,3,5,6]，用节点数平衡法向平衡二叉树中插入的算法图解如图 6-44 所示。

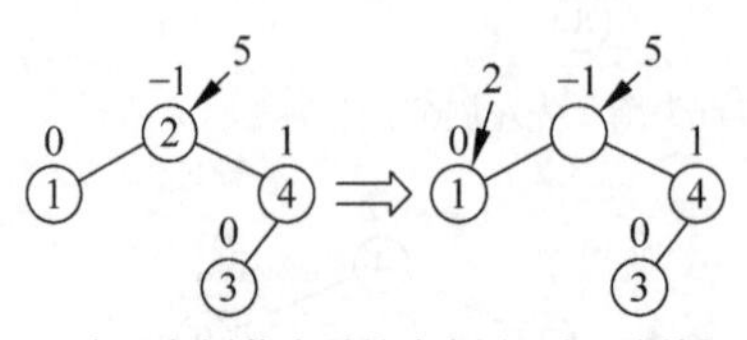

-1表示右侧节点数比左侧多1个，新插入一个5，会使右侧多2个，所以要调整

(a) 根节点中数值2取出，插向左侧(节点本身不变，只取值)

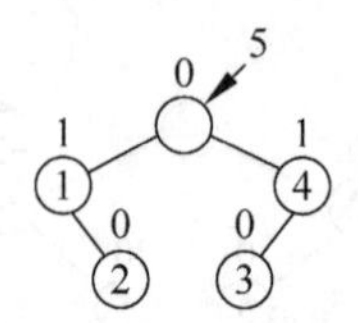

(b) 2＞1，成为1节点的右子节点。左右节点数恢复平衡

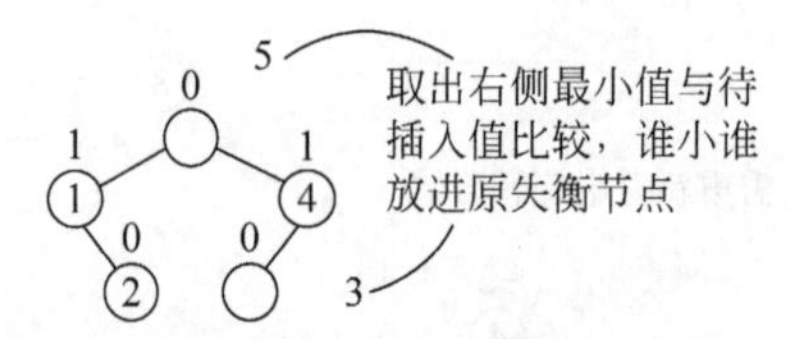


(c) 找到右侧最小节点与待插入节点比较

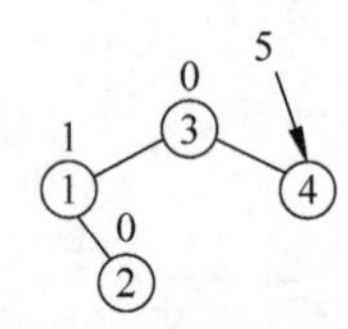

(d) 右侧最小节点值放入失衡节点，删除右侧最小节点

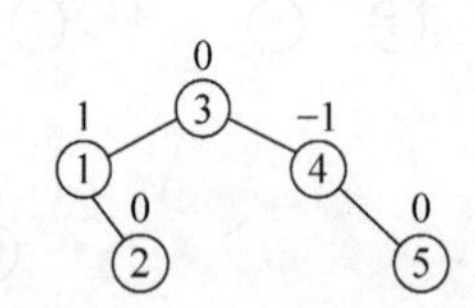

(e) 5节点插入右侧，树恢复平衡

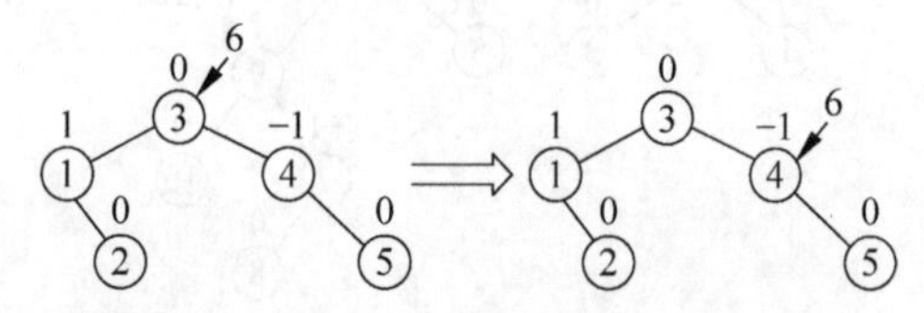

(f) 继续插入数值6，递归判断到4节点时发现继续向右子树方向添加节点会发生失衡

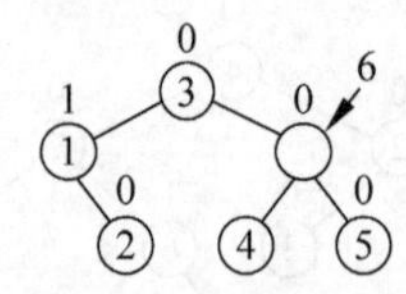

(g) 4从节点中取出，向本节点左侧插入新节点，失衡节点恢复平衡

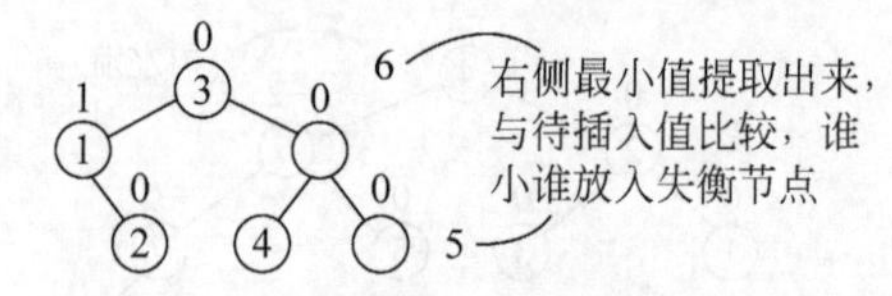


(h) 5＜6，所以5放进原失衡节点，6则插入失衡节点右子树中

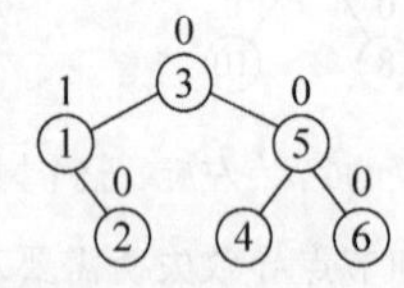

(i) 调整完毕整树恢复平衡，树中任何一个节点左右节点数之差不超过1

图 6-44 用节点数平衡法对平衡二叉树做节点添加的操作步骤

下面看平衡二叉树节点插入方式采用节点数平衡法的代码如例 6-14 所示。

视频讲解

【例 6-14】 平衡二叉树的节点插入。

(1) 平衡二叉树的节点类(bnode.py)。

```
class BNode:
    def __init__(self,data):
        self.data = data
        self.left = None
        self.right = None
        self.bfactor = 0                    #平衡因子 = 左子节点数 - 右子节点数
```

(2) 平衡二叉树类(balanceTree.py)。

```
from bnode import BNode
class BalanceTree:
    def __init__(self):
        self.root = None
        self.length = 0

    def add(self,data):
        if self.root!= None:
            self.addData(self.root,data)
        else:
            node = BNode(data)
            self.root = node
        self.length += 1

    def addData(self,node,data):
        if node.bfactor == 0:               #直接按普通排序二叉树插入
            if data < node.data:
                node.bfactor += 1       #此节点左侧增加一个节点
                if node.left!= None:
                    self.addData(node.left,data)
                else:
                    node.left = BNode(data)
            else:
                node.bfactor -= 1       #新值大于或等于节点值,向右侧添加一个节点
                if node.right!= None:
                    self.addData(node.right,data)
                else:
                    node.right = BNode(data)
        elif node.bfactor > 0:              #左侧比右侧节点多
            node.bfactor -= 1               #此节点右侧增加一个节点
        #新值小于节点值,本该向左侧添加节点,但左侧已经多了节点,于是执行如下代码
            if data < node.data:
                if node.right!= None:   #本节点右子节点不为空
                    #把本节点值向右侧添加节点,让右侧新增一个节点
```

```
                        self.addData(node.right,node.data)
                    else:                           #本节点右子节点为空
                        node.right = BNode(node.data)
                        #用 data 和左侧最大值中更大的数值替换本节点值
                        self.leftThanRight(node,data)
                else:                               #新值大于或等于节点值,直接向右侧添加节点
                    if node.right!= None:
                        self.addData(node.right,data)
                    else:
                        node.right = BNode(data)

            else:                                   #右侧比左侧节点多
                node.bfactor += 1                   #后面必须在此节点左侧树中增加一个节点
                if data < node.data:                #新值小于节点值,直接向左侧添加节点
                    if node.left!= None:
                        self.addData(node.left,data)
                    else:
                        node.left = BNode(data)
            #新值大于或等于节点值,本该向右侧添加节点,但右侧节点比左侧多,于是执行如下代码
                else:
                    if node.left!= None:
                        #把本节点值向左侧添加节点,让左侧新增一个节点
                        self.addData(node.left,node.data)
                        self.rightThanLeft(node,data)
                    else:                           #本节点左子节点为空
                        node.left = BNode(node.data)
                        self.rightThanLeft(node,data)

    #左侧比右侧节点数多
    #向本节点填充当前 data 和左侧最大节点中的更大值
    def leftThanRight(self,node,data):
        #因为左侧节点数>右侧,所以左侧至少有一个节点,先获取左侧最大值节点
        [pNode,pflag,lmNode,path] = self.leftMaxNode(node)
        #将本值与左侧最大值比较,谁大把谁放进本节点
        if lmNode.data > data:
            node.data = lmNode.data             #本节点数据换成左侧最大值节点的值
            #删除左侧最大值节点
            if pflag == 1:
                pNode.right = None
            else:
                pNode.left = None
            del lmNode                          #左树少了一个节点
            node.bfactor -= 1
            for ppNode in path:
                    ppNode.bfactor += 1     #路径上每个节点的右侧少了一个节点
            #把 data 插入本节点的左树中,因为 data < node.data
            self.addData(node,data)
```

```
        else:
            node.data = data

    #右侧比左侧节点数多
    #向本节点填充当前data和右侧最小节点中的更小值
    def rightThanLeft(self,node,data):
        #因为右侧节点数>左侧,所以右侧至少有一个节点,先获取右侧最小值节点
        [pNode,pflag,rmNode,path] = self.rightMinNode(node)
        #将本值与右侧最小值比较,谁小把谁放进本节点
        if rmNode.data < data:
            node.data = rmNode.data      #本节点数据换成左侧最大值节点的值
            #删除右侧最小值节点
            if pflag == 0:
                pNode.left = None
            else:
                pNode.right = None
            del rmNode
            node.bfactor += 1             #右树少了一个节点
            for ppNode in path:
                ppNode.bfactor -= 1      #路径上所有节点左侧少了一个节点
            #把data插入本节点的右树中,因为data > node.data
            self.addData(node,data)
        else:
            node.data = data

    #查找左侧最大值节点
    def leftMaxNode(self,node):
        pNode = node                      #pNode是左侧最大值节点的父节点,为了方便删除
        lmNode = node.left
        pflag = 0                         #表示子节点在父节点左侧
        path = []                         #查找路径上的节点
        while lmNode.right!= None:
            pflag = 1                     #表示子节点在父节点右侧
            pNode = lmNode
            path.append(pNode)
            lmNode = lmNode.right
        return [pNode,pflag,lmNode,path]

    #查找右侧最小值节点
    def rightMinNode(self,node):
        pNode = node
        rmNode = node.right
        pflag = 1                         #表示子节点在父节点右侧
        path = []                         #查找路径上的节点
        while rmNode.left!= None:
        pflag = 0                         #表示子节点在父节点左侧
        pNode = rmNode
```

```
            path.append(pNode)
            rmNode = rmNode.left
            return [pNode,pflag,rmNode,path]
```

（3）测试代码(test.py)。

```
from balanceTree import BalanceTree
lst = [2,1,4,3,5,6]
bTree = BalanceTree()                    #构造平衡二叉树
for item in lst:
    bTree.add(item)
print(bTree.root.data)

lst1 = []
def display(node,lst):                   #显示方法
    if node.left!= None:
            display(node.left,lst)
    lst.append(node.data)
    if node.right!= None:
            display(node.right,lst)
display(bTree.root,lst1)
print('平衡二叉树的排序输出:',lst1)

print('------------------打印每层节点(最后会多打印一层)----------------')
lst1 = [bTree.root]                      #上层节点列表
lst2 = []                                #下层节点列表
flag = 1
while flag == 1:
    flag = 0
    for item in lst1:                    #把第一层的子节点全塞进第二层列表,没有填 None
        if item!= None:
                lst2.append(item.left)
                lst2.append(item.right)
                flag = 1
        else:
                lst2.append(None)
                lst2.append(None)
    # print(lst1)
    for item in lst1:                    #打印本层的节点和平衡因子
        if item!= None:
                print(item.data,end = '')
                print('(',item.bfactor,')',end = ',')
        else:                            #空节点打印 None
                print(None,end = ',')
    print('')
```

```
    lst1.clear()
    for item in lst2:                #把下层节点全放进上层中
        lst1.append(item)
    lst2.clear()
```

上述代码运行结果如图 6-45 所示。

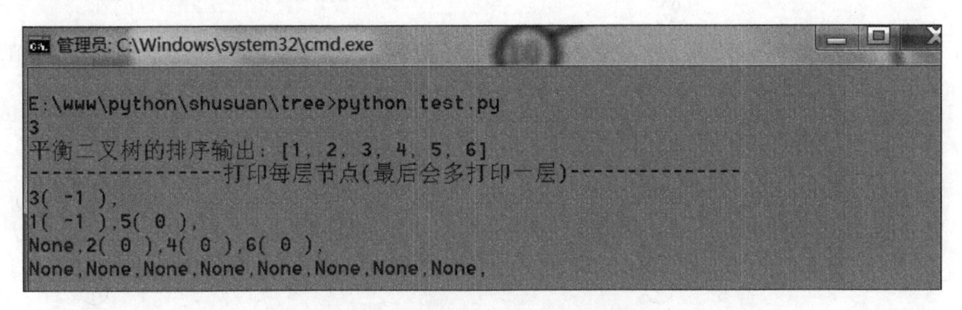


图 6-45　平衡二叉树层结构显示

## 6.5.2　平衡二叉树的节点删除

平衡二叉树的节点删除也会导致平衡二叉树失衡，为了简便，本例直接采用节点数平衡法做删除操作，其步骤如下：

(1) 首先找到需要删除的节点，如果确定被删除，则查找路径中所有节点均需修改平衡因子(如果待删除节点有左右子树，优先取右子树中最小节点替换删除节点值；如果没有右子树，将左子树节点提至删除节点)。

(2) 如果任何节点发生失衡，则触发针对失衡节点的平衡纠正(如果造成多个节点发生失衡，首先纠正最顶层失衡的节点)。

(3) 失衡节点值取出，向失衡一侧执行插入操作。

(4) 从另一侧取出对应节点值(左侧取最大节点值，右侧取最小节点值)，覆盖到失衡节点值，然后删除对应节点(左侧为最大节点，右侧为最小节点)。

(5) 全树恢复平衡。

假设有数组[2,1,4,3,5,6,11,9]，用节点数平衡法从平衡二叉树中删除节点 2 的步骤如图 6-46 所示。

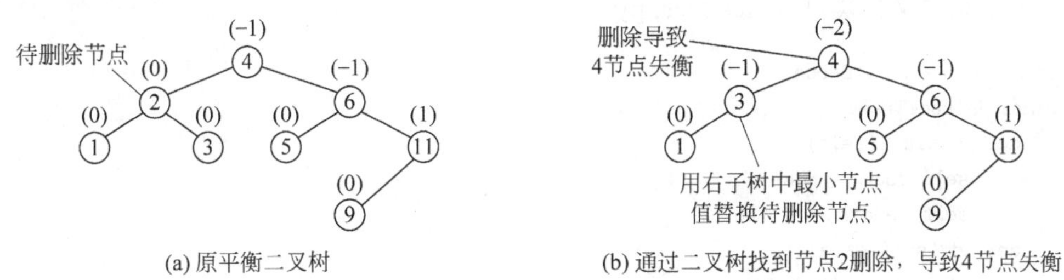


(a) 原平衡二叉树　　(b) 通过二叉树找到节点2删除，导致4节点失衡

图 6-46　平衡二叉树的节点删除操作步骤

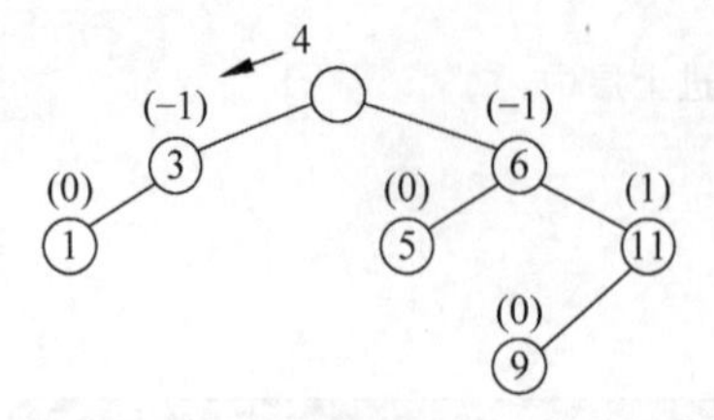


(c) 把失衡节点中的值提取出来，向少节点一方插入

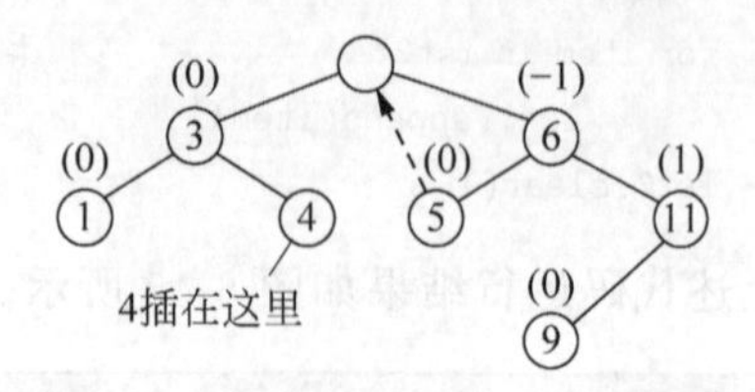


(d) 4补充到少节点子树（左子树），右侧最小值填充到原失衡节点

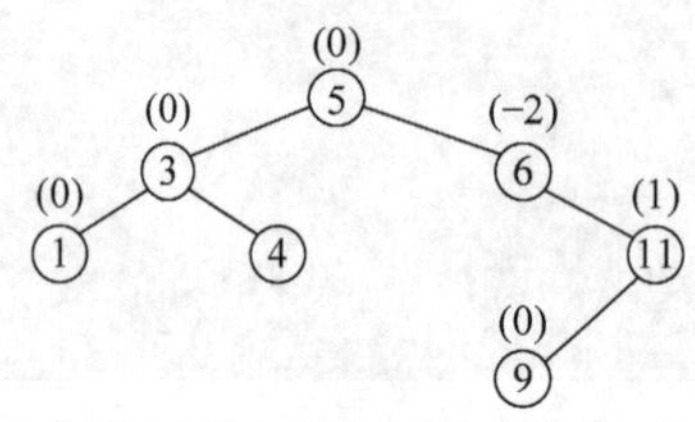


(e) 右子树最小节点值移动到失衡节点，失衡节点恢复平衡，但又导致新失衡

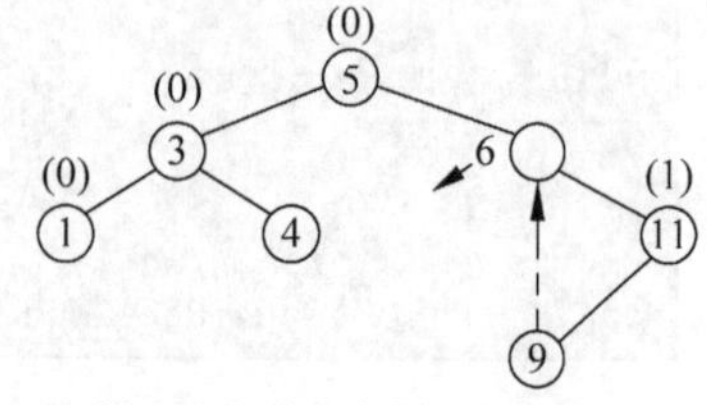


(f) 6插向失衡节点左侧，右侧最小值填补空节点

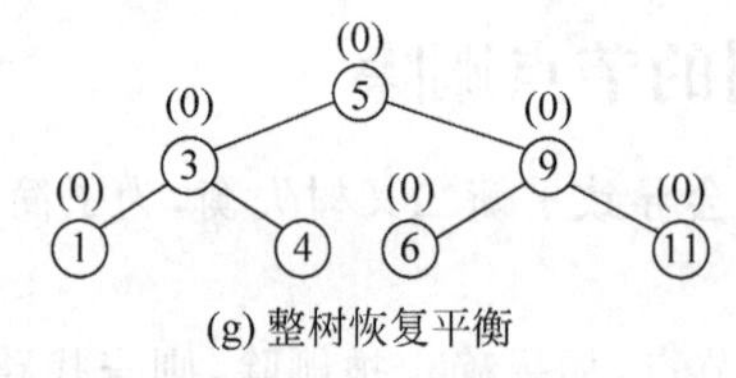


(g) 整树恢复平衡

图 6-46 （续）

视频讲解

代码如例 6-15 所示。

**【例 6-15】** 平衡二叉树的节点删除。

(1) 平衡二叉树节点类(bnode.py)。

```
class BNode:
    def __init__(self,data):
        self.data = data
        self.left = None
        self.right = None
        self.bfactor = 0                        #平衡因子 = 左子节点数 - 右子节点数
```

(2) 平衡二叉树类(balanceTree.py)。

```
from bnode import BNode
class BalanceTree:
    def __init__(self):
        self.root = None
        self.length = 0
    def add(self,data):
        if self.root!= None:
            self.addData(self.root,data)
```

```
        else:
            node = BNode(data)
            self.root = node
        self.length += 1
    def addData(self,node,data):
        if node.bfactor == 0:                          #直接按普通排序二叉树插入
            if data < node.data:
                node.bfactor += 1                      #此节点左侧增加一个节点
                if node.left!= None:
                    self.addData(node.left,data)
                else:
                    node.left = BNode(data)
            else:
                node.bfactor -= 1                      #新值大于或等于节点值,向右侧添加一个节点
                if node.right!= None:
                    self.addData(node.right,data)
                else:
                    node.right = BNode(data)
        elif node.bfactor > 0:                         #左侧比右侧节点多
            node.bfactor -= 1                          #此节点右侧增加一个节点
            if data < node.data:                       #新值小于节点值,本该向左侧添加节点,但
                                                       #左侧已经多了节点,于是:
                if node.right!= None:
                        #把本节点值向右侧添加节点,让右侧新增一个节点
                        self.addData(node.right,node.data)
                    self.leftThanRight(node,data) #用 data 和左侧最大值中更大的数值替换本
                                                       #节点值
                else:                                  #本节点右子节点为空
                    node.right = BNode(node.data)
                    self.leftThanRight(node,data) #用 data 和左侧最大值中更大的数值替换本
                                                       #节点值
            else:                                      #新值大于或等于节点值,直接向右侧添加节点
                if node.right!= None:
                    self.addData(node.right,data)
                else:
                    node.right = BNode(data)

        else:                                          #右侧比左侧节点数多
            node.bfactor += 1                          #后面必须在此节点左侧树中增加一个节点
            if data < node.data:                       #新值小于节点值,直接向左侧添加节点
                if node.left!= None:
                    self.addData(node.left,data)
                else:
                    node.left = BNode(data)
            #新值大于或等于节点值,本该向右侧添加节点,但右侧节点比左侧多,于是
            else:
                if node.left!= None:
```

```
                #把本节点值向左侧添加节点,让左侧新增一个节点
                self.addData(node.left,node.data)
                self.rightThanLeft(node,data)
            else:                                   #本节点左子节点为空
                node.left = BNode(node.data)
                self.rightThanLeft(node,data)
    #左侧比右侧节点数多
    #向本节点填充当前 data 和左侧最大节点中的更大值
    def leftThanRight(self,node,data):
        #因为左侧节点数大于右侧,所以左侧至少有一个节点,于是获取左侧最大值节点
        [pNode,pflag,lmNode,path] = self.leftMaxNode(node)
        #将本值与左侧最大值比较,谁大把谁放进本节点
        if lmNode.data > data:
            node.data = lmNode.data                 #本节点数据换成左侧最大值节点的值
            #删除左侧最大值节点
            if pflag == 1:
                pNode.right = None
            else:
                pNode.left = None
            del lmNode                              #左子树少了一个节点
            node.bfactor -= 1
            for ppNode in path:
                ppNode.bfactor += 1                 #路径上每个节点的右侧少了一个节点
            #把 data 插入本节点的左树中,因为 data < node.data
            self.addData(node,data)
        else:
            node.data = data
    #右侧比左侧节点数多
    #向本节点填充当前 data 和右侧最小节点中的更小值
    def rightThanLeft(self,node,data):
        #因为右侧节点数大于左侧,所以右侧至少有一个节点,于是获取右侧最小值节点
        [pNode,pflag,rmNode,path] = self.rightMinNode(node)
        #将本值与右侧最小值比较,谁小把谁放进本节点
        if rmNode.data < data:
            node.data = rmNode.data                 #本节点数据换成左侧最大值节点的值
            #删除右侧最小值节点
            if pflag == 0:
                pNode.left = None
            else:
                pNode.right = None
            del rmNode
            node.bfactor += 1                       #右子树少了一个节点
            for ppNode in path:
                ppNode.bfactor -= 1                 #路径上所有节点左侧少一个节点
            #把 data 插入本节点的右树中,因为 data > node.data
            self.addData(node,data)
        else:
```

```
            node.data = data
    #查找左侧最大值节点
    def leftMaxNode(self,node):
        pNode = node                            #pNode是左侧最大值节点的父节点,为了方
                                                #便删除
        lmNode = node.left
        pflag = 0                               #表示子节点在父节点左侧
        path = []                               #查找路径上的节点
        while lmNode.right!= None:
            pflag = 1                           #表示子节点在父节点右侧
            pNode = lmNode
            path.append(pNode)
            lmNode = lmNode.right
        return [pNode,pflag,lmNode,path]
    #查找右侧最小值节点
    def rightMinNode(self,node):
        pNode = node
        rmNode = node.right
        pflag = 1                               #表示子节点在父节点右侧
        path = []                               #查找路径上的节点
        while rmNode.left!= None:
            pflag = 0                           #表示子节点在父节点左侧
            pNode = rmNode
            path.append(pNode)
            rmNode = rmNode.left
        return [pNode,pflag,rmNode,path]
    #删除节点
    def remove(self,data):
        if self.root!= None:
            path = [self.root]                  #删除节点路径
            self.removeData(path,data)
        else:
            return None
        self.length -= 1
    #递归删除节点
    def removeData(self,path,data):
        node = path[-1]                         #当前节点
        if data < node.data:
            if node.left!= None:
                path.append(-1)                 #向当前节点左侧查找
                path.append(node.left)
                return self.removeData(path,data)
            else:
                return None
        elif data > node.data:
            if node.right!= None:
                path.append(1)                  #向当前节点右侧查找
```

```
            path.append(node.right)
            return self.removeData(path,data)
        else:
            return None
    else:                                       #找到待删除节点
        # 如果只有左子树,直接用左子节点替换删除节点
        if(node.left!= None and node.right == None):
            pnode = path[-3]                    #拿到待删除节点的父节点(倒数第1为当前
                                                #节点,倒数第2为父节点的左右方向,倒数
                                                #第3为父节点)
            direction = path[-2]                #判断删除节点是父节点的左子节点还是右
                                                #子节点
            lnode = node.left
            if direction == -1:                 #删除节点是父节点的左子节点
                pnode.left = lnode
            else:                               #删除节点是父节点的右子节点
                pnode.right = lnode
            node.left = None
        # 如果只有右子树,直接用右子节点替换删除节点
        elif(node.left == None and node.right!= None):
            pnode = path[-3]
            direction = path[-2]                #判断删除节点是父节点的左子节点还是右
                                                #子节点
            rnode = node.right
            if direction == -1:                 #删除节点是父节点的左子节点
                pnode.left = rnode
            else:                               #删除节点是父节点的右子节点
                pnode.right = rnode
            node.right = None
        # 如果没有左右子节点,直接删除
        elif(node.left == None and node.right == None):
            pnode = path[-3]
            direction = path[-2]                #判断删除节点是父节点的左子节点还是右
                                                #子节点
            if direction == -1:                 #删除节点是父节点的左子节点
                pnode.left = None
            else:                               #删除节点是父节点的右子节点
                pnode.right = None

        # 如果同时有左右子节点,用右侧最小值替换删除节点,删除右侧最小节点,删除节点
        #右侧少一个节点
        else:
            #找到右子树中的最小值
            [rpNode,rpflag,rmNode,rpath] = self.rightMinNode(node)
            #替换掉待删除节点中的 data
            node.data = rmNode.data
            #删除右侧最小值节点
```

```
            if rpflag == 0:                          # 假如右侧最小值是父节点的左子节点
                rpNode.left = None
            else:                                    # 假如右侧最小值是 node 节点的右子节点
                rpNode.right = None
            del rmNode                               # 删除原先的最小值
            node.bfactor += 1                        # 右子树少了一个节点
            for ppNode in rpath:
                ppNode.bfactor -= 1                  # 路径上所有节点左侧少了一个节点

        # path 中节点 bfactor 值加上下一个元素
        pathLen = len(path) - 1
        delpath = []                                 # 删除节点位置所在路径
        for i in range(0,pathLen,2):
            dpnode = path[i]
            dpnode.bfactor += path[i+1]
            delpath.append(dpnode)
        # 逆序查找(path 从上到下,因为左右子树只差一个节点),如果发生失衡,直接纠正
        # 失衡节点数值本身倾向失衡一侧,从失衡节点左侧取出最大值,右侧取出最小值
        while len(delpath)> 0:
            pathNode = delpath.pop()                 # 逆序查看
            if abs(pathNode.bfactor)> 1:
                self.correct(pathNode)               # 纠正
    # 纠正失衡节点
    def correct(self,node):
        if node.bfactor > 1:                         # 左子树大于右子树
            # node.data 向右插入
            if node.right!= None:
                self.addData(node.right,node.data)
            else:
                node.right = BNode(node.data)
            node.bfactor -= 1
            # 取左子树中最大值替换 node.data
            [pNode,pflag,lmNode,path] = self.leftMaxNode(node)
            node.data = lmNode.data                  # 本节点数据换成左侧最大值节点的值
            # 删除左侧最大值节点
            if pflag == 1:
                pNode.right = None
            else:
                pNode.left = None
            del lmNode                               # 左子树少了一个节点
            node.bfactor -= 1
            for ppNode in path:
                ppNode.bfactor += 1                  # 路径上每个节点的右侧少了一个节点
        else:                                        # 右子树大于左子树
            # node.data 向左插入
            if node.left!= None:
                self.addData(node.left,node.data)
```

```
            else:
                node.left = BNode(node.data)
            node.bfactor += 1
            #取右子树中最小值替换 node.data
            [pNode,pflag,rmNode,path] = self.rightMinNode(node)
            node.data = rmNode.data                    #本节点数据换成左侧最大值节点的值
            #删除右侧最小值节点
            if pflag == 0:
                pNode.left = None
            else:
                pNode.right = None
            del rmNode
            node.bfactor += 1                          #右子树少了一个节点
            for ppNode in path:
                ppNode.bfactor -= 1                    #路径上所有节点左侧少一个节点
        while len(path)> 0:
            pathNode = path.pop()                      #逆序查看
            if abs(pathNode.bfactor)> 1:
                self.correct(pathNode)                 #纠正
```

(3) 测试代码(test.py)。

```
from balanceTree import BalanceTree
lst = [2,1,4,3,5,6,11,9]
bTree = BalanceTree()                                  #构造平衡二叉树
for item in lst:
    bTree.add(item)
print(bTree.root.data)

bTree.remove(2)

lst1 = []
def display(node,lst):
    if node.left!= None:
        display(node.left,lst)
    lst.append(node.data)
    if node.right!= None:
        display(node.right,lst)
display(bTree.root,lst1)
print('平衡二叉树的排序输出:',lst1)

print('------------------打印每层节点(最后会多打印一层)---------------')
lst1 = [bTree.root]                                    #上层节点列表
lst2 = []                                              #下层节点列表
flag = 1
while flag == 1:
    flag = 0
```

```
for item in lst1:                          # 把第一层的子节点全放进第二层列表,没有
                                           # 填 None
    if item!= None:
        lst2.append(item.left)
        lst2.append(item.right)
        flag = 1
    else:
        lst2.append(None)
        lst2.append(None)
# print(lst1)
for item in lst1:                          # 打印本层的节点和平衡因子
    if item!= None:
        print(item.data,end = '')
        print('(',item.bfactor,')',end = ',')
    else:                                  # 空节点打印 None
        print(None,end = ',')
print('')
lst1.clear()
for item in lst2:                          # 把下层节点全放进上层中
    lst1.append(item)
lst2.clear()
```

上述代码执行结果分如下两种情况显示。

(1) 先不做删除,显示删除前的树结构(把 bTree.remove(2)先注释掉),运行结果如图 6-47 所示。

```
E:\www\python\shusuan\tree>python test.py
4
平衡二叉树的排序输出: [1, 2, 3, 4, 5, 6, 9, 11]
-----------------打印每层节点(最后会多打印一层)---------------
4( -1 ),
2( 0 ),6( -1 ),
1( 0 ),3( 0 ),5( 0 ),11( 1 ),
None,None,None,None,None,None,9( 0 ),None,
None,None,None,None,None,None,None,None,None,None,None,None,None,None,None,None,
```

图 6-47 在不执行删除前,平衡二叉树构造

(2) 平衡二叉树构造好后,删除 2 节点(打开 bTree.remove(2)的注释),运行结果如图 6-48 所示。

```
E:\www\python\shusuan\tree>python test.py
4
平衡二叉树的排序输出: [1, 3, 4, 5, 6, 9, 11]
-----------------打印每层节点(最后会多打印一层)---------------
5( 0 ),
3( 0 ),9( 0 ),
1( 0 ),4( 0 ),6( 0 ),11( 0 ),
None,None,None,None,None,None,None,None,
```

图 6-48 执行删除 2 节点操作,平衡二叉树调整后结果

## 6.6 红黑树(RB-Tree)

红黑树是一种类似于平衡二叉树的二叉树结构,除了必须符合二叉查找树的规则外,它还要符合以下规则:

(1) 节点是红色或者黑色。

(2) 根节点是黑色。

(3) 每个叶子节点都是黑色的空节点(None)。

(4) 每个红色节点的两个子节点都是黑色的(红黑树不会出现相邻的红色节点)。

(5) 从任意节点到其每个叶子节点的所有路径都包含相同数量的黑色节点。

红黑树结构如图 6-49 所示。

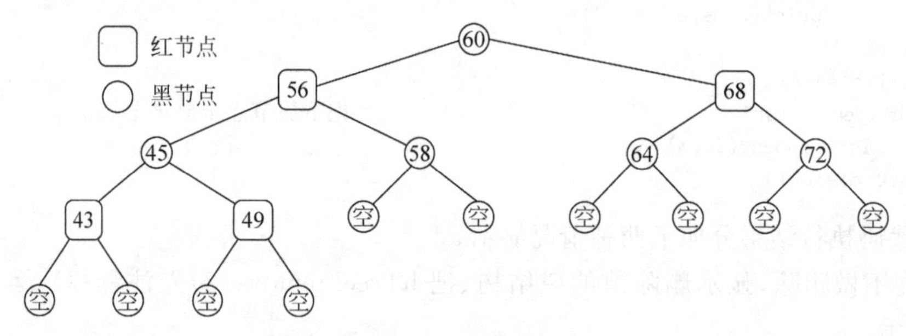


图 6-49 红黑树

从上述 5 条规则还引出了红黑树的两条潜规则:

(1) 从根节点到叶子节点的最长路径不大于最短路径的 2 倍。(最短路径:从规则(5)中得知从根节点到每个叶子节点的黑色节点数量相同时,那么纯由黑色节点组成的路径就是最短路径。最长路径:从规则(4)和规则(3)中得知,若有红色节点,则必然有一个连接的黑色节点,当红色节点和黑色节点数量相同时,就是最长路径,也就是黑色节点(或红色节点)× 2)。

(2) 新加入到红黑树中的节点为红色节点。从规则 4 中引申,当前红黑树中从根节点到每个叶子节点的黑色节点数量相同时,此时加入新的黑色节点,必然破坏规则,但加入红色节点却不一定,除非其父节点就是红色节点,因此加入红色节点,破坏规则的可能性小一些,这样恢复规则的成本也就小些。

红黑树与平衡二叉树之间的差别如下:

红黑树和平衡二叉树(AVL)其实现的算法时间复杂度相同,貌似红黑树能实现的功能都可以用平衡二叉树代替,那么为什么还需要引入红黑树呢?

红黑树不追求“完全平衡”,即不像 AVL 树那样要求节点的|左层数－右层数|≤1(左层数减右层数的值取绝对值小于或等于 1),它只要求部分达到平衡,但是提出了为节点增加颜色。红黑树是用非严格的平衡来换取插入或删除节点时旋转次数的降低,任何不平衡都会在三次旋转之内解决;而 AVL 树是严格平衡树,因此在插入或删除节点时,根据不同情

况，旋转的次数比红黑树要多。就插入节点操作导致树失衡的情况而论，平衡二叉树和红黑树都是最多两次树旋转来实现恢复平衡，旋转的量级为 $O(1)$。

另就删除节点导致树失衡而论，AVL 树需要维护从被删除节点到根节点这条路径上所有节点的平衡，旋转的量级为 $O(\log n)$；而红黑树最多只需要旋转 3 次实现复衡，旋转的量只需 $O(1)$，所以红黑树删除节点的效率比 AVL 树更高、开销更小。

红黑树的查询性能略逊色于 AVL 树，因为其比 AVL 树会稍微不平衡最多一层，也就是说红黑树的查询性能只比相同内容的 AVL 树最多多一次比较，但是，红黑树在插入和删除功能上优于 AVL 树，AVL 树每次插入和删除会进行大量的平衡度计算；而红黑树为了维持红黑性质所做的红黑变换和旋转的开销，相较于 AVL 树为了维持平衡的开销要小得多。

AVL 树的结构相较于红黑树更为平衡，插入和删除所引起的失衡红黑树复衡效率更高；当然，由于 AVL 树高度平衡，因此 AVL 树的查询效率也更高。

针对插入和删除节点导致失衡后的恢复平衡操作，红黑树能够提供一个比较"便宜"的解决方案，降低开销，是对搜索、插入以及删除效率的折中，总体来说，红黑树的统计性能高于 AVL 树。

因此，AVL 树更平衡、结构上更加直观，时间效能针对读取而言更高、维护稍慢、空间开销较大。红黑树，读操作略逊于 AVL 树，维护强于 AVL 树，空间开销与 AVL 树类似，内容极多时略优于 AVL 树，维护优于 AVL 树。实际应用中，若搜索的次数远大于插入和删除，那么选择 AVL 平衡树；如果搜索、插入和删除次数几乎差不多，应该选择红黑树。故引入红黑树是功能和空间开销的折中结果。

### 6.6.1 红黑树的插入

红黑树的插入操作有两种可能：一种是节点插入后的新树没破坏红黑树的规则，这种插入无须做任何额外工作；另一种是插入后的新树破坏了红黑树的规则，需要对树进行调整(变色、旋转)。

(1) 插入时不会导致规则被破坏，如图 6-50 所示。

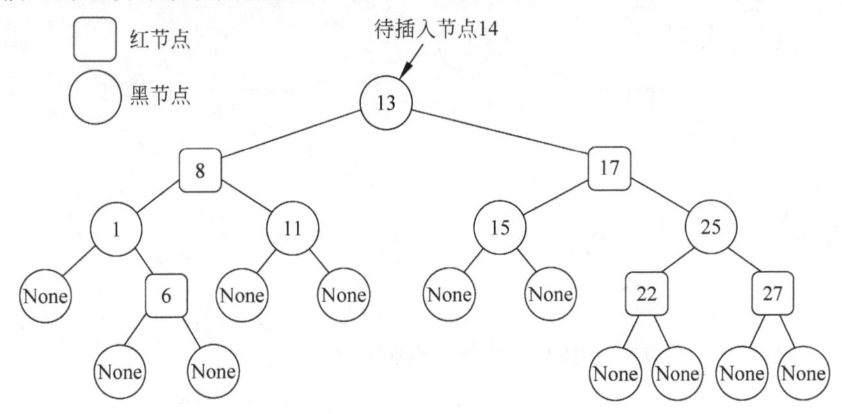


(a) 准备向红黑树插入节点14

图 6-50 红黑树中插入的新节点不影响红黑树的整体结构，无须调整

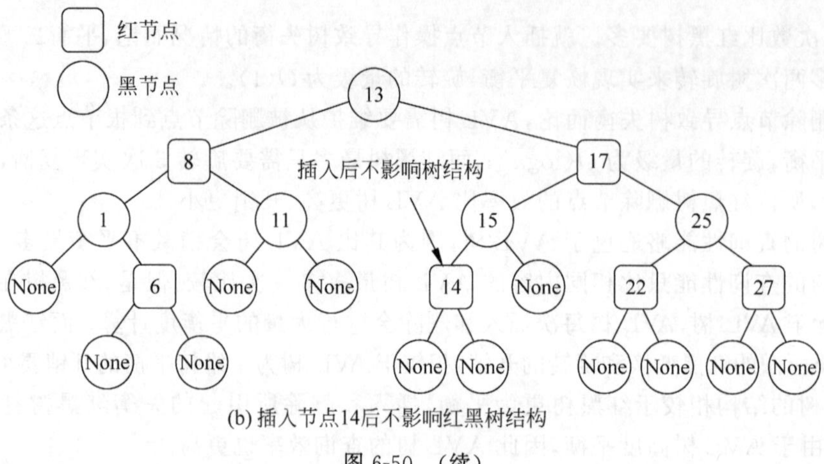


(b) 插入节点14后不影响红黑树结构

图 6-50 （续）

（2）插入后导致红黑树规则被破坏，如图 6-51 所示。

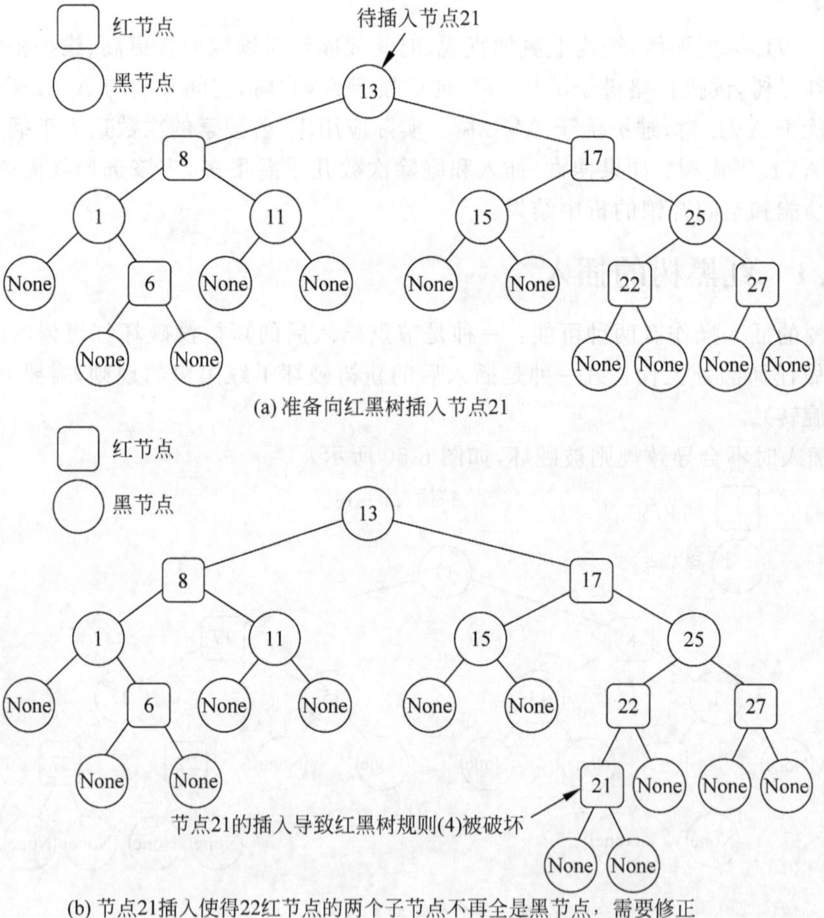


(b) 节点21插入使得22红节点的两个子节点不再全是黑节点，需要修正

图 6-51 红黑树中插入新节点后导致红黑树结构被破坏，进行调整的操作步骤

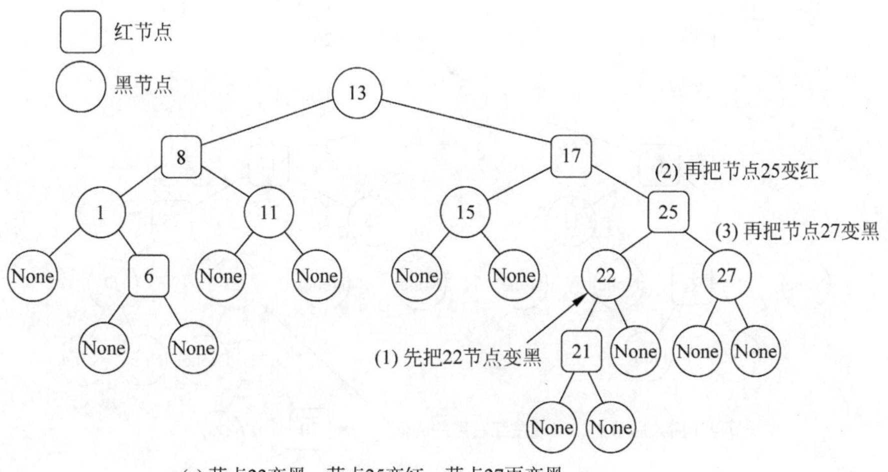


(c) 节点22变黑，节点25变红，节点27再变黑

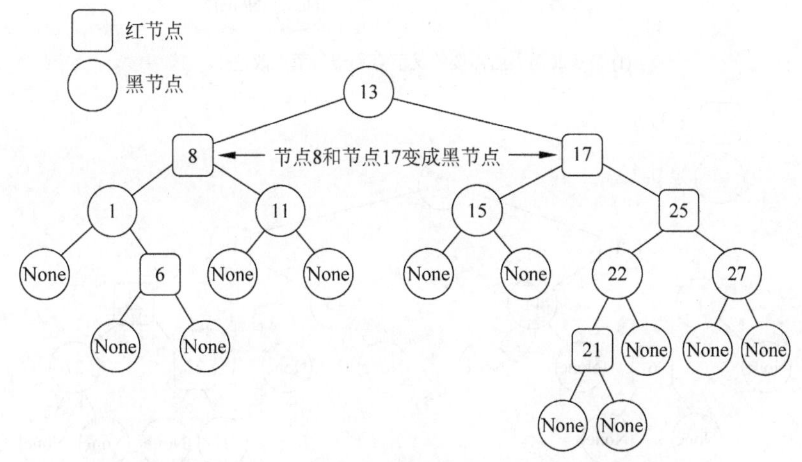


(d) 节点8和节点17变黑，根节点先变红后变黑，红黑树再次符合规则

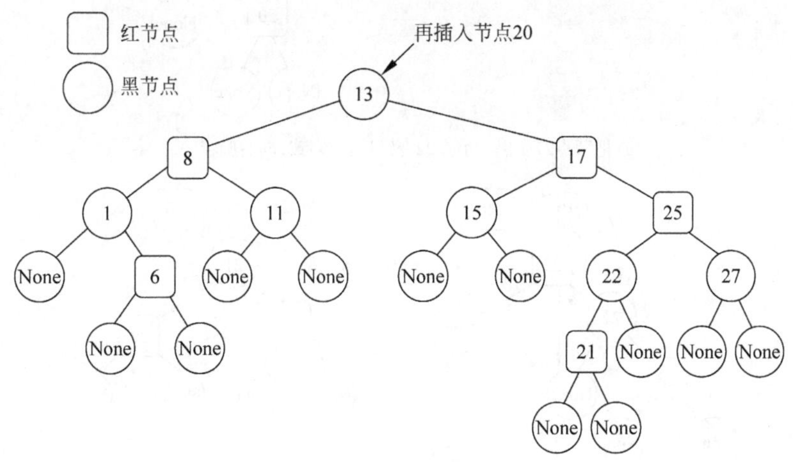


(e) 继续插入节点20

图 6-51 （续）

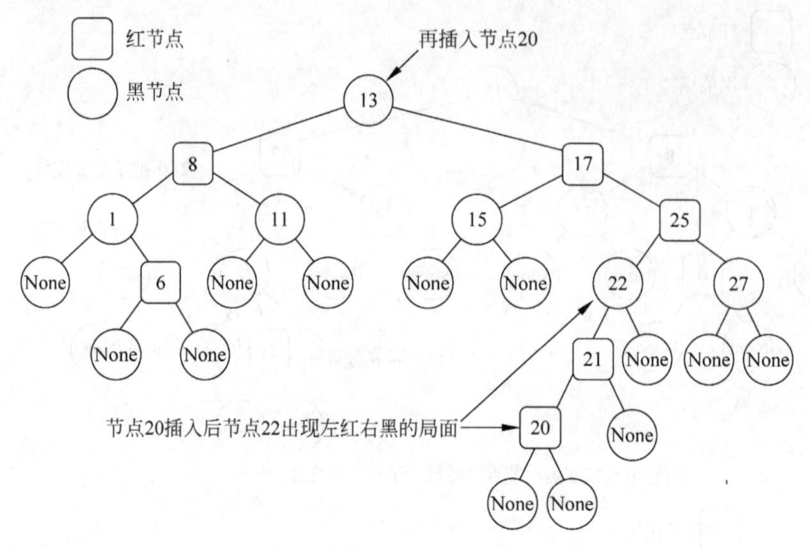


(f) 节点20插入后需要给父节点和爷爷节点改色

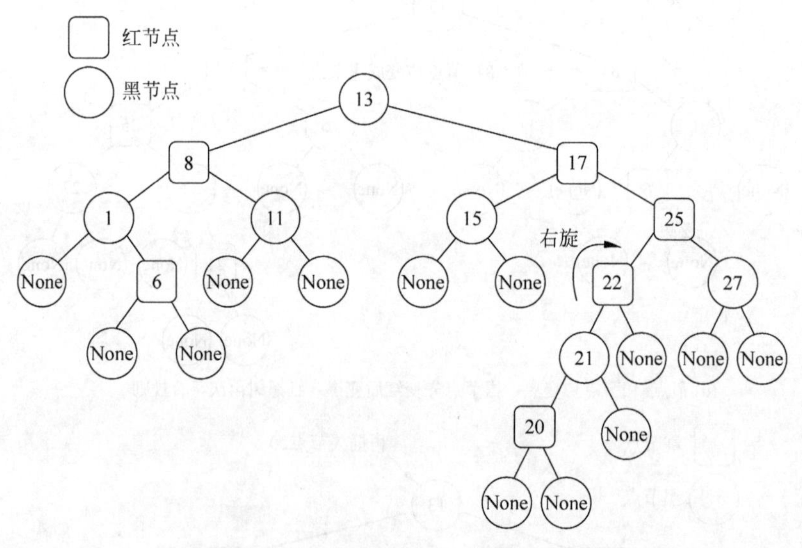


(g) 把节点21变黑，节点22变红后，节点22向右旋转

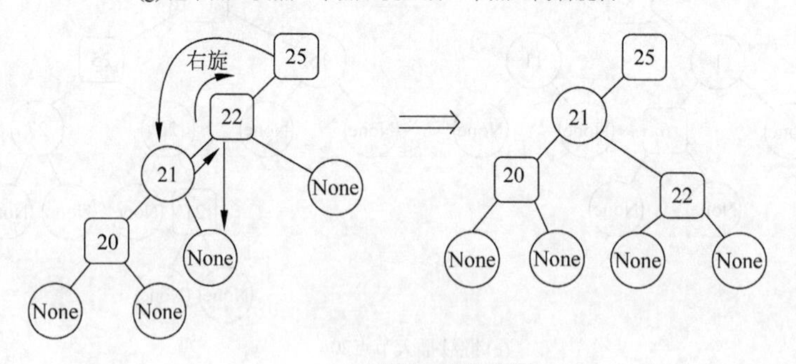


(h) 节点22右旋步骤

图 6-51 （续）

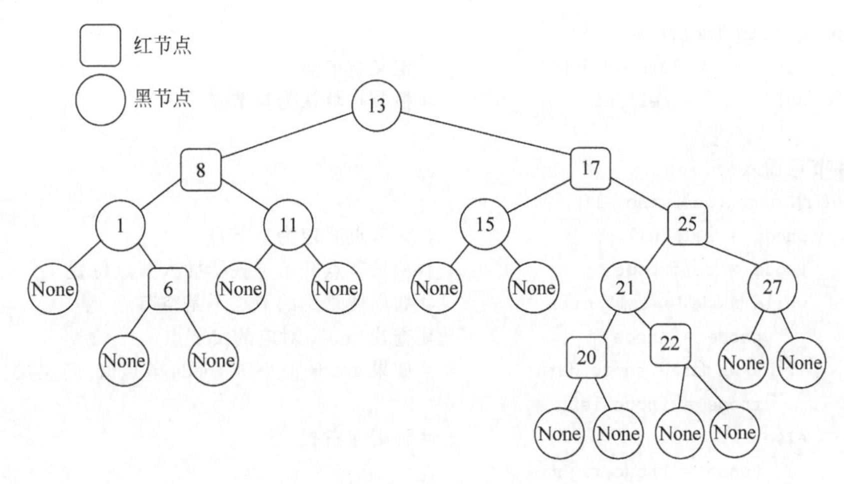


(i) 红黑树再次调整完毕

图 6-51 (续)

## 6.6.2 红黑树的遍历操作

红黑树的遍历与二叉排序树的遍历方法基本相同，只需要加一个判断，当叶子节点为空时不计入排序元素中。

## 6.6.3 红黑树的删除操作

红黑树的删除如果不会导致红黑树违反 5 条规则的情况发生，则按二叉排序树的节点方式删除即可，但多数情况下对某个节点的删除可能导致整棵树违反某条规则，需要通过变色、旋转等一系列过程操作，操作方式与红黑树插入时导致的违规相同处理。

## 6.6.4 完整代码实现

为了方便操作，红黑树的节点增加了指向父节点指针(parent)和颜色(color)属性，完整代码如例 6-16 所示。

视频讲解

【例 6-16】 红黑树类结构，包含插入、遍历和删除操作。

```
#定义红黑树节点
class RBTreeNode:
    def __init__(self,data):
        self.data = data
        self.left = None                    #左指针
        self.right = None                   #右指针
        self.parent = None                  #父指针
        self.color = 'black'                #节点颜色默认为黑
#红黑树类
class RBTree:
```

```
    def __init__(self):
        self.nil = RBTreeNode(0)                  #定义空节点
        self.root = self.nil                      #根节点默认为空节点

    #节点插入
    def rbInsert(self,inode):
        pnode = self.nil                          #父节点暂定为空节点
        tnode = self.root                         #从根节点开始寻找待插入节点位置
        while tnode != self.nil:                  #如果搜索到的节点不是空节点
            pnode = tnode                         #查找 inode 对应的父节点
        if inode.data < tnode.data:               #如果 inode 值小于 tnode 节点值,向左找
            tnode = tnode.left
        else:                                     #否则向右找
            tnode = tnode.right
        inode.parent = pnode                      #跳出循环后 inode 的父节点确定为 pnode
        if pnode == self.nil:                     #如果 pnode 为空,inode 为根节点
            self.root = inode
        elif inode.data < pnode.data:             #如果 inode 值小于父节点,inode 作
                                                  #为父节点的左子节点
            pnode.left = inode
        else:                                     #否则就是右子节点
            pnode.right = inode
        inode.left = self.nil                     #给 inode 节点加两个空的叶子节点
        inode.right = self.nil                    #新加入的 inode 默认为红色
        inode.color = 'red'
        #上色和旋转处理
        self.rbInsertFixup(inode)                 #对新加入的 inode 节点做上色和旋转处理
        return inode.data
    #左旋
    def leftRotate(self,node):
        rNode = node.right                        #拿到当前节点的右子节点指针
        node.right = rNode.left                   #当前节点的右指针指向右子节点的左子节点
        if rNode.left != self.nil:                #如果右子节点的左子节点不是空
            rNode.left.parent = node              #右子节点的左子节点的父节点指针指向
                                                  #当前节点
        rNode.parent = node.parent                #右子节点的父节点指针指向当前节点的父节点
        if node.parent == self.nil:               #如果当前节点的父节点是空节点
            self.root = rNode                     #根节点指向当前节点的右子节点
        elif node == node.parent.left:            #如果当前节点是父节点的左子节点
            node.parent.left = rNode              #当前节点的父节点的左指针指向右子节点
        else:                                     #如果当前节点是父节点的右子节点
            node.parent.right = rNode             #当前节点的父节点的右指针指向右子节点
        rNode.left = node                         #右子节点的左指针指向当前节点
        node.parent = rNode                       #当前节点的父节点指针指向原先的右子节点
    #右旋
    def rightRotate(self,node):
```

```
        lNode = node.left                   #拿到当前节点的左子节点
        node.left = lNode.right             #当前节点的左指针指向左子节点的右子节点
        if lNode.right != self.nil:         #如果左子节点的右子节点不是空节点
            lNode.right.parent = node       #左子节点的右子节点的父节点指针指
                                            #向当前节点
        lNode.parent = node.parent          #左子节点的父节点指针指向当前节点的父节点
        if node.parent == self.nil:         #如果当前节点的父节点为空节点
            self.root = lNode               #根节点指向左子节点
        elif node == node.parent.right:     #如果当前节点是父节点的右子节点
            node.parent.right = lNode       #当前节点的父节点的右指针指向左子节点
        else:                               #否则就是父节点的左子节点
            node.parent.left = lNode        #当前节点的父节点的左指针指向左子节点
        lNode.right = node                  #左子节点的右指针指向当前节点
        node.parent = lNode                 #当前节点的父节点指针指向左子节点
    #节点染色和旋转
    def rbInsertFixup(self,cnode):
        while cnode.parent.color == 'red':  #当前节点的父节点的颜色是红色,进入循环
            if cnode.parent == cnode.parent.parent.left:  #如果当前节点的父节点是爷爷
                                                          #节点的左子节点
                layerNode = cnode.parent.parent.right     #拿到爷爷节点的右子节点
                                                          #(叔叔节点)
                if layerNode.color == 'red':              #如果爷爷节点的右子节点颜色
                                                          #是红色的
                    cnode.parent.color = 'black'          #当前节点的父节点变黑
                    layerNode.color = 'black'             #当前节点的叔叔节点也变黑
                    cnode.parent.parent.color = 'red'     #当前节点的爷爷节点变红
                    cnode = cnode.parent.parent           #当前节点变成爷爷节点
                else:                                     #爷爷节点的另一节点为黑
                    if cnode == cnode.parent.right:       #如果当前节点是父节点的右子
                                                          #节点
                        cnode = cnode.parent              #当前节点转为当前节点的父节点
                        self.leftRotate(cnode)            #在当前节点上做左旋方法
                    cnode.parent.color = 'black'          #当前节点的父节点颜色变黑
                    cnode.parent.parent.color = 'red'     #当前节点的爷爷节点颜色变红
                    self.rightRotate(cnode.parent.parent) #调用右旋方法旋转爷爷节点

            else:                               #如果当前节点的父节点是爷爷节点的右子节点
                layerNode = cnode.parent.parent.left      #拿到爷爷节点的左子节点(叔叔
                                                          #节点)
                if layerNode.color == 'red':              #如果叔叔节点的颜色是红色
                    cnode.parent.color = 'black'          #当前节点的父节点的颜色变成
                                                          #黑色
                    layerNode.color = 'black'             #叔叔节点颜色变黑
                    cnode.parent.parent.color = 'red'     #当前节点的爷爷节点的颜色变红
                    cnode = cnode.parent.parent           #当前节点指针转为爷爷节点
                else:                                     #如果叔叔节点的颜色是黑色
                    if cnode == cnode.parent.left:        #如果当前节点的父节点的左子节点
```

```
                cnode = cnode.parent                  #当前节点转为当前节点的父节点
                self.rightRotate(self,cnode)          #在当前节点上做右旋操作
            cnode.parent.color = 'black'              #当前节点的父节点颜色变黑
            cnode.parent.parent.color = 'red'         #当前节点的爷爷节点颜色变红
            self.leftRotate(self,cnode.parent.parent)
                                                      #对爷爷节点做左旋操作
        self.root.color = 'black'                     #根节点变成黑色

    #中序遍历
    def midSort(self,node):
        if node!= None:                    #如果当前节点不为空
            self.midSort(node.left)        #递归调用当前节点的左子节点
            if node.data!= 0:              #如果当前节点值不为 0
    print('data:',node.data,'node.parent:',node.parent.data)
            self.midSort(node.right)       #递归调用当前节点的右子节点
#红黑树删除节点
def RBDelete(T, z):                        #T 为红黑树,z 为待删除节点
    y = z                     #变量 y 被初始化为待删除节点(后面 z 节点被删除后原位置替换为
                              #被删除节点的左子节点或右子节点)
    y_original_color = y.color             #记住待删除节点的初始颜色
    if z.left == T.nil:                    #如果待删除节点的左子节点是空节点
        x = z.right                        #获取待删除节点的右子节点赋值给 x 变量
        RBTransplant(T, z, z.right)        #从树中删除 z 节点并把 z 节点的右子节点替换到
                                           #z 节点原先所在位置
    elif z.right == T.nil:                 #如果待删除节点的右子节点是空节点
        x = z.left                         #获取待删除节点的左子节点赋值给 x 变量
        RBTransplant(T, z, z.left)         #从树中删除 z 节点并把 z 节点的左子节点替换到
                                           #z 节点原先所在位置
    else:                                  #如果待删除节点的左、右子节点均不为空
        y = TreeMinimum(z.right)           #获取待删除节点的右子树中的最小子节点赋值给 y
        y_original_color = y.color         #暂时保存 y 节点原先的颜色
        x = y.right                        #x 置为 y 节点的右子节点
        if y.parent == z:                  #如果 y 节点的父节点是待删除节点
            x.parent = y                   #x 节点的父节点置为 y 节点
        else:                              #如果 y 节点的父节点不是待删除节点
            RBTransplant(T, y, y.right)    #把 y 节点的右子节点替换到 y 节点所在位置
            y.right = z.right              #y 节点的右指针指向待删除节点的右子节点
            y.right.parent = y             #y 节点的右子节点的父节点指针指向 y 节点
        RBTransplant(T, z, y)              #把 y 节点替换到 z 节点所在位置
        y.left = z.left                    #y 节点的左指针指向 z 节点的左子节点
        y.left.parent = y                  #y 节点的左子节点的父节点指针指向 y 节点
        y.color = z.color                  #y 节点的颜色置为删除节点的颜色
    if y_original_color == 'black':        #如果待删除节点原先的颜色是黑色
        RBDeleteFixup(T, x)                #重置 x 节点(待删除节点的左子节点或右子节点)
#红黑树被删除节点的子节点的重置
def RBDeleteFixup( T, x):                  #T 是红黑树,x 是被删除节点的左子节点或右子节点
    while x != T.root and x.color == 'black':  #如果 x 节点不是根节点且是黑色的
```

```
    if x == x.parent.left:          #如果x节点是父节点的左子节点
        w = x.parent.right          #x节点父节点的右子节点被赋值给w变量
        if w.color == 'red':        #如果w节点的颜色是红色
            w.color = 'black'       #w节点的颜色变成黑色
            x.parent.color = 'red'  #x节点的父节点的颜色变成红色
            LeftRotate(T, x.parent) #x节点的父节点左旋
            w = x.parent.right      #w重置为x节点的父节点的右子节点
        #假如w节点的左子节点和右子节点的颜色都是黑色
        if w.left.color == 'black' and w.right.color == 'black':
            w.color = 'red'         #w节点变成红色
            x = x.parent            #x节点重置为原x节点的父节点
        else:                       #假如w节点的左、右子节点的颜色不都是黑色
            if w.right.color == 'black':   #如果仅w的右子节点是黑色
                w.left.color = 'black'     #w节点的左子节点的颜色置为黑色
                w.color = 'red'            #w节点自身变成红色
                RightRotate(T, w)          #w节点右旋
                w = x.parent.right         #w重置为x节点的父节点的右子节点
            w.color = x.parent.color       #w节点的颜色被置为x节点的父节点的颜色
            x.parent.color = 'black'       #x节点的父节点的颜色置为黑色
            w.right.color = 'black'        #w节点的右子节点的颜色置为黑色
            LeftRotate(T, x.parent)        #x节点的父节点左旋
            x = T.root                     #x变量被重置为红黑树的根节点
    else:                                  #如果x节点是父节点的右子节点
        w = x.parent.left                  #x节点父节点的左子节点被赋值给w变量
        if w.color == 'red':               #如果w节点的颜色是红色
            w.color = 'black'              #w节点变成黑色
            x.parent.color = 'red'         #x节点的父节点的颜色变成红色
            RightRotate(T, x.parent)       #x节点的父节点右旋
            w = x.parent.left              #w被重置为x节点的父节点的左子节点
        #假如w节点的左、右子节点都是黑色
        if w.right.color == 'black' and w.left.color == 'black':
            w.color = 'red'                #w节点颜色变成红色
            x = x.parent                   #x被重置为原x节点的父节点
        else:                              #如果w节点的左、右子节点不都是黑色
            if w.left.color == 'black':    #如果仅w节点的左子节点颜色是黑色
                w.right.color = 'black'    #w节点的右子节点变成黑色
                w.color = 'red'            #w节点的颜色置为红色
                LeftRotate(T, w)           #w节点左旋
                w = x.parent.left          #w重置为x节点的父节点的左子节点
            w.color = x.parent.color       #w节点的颜色置为x节点的父节点颜色
            x.parent.color = 'black'       #x节点的父节点的颜色置为黑色
            w.left.color = 'black'         #w节点的左子节点的颜色置为黑色
            RightRotate(T, x.parent)       #x节点的父节点右旋
            x = T.root                     #x置为红黑树的根节点
  x.color = 'black'                        #x节点颜色变成黑色
#获取子树的最小值节点
def TreeMinimum(x):                        #x是待查找最小值的子树的父节点
```

```
    while x.left != T.nil:                          #x节点的左子节点不是空节点
        x = x.left                                  #x节点重置为原x节点的左子节点
    return x                                        #如果左子为空(没有更小的了),返回x节点
#以下为测试代码
nodes = [11,2,14,1,7,15,5,8,4]                      #声明1组数据
T = RBTree()                                        #实例化一棵红黑树
for node in nodes:                                  #把数据循环插入红黑树中
    print('插入数据',RBInsert(T,RBTreeNode(node)))

print('插入完成,中序遍历')
Midsort(T.root)
RBDelete(T,T.root)
print('删除根节点(7被删除),中序遍历')
Midsort(T.root)
RBDelete(T,T.root)
print('再删1次(8被删除),中序遍历')
Midsort(T.root)
#上面删除了2次根节点,如果想删除红黑树中间的某个任意节点,还需要另写一个通过数值查找
#节点的方法,同学们自行实现
```

上述代码运行结果如图6-52所示。

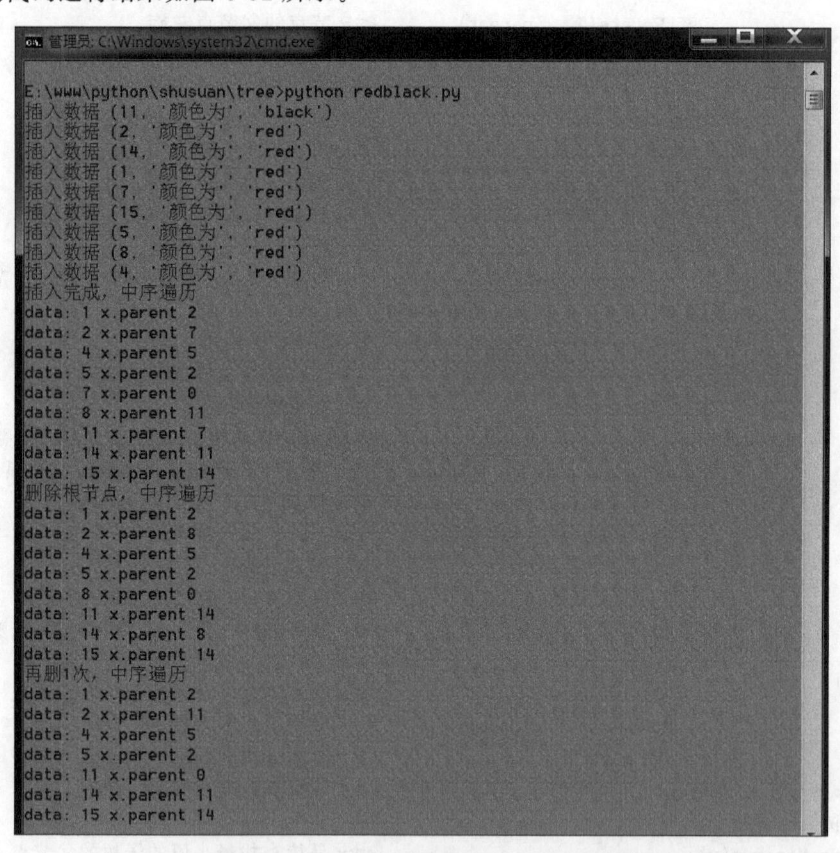


图6-52 红黑树插入和删除操作运行结果

## 6.6.5 红黑树练习题

以下几道练习题是一些单位招聘的面试笔试题，从中可以看到一些企业对红黑树结构的应聘要求。

**1. 红黑树节点的数据结构是怎么定义的**

红黑树的数据结构是如何定义的，写出红黑树节点的数据结构类。答案代码如下：

```
class RBTreeNode(object):
    def __init__(self, x):
        self.data = x                          #数据
        self.left = None                       #左指针
        self.right = None                      #右指针
        self.parent = None                     #指向父节点指针
        self.color = 'black'                   #节点颜色
```

**2. 红黑树有哪些性质**

只有满足以下全部性质的树，才能称为红黑树：

(1) 每个节点要么是红的，要么是黑的。

(2) 根节点是黑的。

(3) 每个叶子节点(叶子节点即指树尾端节点或空节点)是黑的。

(4) 如果一个节点是红的，那么它的 2 个子节点都是黑的。

(5) 从任意一个节点到其每个子节点的路径都有相同数目的黑色节点。

**3. 红黑树相比于 BST 树和 AVL 树有什么优点**

红黑树是牺牲了严格的高度平衡的优越条件为代价，它只要求部分达到平衡要求，降低了对旋转的要求，从而提高了性能。红黑树能够以 $O(\log 2n)$ 的时间复杂度进行搜索、插入和删除操作。此外，由于它的设计，任何不平衡都会在三次旋转之内解决。当然，还有一些更好的但实现起来更复杂的数据结构能够做到一步旋转之内达到平衡，但红黑树能够提供一个比较“便宜”的解决方案。

相比于 BST(二叉查找树)，因为红黑树可以确保树的最长路径不大于两倍的最短路径的长度，所以可以看出它的查找效果是有最低保证的。在最坏的情况下也可以保证 $2O(\log N)$。这是要好于 BST 的，因为 BST 最坏情况下可以让查找的时间复杂度达到 $O(N)$。

红黑树的算法时间复杂度和 AVL 树相同，但统计性能比 AVL 树更高，所以在插入和删除操作中所做的后期维护肯定会比红黑树要多，但是它们的查找效率都是 $O(\log N)$，所以红黑树应用还是高于 AVL 树的，实际上插入 AVL 树和红黑树的速度取决于所插入的数据。如果待运算的数据分布较好，则比较宜于采用 AVL 树(例如随机产生系列数)，但是如果需要处理的数据比较杂乱，则用红黑树是比较快的。

第7章

# 堆结构

堆就是用数组实现的二叉树，所以它的内存占用小于二叉树，并且没有二叉树带有的父指针或者子指针。堆常用于构建优先队列、堆排序、快速找出一个集合中的最小值（或最大值）等操作。尤其堆排序，占用空间小，速度接近。相比于二叉树排序是一种更优的选择。

## 7.1 堆

简单来说，堆就是把一组数据按一定的规则摆放在一起。堆根据“堆属性”来排列，“堆属性”决定了树中节点的位置。确切地说，就是把一组数据按一定的算法逻辑放到一个数组里。这个算法逻辑可以是一个树结构，也可以是一个排序结构，甚至可以是自定义的一个任意逻辑。这些逻辑把数组分割成许多个大小不一的数据单元，每个单元按一定规则排列其中的数据。这样说比较抽象，具体可参见图7-1。

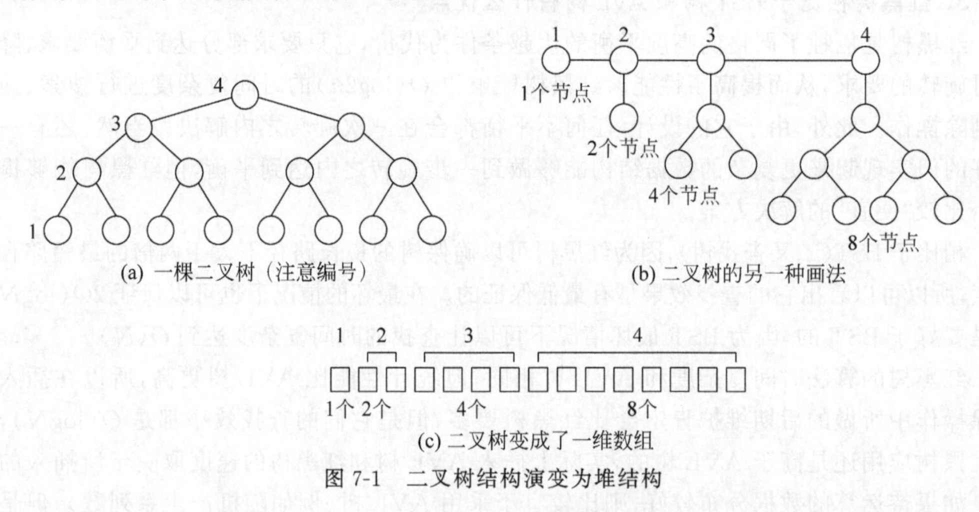


图7-1 二叉树结构演变为堆结构

堆是一个数组（或链表），但数组中每个数据是按照某种逻辑指定摆放的，图7-1是把二叉树演变为数组，这个数组就是一个堆。堆和树的区别如下：

(1) 内存占用：普通树占用的内存空间比它们存储的数据要多。它必须为节点对象以及左/右子节点指针分配额外的内存。堆仅使用数组，且不使用指针（可以用普通树来模拟堆,但空间浪费比较大,不太建议这么做)。

(2) 平衡：二叉搜索树必须在“平衡”的情况下,其大部分操作的复杂度才能达到 $O(n\log 2n)$。使用者可以按任意顺序位置插入/删除数据,或者使用平衡(AVL)树。但是在堆中实际上不需要整棵树都是有序的。只需要满足按算法逻辑放置数据即可,所以在堆中平衡不是问题。因为堆中数据的组织方式可以保证 $O(n\log 2n)$的性能。

(3) 排序和搜索：在二叉树中排序和搜索都很快,但在堆中每次搜索都需要计算一次索引位置,无形中加大了计算量,所以速度要略微慢于二叉树。

## 7.2 二叉堆

二叉堆是个一维数组(或链表),它对应的算法逻辑是 6.4 节介绍过的完全二叉树,完全二叉树与二叉堆的映射对应关系的图解如图 7-2 所示。

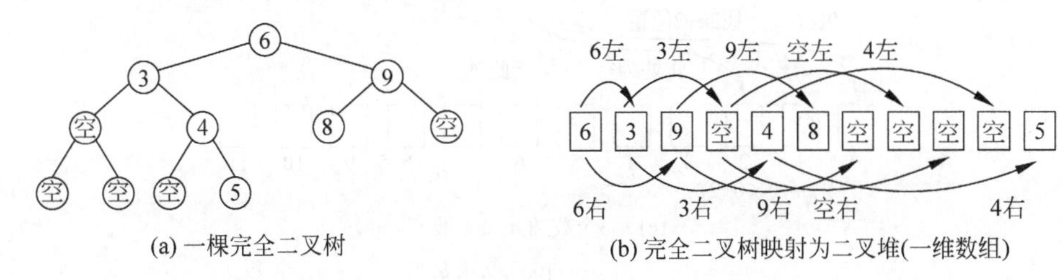


图 7-2 完全二叉树与二叉堆的映射关系

从图 7-2 可得到如下推论：

(1) 顶点 6 的左子节点下标位置在：$2\times0+1=1$ 下标(6 自身的下标为 0)。

(2) 顶点 6 的右子节点下标位置在：$2\times0+2=2$ 下标。

(3) 节点 3 的左子节点下标位置在：$2\times1+1=3$ 下标(3 自身的下标为 1)。

(4) 节点 3 的右子节点下标位置在：$2\times1+2=4$ 下标。

……

推导出数组中每个节点的左右子节点位置在此节点数组下标 $n$ 的 $2n+1$ 和 $2n+2$ 位置上,归纳为：

当前节点左子节点下标：$2\times n+1$。

当前节点右子节点下标：$2\times n+2$。

$n$ 为当前节点在数组中的下标。

### 7.2.1 二叉堆的插入

因为二叉堆是数组或列表,无须创建节点,直接把数据插入到数组的指定下标即可。关键在于找对合乎算法的下标位置。它的算法逻辑如下：每插入一个新的数据,从根节点开始查找插入位置,如果待插入值小于当前元素值(下标 $n$),向后续 $2n+1$ 位置继续查找,如果大于当前值,则向后续 $2n+2$ 位置查找,图解步骤如图 7-3 所示。

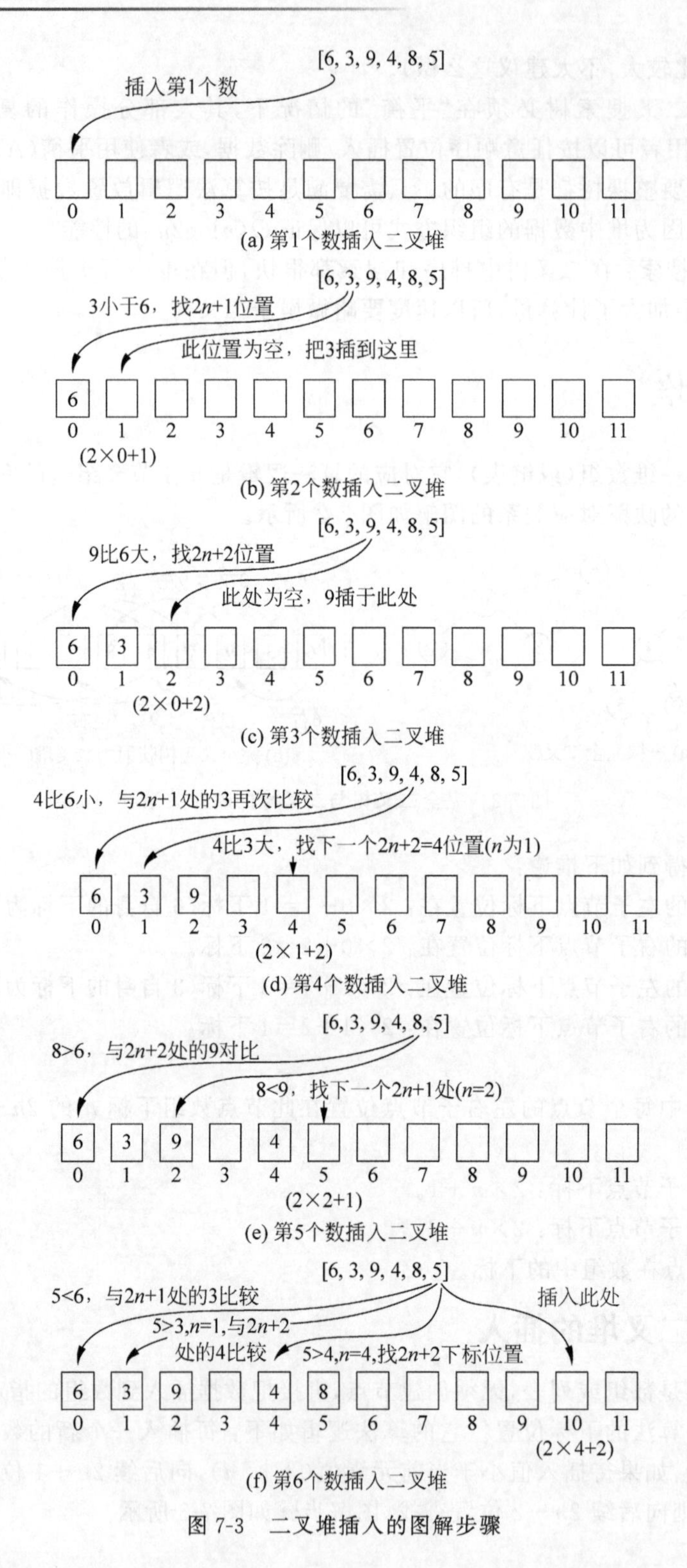


图 7-3 二叉堆插入的图解步骤

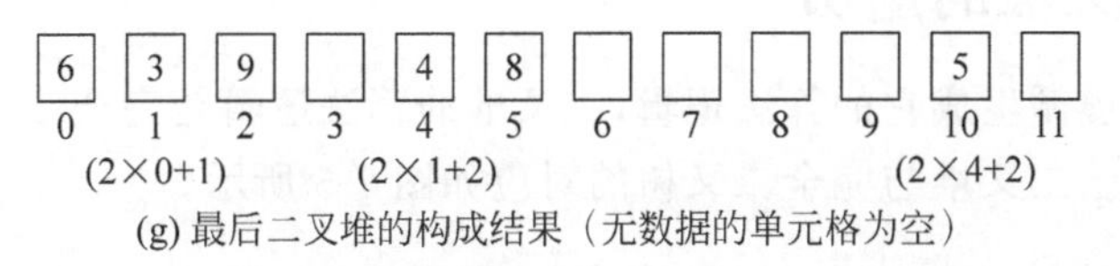


(g) 最后二叉堆的构成结果（无数据的单元格为空）

图 7-3 （续）

由于 Python 语言中 list 列表初始化为空，需要不断追加进元素才能增加数组下标，所以要用循环把列表长度填充到二叉堆最长下标的位置，因而需要在代码中增加一计数器(end)记录最长下标位置。代码如例 7-1 所示。

【例 7-1】 二叉堆的插入(BinaryHeap. py)。

```
class BinaryHeap:
    def __init__(self):
        self.body = [None]                    #初始化二叉堆列表,先放个空元素
        self.end = 0                          #列表最长下标
    def add(self,data,n = 0):                 #添加数据
        if n > self.end:                      #如果 n 小于列表最小下标
            for i in range(self.end,n):       #循环为列表补充空元素
                self.body.append(None)
            self.end = n                      #把最长下标设置为 n
        if self.body[n]!= None:               #当前 n 下标位置中有数值
            if data < self.body[n]:           #如果待插入数值小于 n 位置原有数值
                self.add(data,2 * n + 1)      #递归调用,查找 2×n+1 位置上的数值
            else:
                self.add(data,2 * n + 2)      #如果待插入数值大于 n 位置原有数值,递归查
                                              #找 2×n+2 位置上的数值
        else:
            self.body[n] = data               #如果列表 n 位置为空,数据直接设置在此
                                              #下标位置

binaryHeap = BinaryHeap()                     #实例化 BinaryHeap
lst = [6,3,9,4,8,5]
for v in lst:                                 #循环插入数据
    binaryHeap.add(v)

print(binaryHeap.body)                        #打印整个堆结构
```

上述代码运行结果如图 7-4 所示。

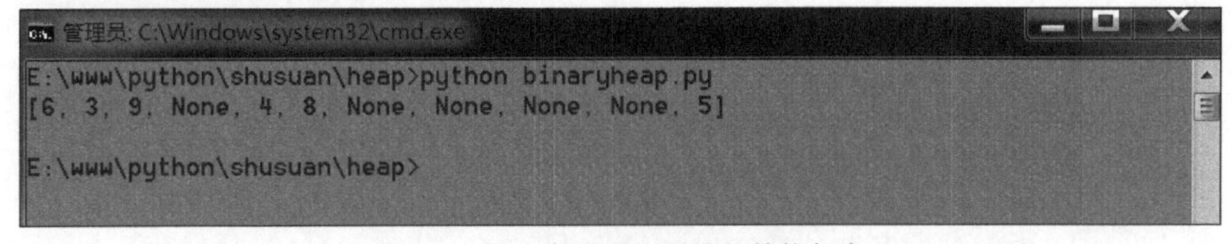
```
管理员: C:\Windows\system32\cmd.exe
E:\www\python\shusuan\heap>python binaryheap.py
[6, 3, 9, None, 4, 8, None, None, None, None, 5]

E:\www\python\shusuan\heap>
```

图 7-4 插入完成后二叉堆的结构打印

### 7.2.2 二叉堆的遍历

堆的遍历也是遵循生成它的算法逻辑，二叉堆的算法逻辑是完全二叉树，所以遍历方式也参照完全二叉树。二叉堆与完全二叉树的对应如图 7-5 所示。

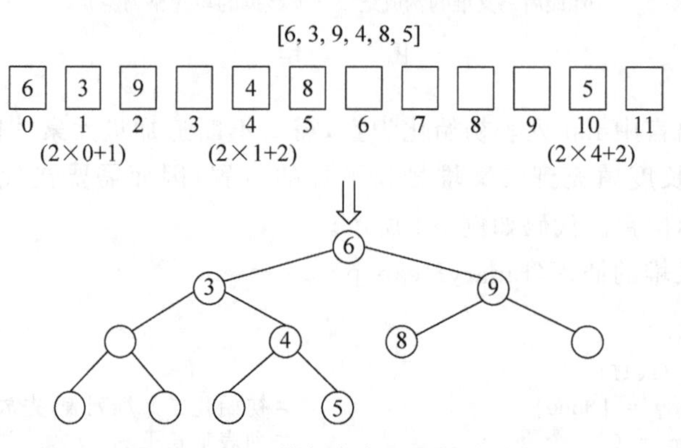


图 7-5 二叉堆与完全二叉树的对应

二叉堆遍历的算法分析：堆的左子节点算法是 $2\times n+1$，右子节点算法是 $2\times n+2$，按中序遍历，即先左再中后右的方式遍历，二叉堆中序遍历如图 7-6 所示。

3,4,5 放入结果集后再把根节点 6 放入结果集，然后查找根节点的右指针，如果有右节点，继续按左、中、右的顺序进行中序遍历，直到遍历出整个二叉堆的所有值。

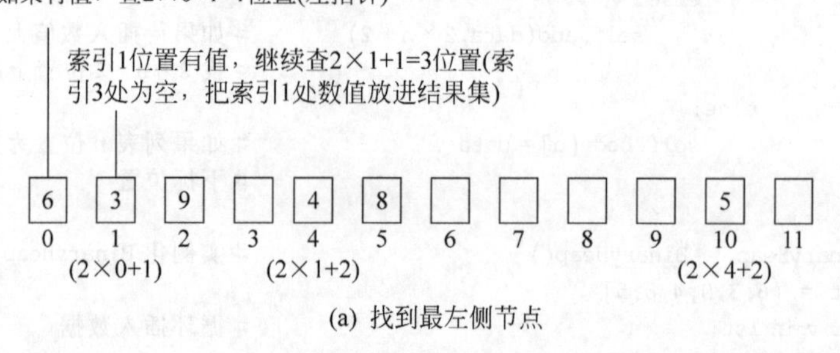


(a) 找到最左侧节点

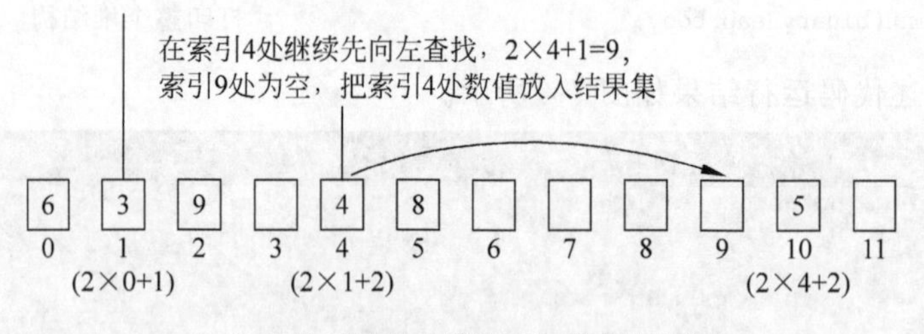


(b) 查找3节点的右指针以及4节点的左节点

图 7-6 二叉堆中序遍历的步骤图解

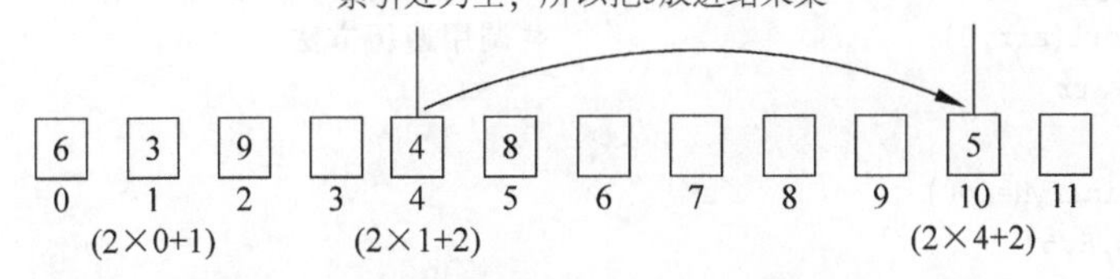


(c) 查找4节点的右节点以及后续节点

图 7-6 （续）

代码实现如例 7-2 所示。

**【例 7-2】** 二叉堆的遍历(binaryheap.py)。

```
class BinaryHeap:
    def __init__(self):
        self.body = [None]                      #初始化二叉堆列表,先放个空元素
        self.end = 0                            #列表最长下标
    def add(self,data,n = 0):                   #添加数据
        if n > self.end:                        #如果 n 小于列表最小下标
            for i in range(self.end,n):         #循环为列表补充空元素
                self.body.append(None)
            self.end = n                        #把最长下标设置为 n
        if self.body[n]!= None:                 #当前 n 下标位置中有数值
            if data < self.body[n]:             #如果待插入数值小于 n 位置原有数值
                self.add(data,2 * n + 1)        #递归调用,查找 2×n+1 位置上的数值
            else:
                self.add(data,2 * n + 2)        #如果待插入数值大于 n 位置原有数值,递归查
                                                #找 2×n+2 位置上的数值
        else:
            self.body[n] = data                 #如果列表 n 位置为空,数据直接设置在此
                                                #下标位置

    #遍历回调方法
    def sort(self,arr,n):
        if n <= self.end:
            v = self.body[n];                   #先获取当前索引所指向的值
            if v!= None:
                pLeft = 2 * n + 1;              #算出左指针索引
                self.sort(arr,pLeft);

                arr.append(v);                  #把节点值放进结果集

                pRight = 2 * n + 2;             #算出右指针索引
                self.sort(arr,pRight);
```

```
    #遍历二叉堆入口方法
    def display(self):
        arr = []                                    #声明最后要得到的结果集
        self.sort(arr,0)                            #调用遍历方法
        return arr

binaryHeap = BinaryHeap()
lst = [6,3,9,4,8,5]
for v in lst:
    binaryHeap.add(v)

#print(binaryHeap.body)
print(binaryHeap.display())
```

上述代码执行结果如图 7-7 所示。

```
管理员: C:\Windows\system32\cmd.exe

E:\www\python\shusuan\heap>python E:\www\python\shusuan\heap\binaryheap.py
[3, 4, 5, 6, 8, 9]

E:\www\python\shusuan\heap>
```

图 7-7　二叉堆中序遍历显示结果

### 7.2.3　二叉堆的删除

二叉堆的删除比二叉树的插入更麻烦些。删除一个数值后可能需要把此节点的逻辑子树中的所有子节点全部移动位置，这是一项比较费力的工作。有一个偷懒的办法就是用标志位。比如：如果能确定此数组中的值全部大于 0，那么可以把此处原值改为负值，表示此节点已被删除，在遍历时可以通过判断正负进行处理。

二叉堆真正的删除操作其实和二叉树的节点删除类同，只不过需要移动删除节点的子树中的所有节点。比较麻烦，这里略过，有兴趣的同学可以自己尝试。

## 7.3　大(小)顶堆

大(小)顶堆的定义：每个节点的值都大于或等于其左右子节点的值，其中根节点(亦称为堆顶)的值是堆里所有节点中最大(小)者，称为大(小)顶堆，又称大(小)根堆。

大顶堆要求每个非叶子节点的值既大于或等于左子树的值，又大于或等于右子树的值(小顶堆反之)，大顶堆结构如图 7-8 所示。

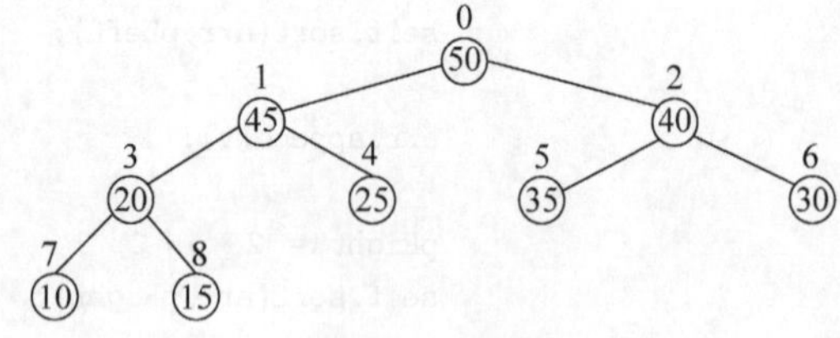


图 7-8　大顶堆

## 7.3.1 大(小)顶堆的插入

大(小)顶堆的插入遵循任意非叶子节点的值大于或等于左右两个子节点值的原则(左右两个节点值之间没有先后顺序)。具体算法逻辑如图 7-9 所示(以二叉树和数组方式分别演示,图中的二叉树并非二叉排序树,而是父节点值大于左右两个节点值的大顶树)。

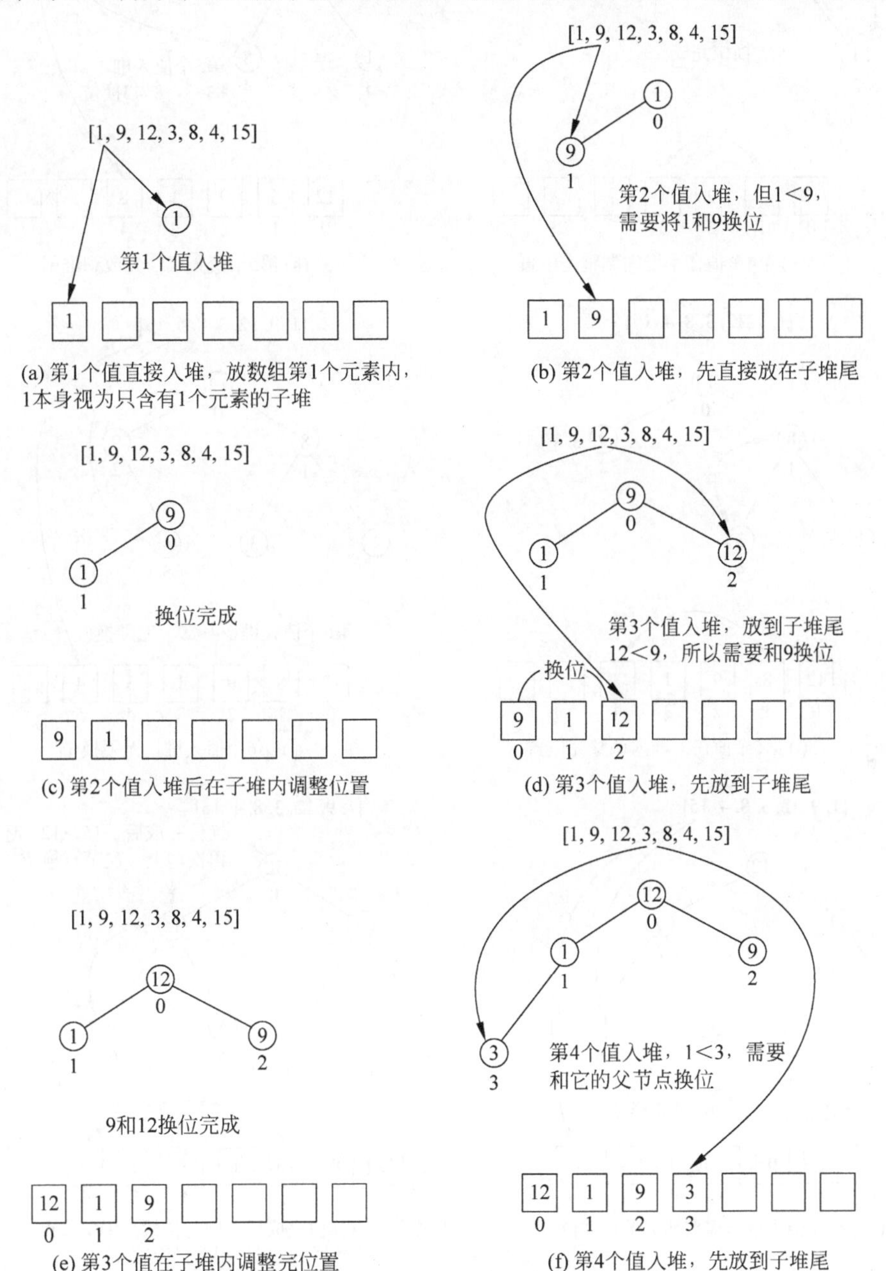


图 7-9　大顶堆数据插入的操作步骤

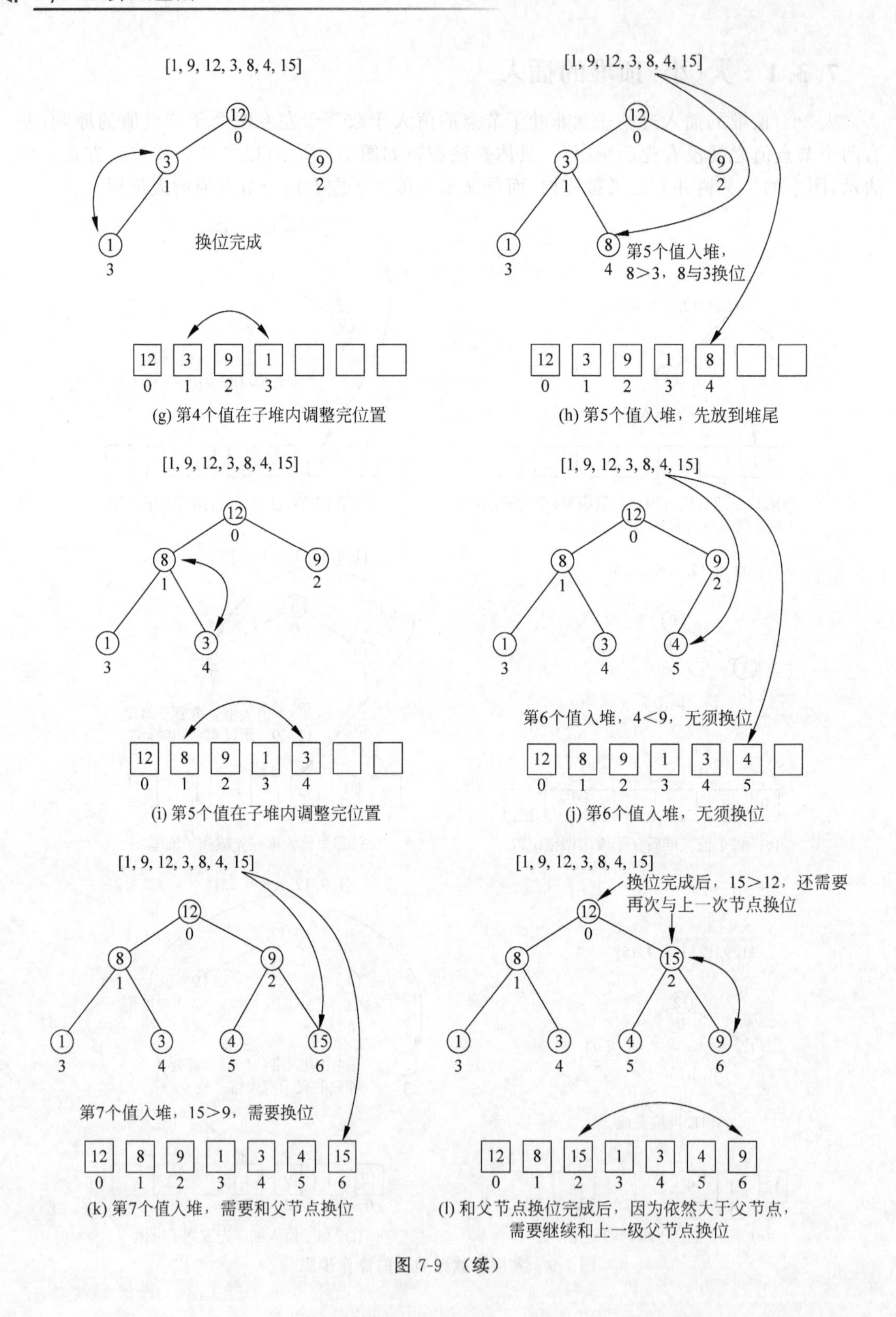
[1, 9, 12, 3, 8, 4, 15]
换位完成
12 3 9 1
(g) 第4个值在子堆内调整完位置
第5个值入堆，
8>3，8与3换位
12 3 9 1 8
(h) 第5个值入堆，先放到堆尾
12 8 9 1 3
(i) 第5个值在子堆内调整完位置
第6个值入堆，4<9，无须换位
12 8 9 1 3 4
(j) 第6个值入堆，无须换位
第7个值入堆，15>9，需要换位
12 8 9 1 3 4 15
(k) 第7个值入堆，需要和父节点换位
换位完成后，15>12，还需要
再次与上一次节点换位
12 8 15 1 3 4 9
(l) 和父节点换位完成后，因为依然大于父节点，
需要继续和上一级父节点换位

图 7-9 （续）

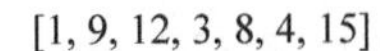


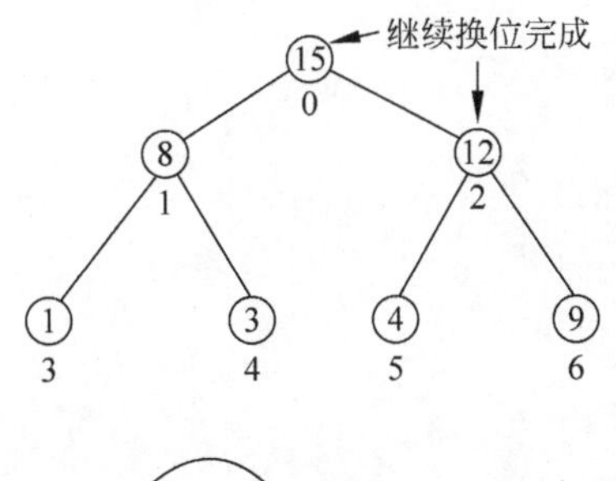


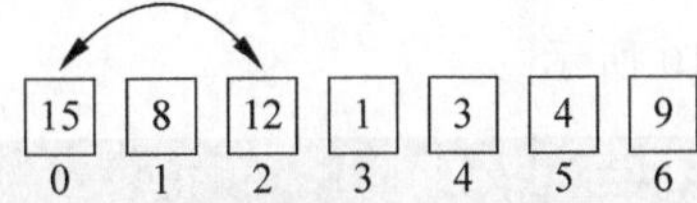


(m) 15和12继续换位完成，调整完毕，最后的大顶堆构造完成

图 7-9 （续）

由于大顶堆实际操作的是一个数组，画成和二叉树的对比是为了清晰。数组中没有指针，只能用 $2\times n+1$ 代表左节点索引，$2\times n+2$ 代表右节点索引（$n$ 为当前节点下标）。插入的新节点如果要找到父节点的下标需要用下列公式：

（1）当前节点下标为单数 $n$，$n\%2=1$ 时：父节点下标 $=(n-1)/2$。

（2）当前节点下标为复数 $n$，$n\%2=0$ 时：父节点下标 $=(n-2)/2$。

代码实现如例 7-3 所示。

**【例 7-3】** 大顶堆的插入（Maxheap. py）。

```
class MaxHeap:
    def __init__(self):
        self.body = []                    #初始化堆列表
        self.len = 0                      #堆中数据长度
    def add(self,data):
        self.body.append(data)            #新值直接加到堆尾
        if self.len>0:
            n = self.len                  #新加入的值在数组中的下标
            if n>0:
                if n % 2 == 1:            #如果插入的数据下标为单数
                    pn = int((n-1)/2)     #父节点在数组中的下标,用 int 强转为整型
                else:                     #如果是复数
                    pn = int((n-2)/2)
                while self.body[pn]<data:  #如果父节点值小于新插入的值,交换位置
                    self.body[n] = self.body[pn]
                    self.body[pn] = data
                    n = pn                #继续判断父节点值是否大于爷爷节点值,循环
                                          #向上判断

                    if n>0:
                        if n % 2 == 1:
                            pn = int((n-1)/2)
                        else:
```

```
                    pn = int((n-2)/2)
                else:
                    break
        self.len += 1
#测试
maxHeap = MaxHeap()
lst = [1,9,12,3,8,4,15]
for v in lst:
    maxHeap.add(v)
print(maxHeap.body)
```

上述代码运行结果如图 7-10 所示。

图 7-10 大顶堆添加数据后堆中数据排列结果

## 7.3.2 大(小)顶堆的堆排序

大(小)顶堆是一个近似完全二叉树的结构,并同时满足堆积的性质:每个节点的值都大于或等于其子节点的值(小顶堆反之),在堆排序算法中用于升(降)序排列。在一个已经插入完成的大(小)顶堆中进行排序的算法步骤如下:

(1) 头尾调换,把堆首和堆尾互换。

(2) 缩小堆尺寸,就是把堆尾排除,堆尾之前的数据视为一个新堆,并重新按大(小)顶堆的算法把顶端数据调整到合适位置。

(3) 重复上述步骤。

大(小)顶堆的堆排序算法的图解分析如图 7-11 所示。

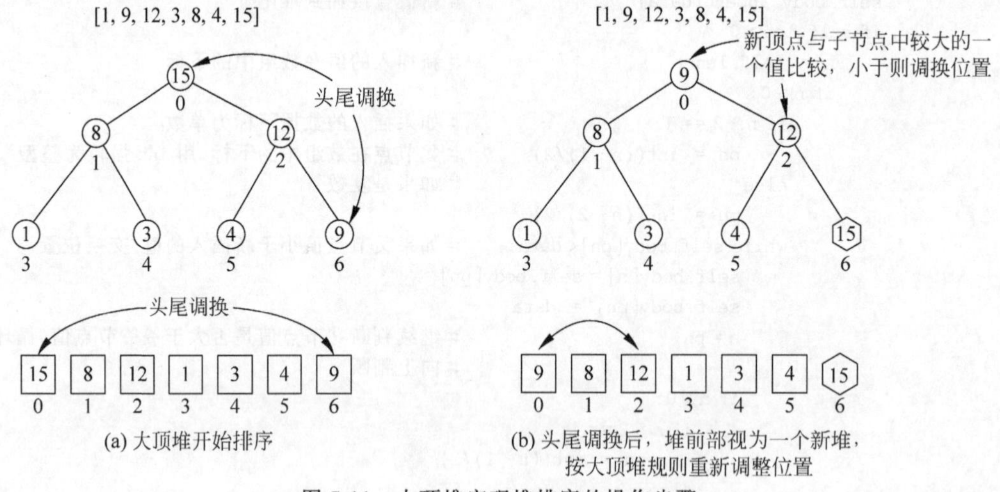


图 7-11 大顶堆实现堆排序的操作步骤

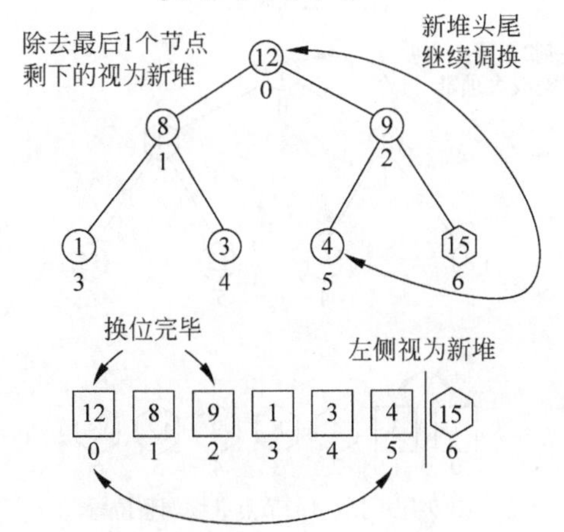


(c) 新顶点调整位置完毕，继续排序

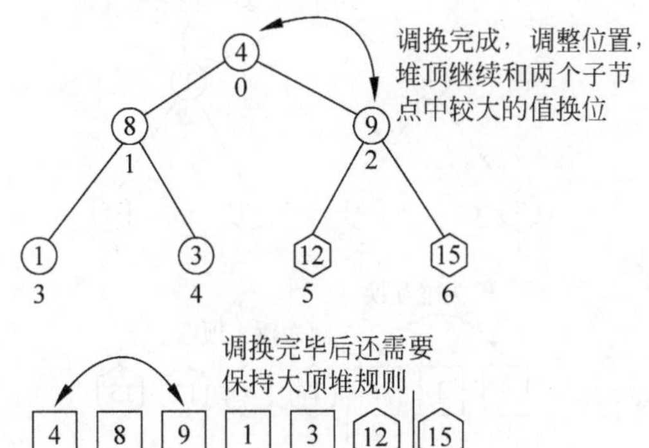


(d) 头尾调换后新堆中调整堆顶数值到合适的位置

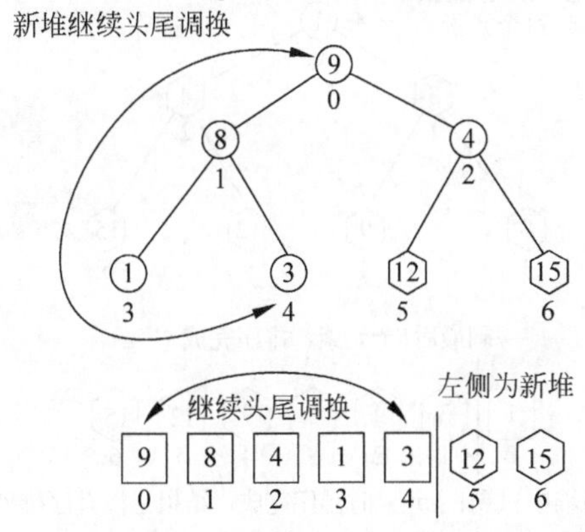


(e) 新堆缩小到5个元素，继续头尾交换排序

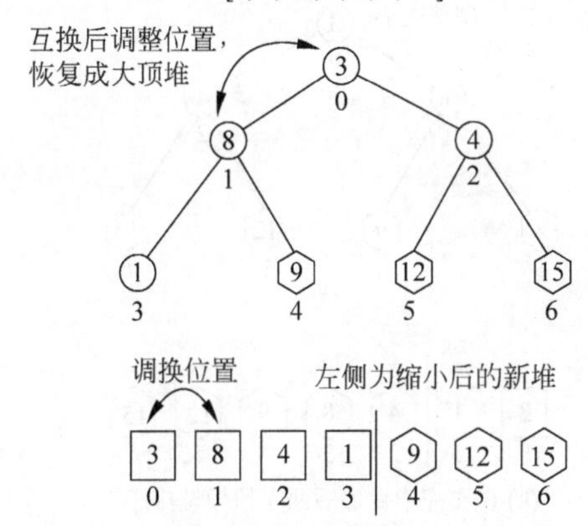


(f) 堆顶数值在新堆中继续换位，找合适位置

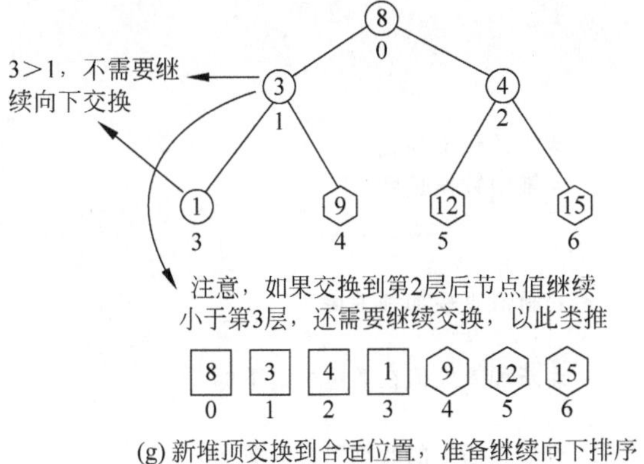


(g) 新堆顶交换到合适位置，准备继续向下排序

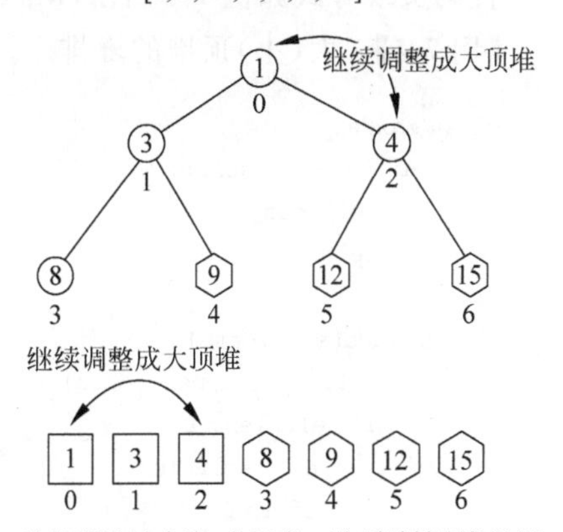


(h) 待排序堆缩小到3个元素，堆顶继续调整位置

图 7-11 （续）

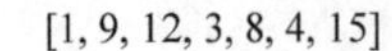


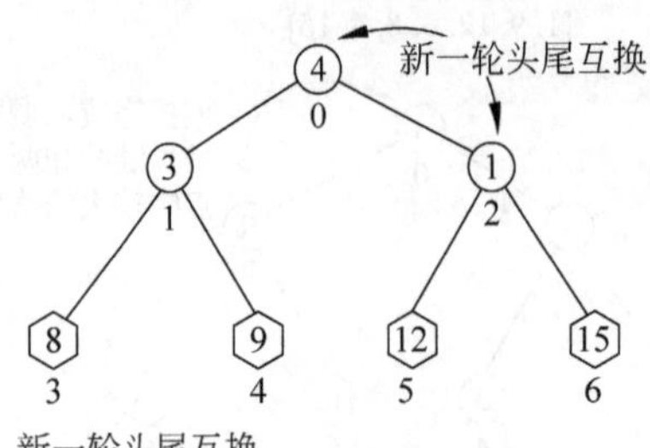


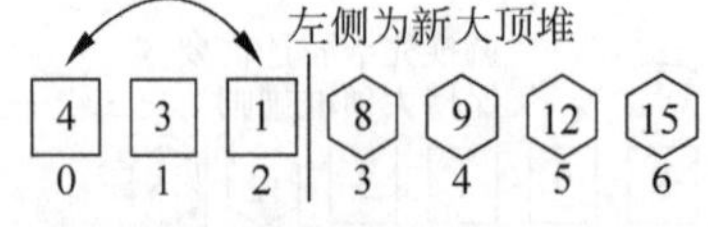


(i) 调整完堆顶元素位置后继续换位，进行头尾对调

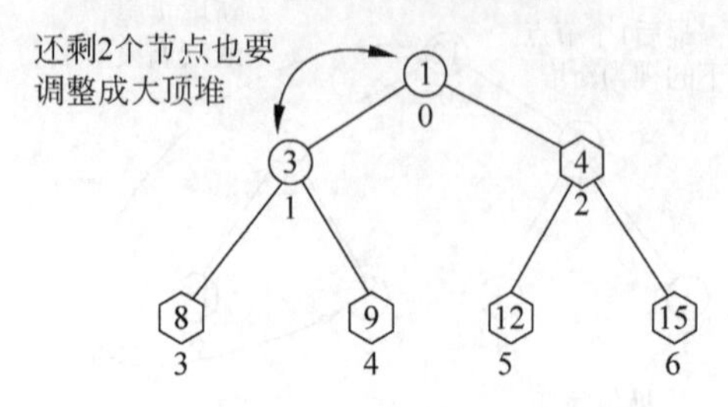


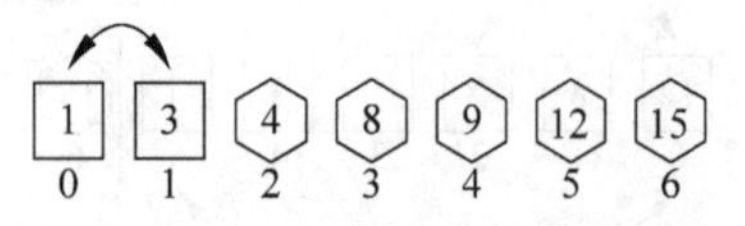

(j) 头尾再换，1, 3节点继续调整位置

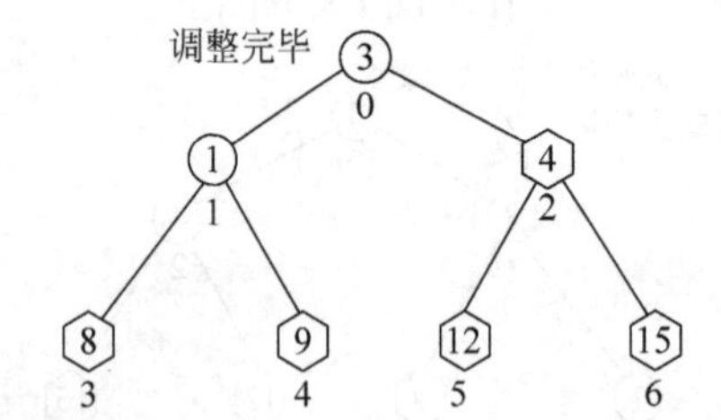


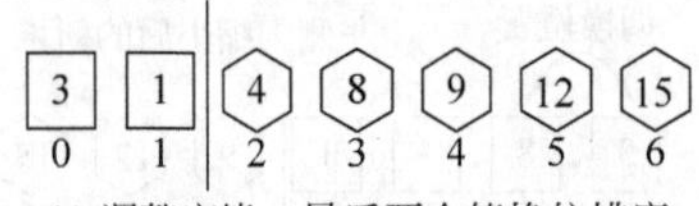

(k) 调整完毕，最后两个值换位排序

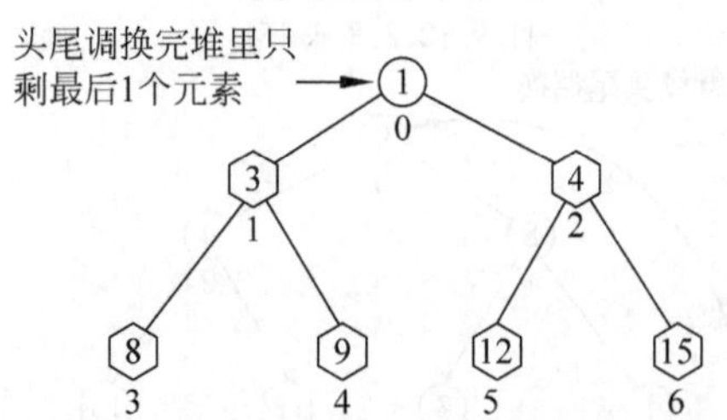


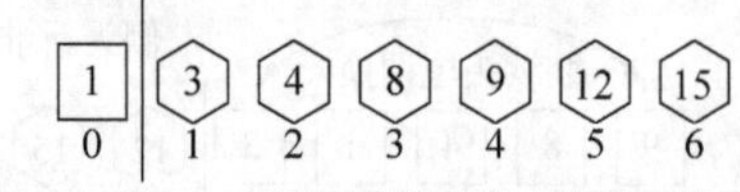


(l) 当堆中只剩1个元素时排序完成，结果是按升序排列

图 7-11 （续）

视频讲解

代码实现方式如例 7-4 所示(Maxheap.py)。

**【例 7-4】** 大(小)顶堆的堆排序。

```
class MaxHeap:
    def __init__(self):
        self.body = []                          # 初始化堆列表
        self.len = 0                            # 堆中数据长度

    def add(self,data):
        self.body.append(data)                  # 新值直接加到堆尾
        if self.len > 0:
            n = self.len                        # 新加入的值在数组中的下标
            if n > 0:
                if n % 2 == 1:                  # 如果插入的数据下标为单数
                    pn = int((n - 1)/2)         # 父节点在数组中的下标,用 int 强转为整型
```

```
            else:                              # 如果是复数
                pn = int((n - 2)/2)
            while self.body[pn]< data:         # 如果父节点值小于新插入的值,交换位置
                self.body[n] = self.body[pn]
                self.body[pn] = data
                n = pn                         # 继续判断父节点值是否大于爷爷节点值,循环
                                               # 向上判断
                if n > 0:
                    if n % 2 == 1:
                        pn = int((n - 1)/2)
                    else:
                        pn = int((n - 2)/2)
                else:
                    break

        self.len += 1

    # 调整堆顶数值在堆中的位置
    def setHeapTop(self,lst,n,lstLen):
        index = 0                              # 记录两个子节点中最大节点的下标
        if n + 1 < lstLen:                     # 如果有左节点
            index = n + 1                      # 把左节点下标记住
            if n + 2 < lstLen:                 # 如果有右节点
                if lst[n + 2]> lst[index]:     # 如果右节点值大于左节点
                    index = n + 2              # index 改为右节点下标
            if lst[n]< lst[index]:             # 如果父节点值小于左右子节点中的最大值
                temp = lst[n]                  # 父节点与子节点中的最大值互换
                lst[n] = lst[index]
                lst[index] = temp
                self.setHeapTop(lst,index,lstLen)
                                               # 递归向下调整,直到新堆符合大顶堆逻辑
    # 堆排序返回
    def display(self):
        lst = self.body[:]                     # 把堆克隆一个出来
        end = len(lst)                         # 堆长度
        while end > 1:                         # 如果堆长度大于 1
            # 头尾互换
            temp = lst[0]
            lst[0] = lst[end - 1]
            lst[end - 1] = temp
            end -= 1                           # 头尾互换完成后堆长度减 1,尾部值不再算入堆中
            self.setHeapTop(lst,0,end)         # 调整堆头在堆中的新位置
            print(lst)                         # 每次调整完成后,打印一次堆结构(可以注释掉)
        return lst

# 测试
maxHeap = MaxHeap()
```

```
lst = [1,9,12,3,8,4,15]
for v in lst:
    maxHeap.add(v)

print(maxHeap.body)
print('--------------------------')
lst = maxHeap.display()
print(lst)
```

为了看清执行步骤，代码内每次头尾调换并调整完顺序，打印一次列表。

上述代码运行结果如图 7-12 所示。

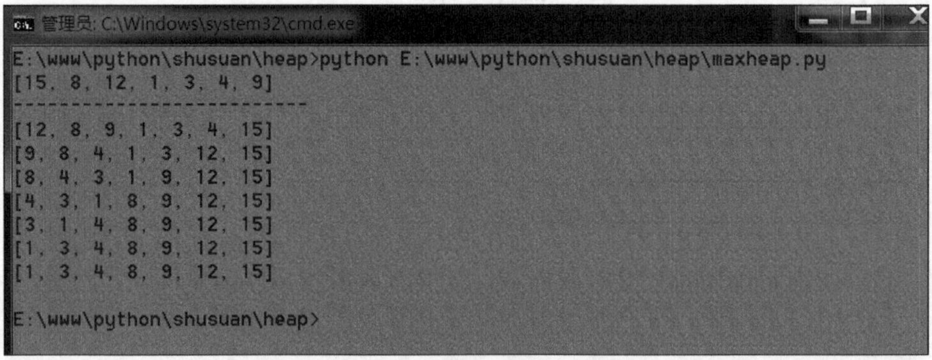

```
管理员: C:\Windows\system32\cmd.exe
E:\www\python\shusuan\heap>python E:\www\python\shusuan\heap\maxheap.py
[15, 8, 12, 1, 3, 4, 9]
--------------------------
[12, 8, 9, 1, 3, 4, 15]
[9, 8, 4, 1, 3, 12, 15]
[8, 4, 3, 1, 9, 12, 15]
[4, 3, 1, 8, 9, 12, 15]
[3, 1, 4, 8, 9, 12, 15]
[1, 3, 4, 8, 9, 12, 15]
[1, 3, 4, 8, 9, 12, 15]

E:\www\python\shusuan\heap>
```

图 7-12 大顶堆排序逻辑执行结果

第 8 章

# 散　列　表

## 8.1　散列表(哈希表)

散列表(Hash Table,也称哈希表),是根据关键词(Key Value)直接进行访问的数据结构。也就是说,它通过计算一个关于键值的函数,将所需查询的数据映射到散列表中的一个位置来访问记录,这加快了查找速度。这个映射函数称为散列函数,存放记录的数组称为散列表。

比如:为了查找电话簿中某人的号码,可以创建一个按照人名首字母顺序排列的表(即建立:人名映射首字母的一个函数关系),在首字母为 W 的表中查找“王”姓的电话号码,显然比直接查找要快得多。这里使用人名作为关键字,“取首字母”是这个例子中散列函数的函数法则,存放首字母的表对应散列表。关键字和函数法则理论上可以任意确定。

Python 中散列表的实现形式是字典(dict)。举个字典的例子,如例 8-1 所示。

**【例 8-1】** Python 中字典的应用。

```
voted = {}                                    #创建字典(散列表)
def check_voter(name):
    if voted.get(name):                       #name 如果存在字典中
        print("已经投过,不能重复投票")
    else:
        voted[name] = True
        print("请投票")

check_voter("张三")                           # ==»请投票
check_voter("李四")                           # ==»请投票
check_voter("李四")                           # ==»已经投过,不能重复投票
```

例 8-1 是一个投票程序,以人名为键,如果已经投过票,则不能再投。程序利用字典所带的哈希算法来判断人名是否已经在字典中,效率远远高于在数组中查找。

## 8.2　散列函数

散列表需要依据一个固定函数把键转换成一个整型数字,放到一个数组的对应位置中,在这个位置上记录键对应的值,这个固定函数就是散列函数。

散列函数有多种，常用的有除法散列法、平方散列法和斐波那契散列法。下面以除法散列法为例，演示散列函数的算法。

除法散列法：声明一个以可能的键值总数为长度的数组(比如：姓名按 26 个字符大小声明)。键字符串先转成对应的哈希值，再将哈希值除以数组长度取余数，把键字符串和对应的值存储到以余数作为索引的数组对应的元素空间中。查找时按同样的逻辑可以迅速找到存储在数组对应位置上的字符串，再根据对应存储单元上值的引用找到对应的值。存取步骤如下：

(1) 把一组键值对结构数据存入一个哈希结构，如图 8-1(a)～(k)所示。

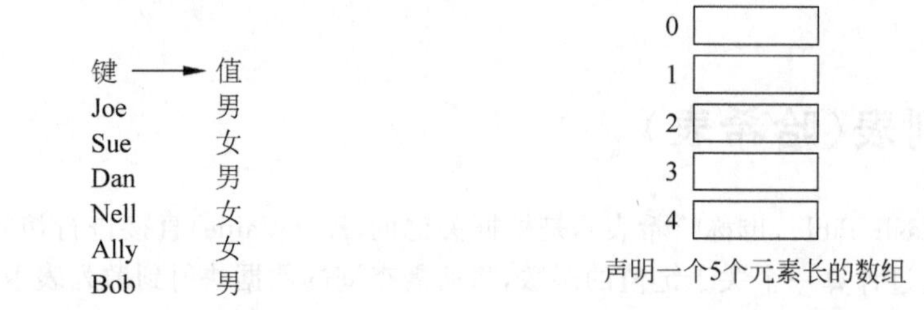


(a) 需要通过名字迅速查到对应的性别　　(b) 为了装载散列键值对而声明一个数组

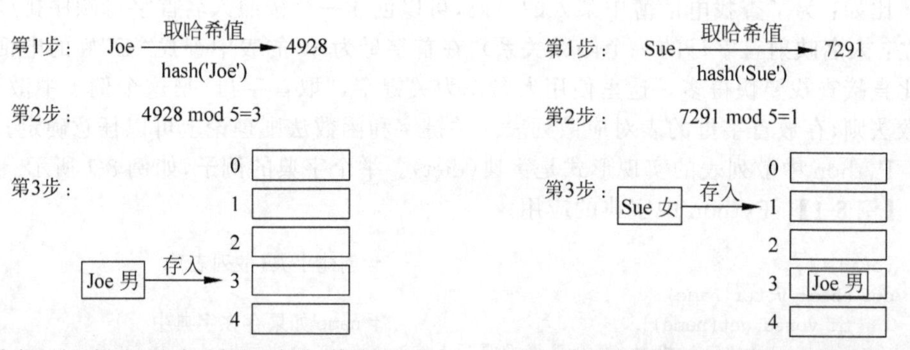


(c) Joe字符串取哈希值对与取余后存入下标为3的数组元素中　　(d) Sue字符串继续上述步骤存入数组下标1位置

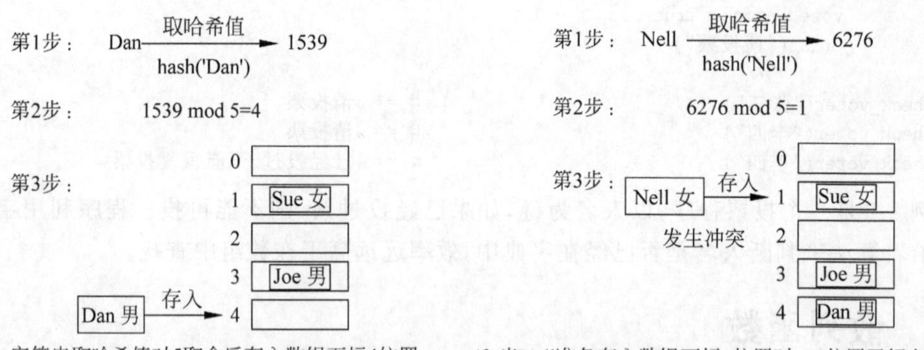


(e) Dan字符串取哈希值对5取余后存入数组下标4位置　　(f) 当Nell准备存入数组下标1位置时，1位置已经有Sue了

图 8-1　散列表结构插入数据(键值对)的操作步骤

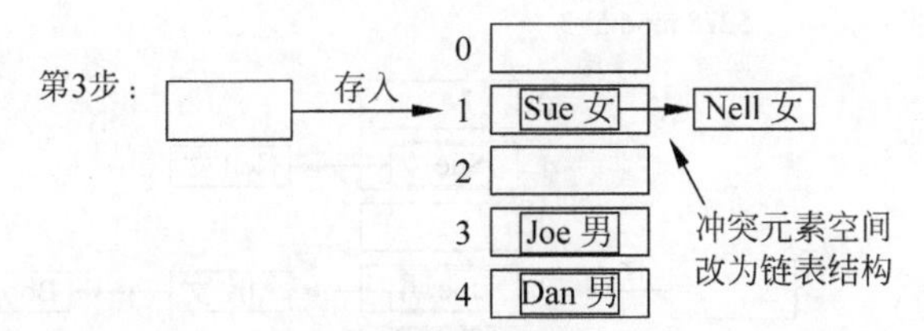


(g) 数组下标1位置改为用链表方式存储，可以存下多个键值对

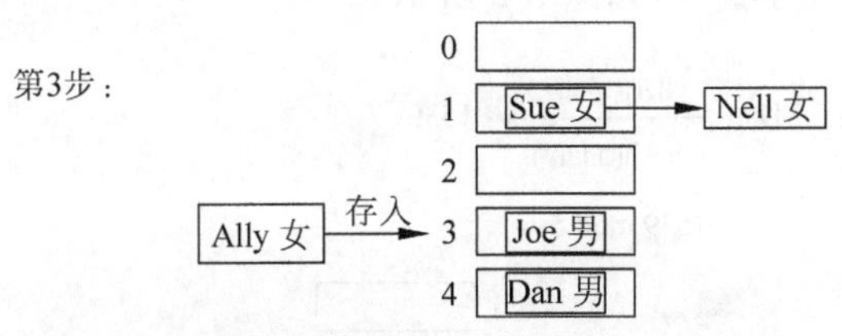


(h) Ally哈希值运算后准备插入下标3位置，发生冲突

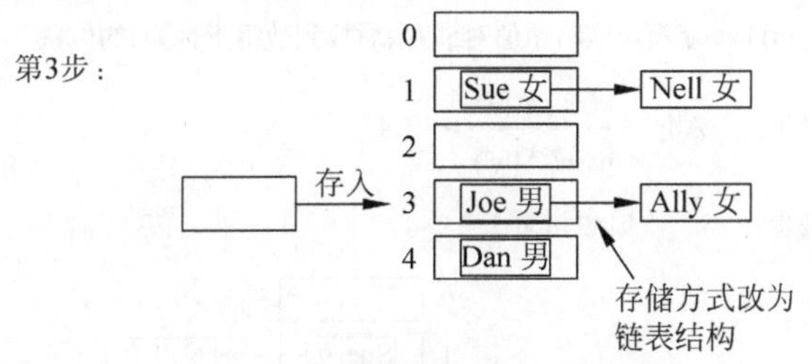


(i) 数组下标3位置存储方式改为链表结构

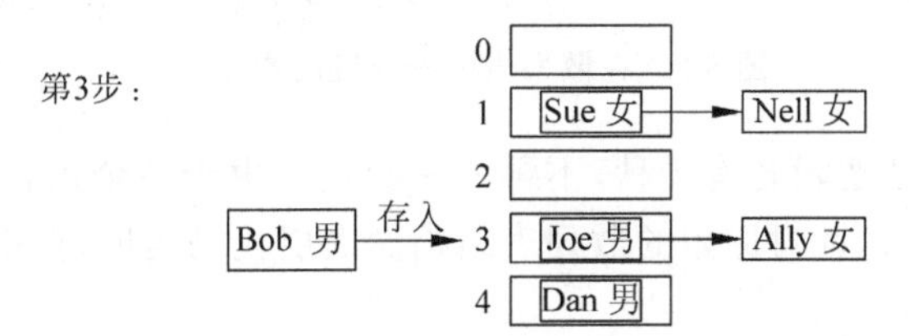


(j) 继续将Bob存入

图 8-1 （续）

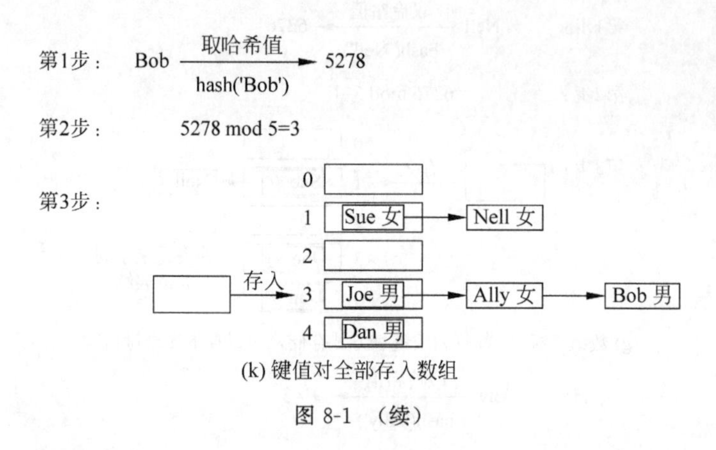


(k) 键值对全部存入数组

图 8-1 （续）

（2）利用哈希结构快速查找，如图 8-2 所示。

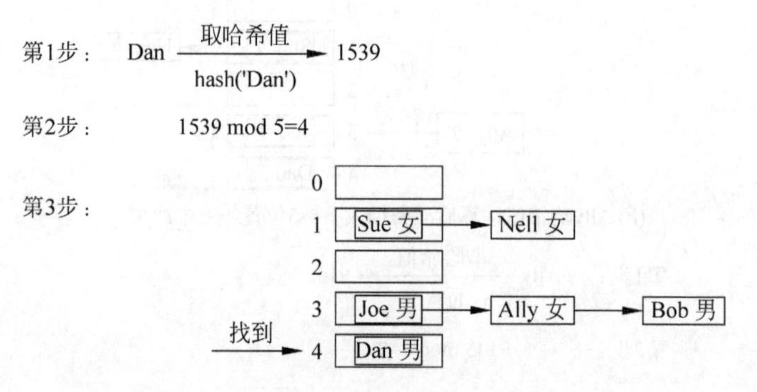


(a) Dan字符串取哈希值对5取余后找到数组下标为4的位置

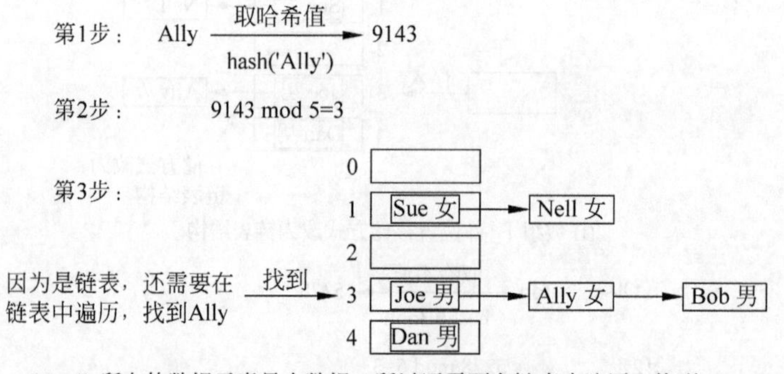


(b) Ally所在的数组元素是个数组，所以还需要在链表中遍历，找到Ally

图 8-2 在散列表中查找键的操作步骤

其他散列函数算法逻辑各有千秋，不再一一叙述。由于各个语言中都有针对哈希结构的封装对象，这里就不再针对原始的散列表结构做底层代码实现，喜欢探求甚解的同学欢迎自行研究。

## 8.3 求两数组交集

给定两个数组，编写一个函数来求出它们的交集。

实现算法分析：利用散列表，把数组中的值作为键，在数组中出现的次数作为值，存放在字典中，用出现次数判断此值是否为两数组交集。用散列表求两数组交集的算法图解如图 8-3 所示。

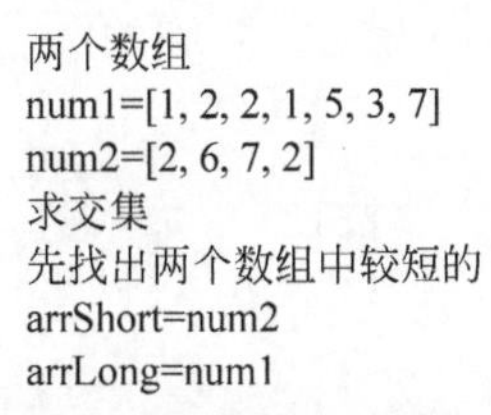


(a) 先取两个数组中较短的

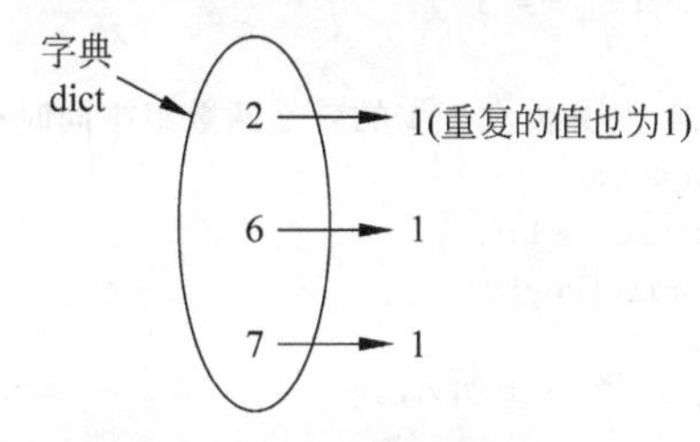


(b) 声明一个字典，把短数组中的值作为键，1位值，放进数组中

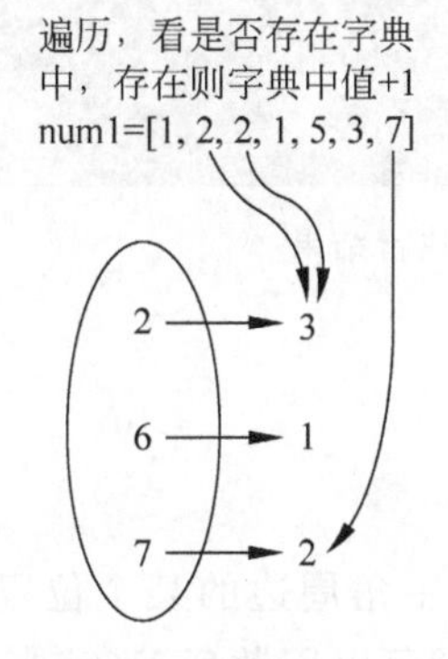


(c) 遍历长数组，查看每个值在字典中是否是键，是则在对应的值上+1

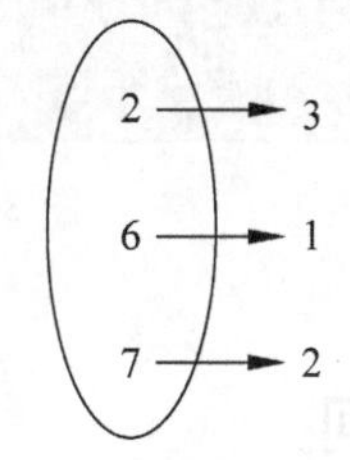


(d) 遍历字典中的值，如果值大于1,键就是交集中数字

图 8-3 用散列表求两个数组的交集的操作步骤

代码实现如例 8-2 所示。

【例 8-2】 求两数组交集(Twoarr.py)。

```
#intersection
num1 = [1,2,2,1,5,3,7]
num2 = [2,6,7,2]
#分辨两个数组的长短
arrShort = num1
arrLong = num2
```

```
if len(num2)< len(num1):
    arrShort = num2
    arrLong = num1

#把短数组的值作为键,出现次数作为值,放入 dct 字典中
dct = {}
for v in arrShort:
    if v not in dct.keys():
        dct[v] = 1
#遍历长数组中的每个值,如果在 dct 字典中存在以此值为键,在此键上 +1
for v in arrLong:
    if v in dct.keys():
        dct[v] += 1

#遍历字典,凡是值大于 1 的就是两数组中同时存在的数
for key in dct:
    if dct[key]> 1:
        print(key)
```

执行结果如图 8-4 所示。

图 8-4 两数组求交集执行结果

## 8.4 8个方向

仙侠类网游中玩家控制主角的方式是鼠标单击主角周边的某个位置,主角转向鼠标单击的位置,然后行进到单击位置。人物转向的逻辑就可以用散列表(字典)实现。

实现算法分析:角色转身实际上就是换图,事先绘制好朝向 8 个方向的身形图,当鼠标单击在角色周边时,通过鼠标单击位置与角色所在位置的换算,得到相对于角色的相对角度,如图 8-5 所示。

(a) 事先绘制好朝向多个方向的人物图

图 8-5 游戏中人物转身算法的运算步骤

屏幕原点(x=0, y=0)
鼠标单击位置y坐标
主角y坐标
鼠标单击位置
dy
主角x坐标
dx
鼠标单击位置x坐标
可推算出单击位置到主角位置的夹角
夹角弧度值=math.atan2(dy, dx)

(b) 根据主角位置和鼠标单击位置换算出两点之间的夹角

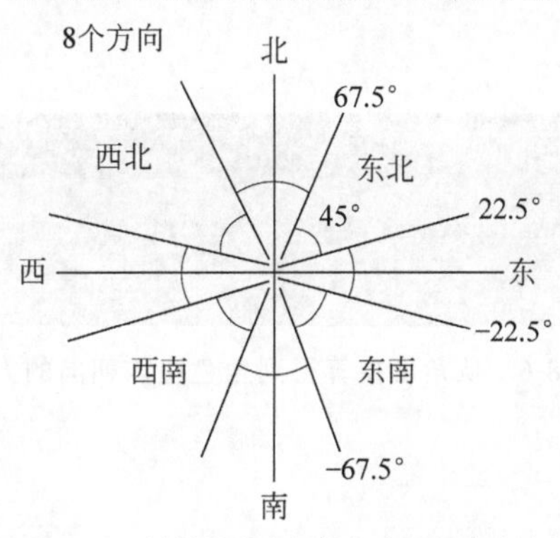


(c) 8个方向均分360°，鼠标单击点与角色之间的角度在−180°～180°

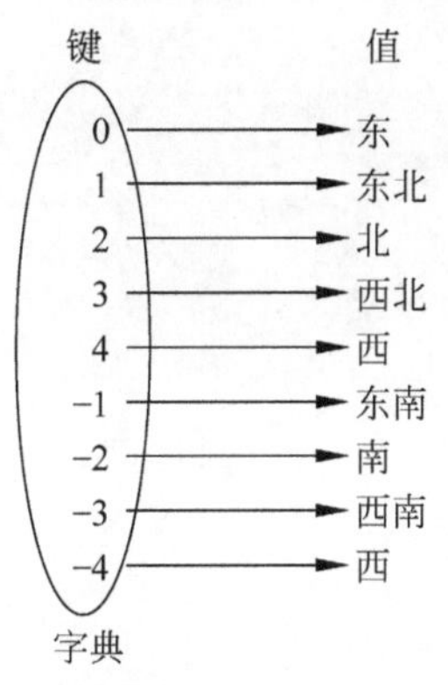


假设鼠标与人物之间获得的角度为70°，
向下取整((70°+22.5°)/45°=2)
字典中得到的方向是北

(d) 声明一个字典，字典中数字为键，方向为值

图 8-5 （续）

视频讲解

代码实现如例 8-3 所示(Eightdirect.py)。

【例 8-3】 用单击位置计算人物应切换到的方向。

```
import math
dct = {0:'东',1:'东北',2:'北',3:'西北',4:'西',-1:'东南',-2:'南',-3:'西南',-4:'西'}
#传入角度,获取对应的方向
def getDirect(angle):
    angle = angle + 22.5
    key = math.floor(angle/45)
    print(key)
    return dct[key]

#鼠标获取的单击位置与主角形成的相对角度在-PI～PI
angle = -135                                    #鼠标点与角色之间计算得到的角度
direction = getDirect(angle)
print(direction)
```

运行结果如图 8-6 所示。

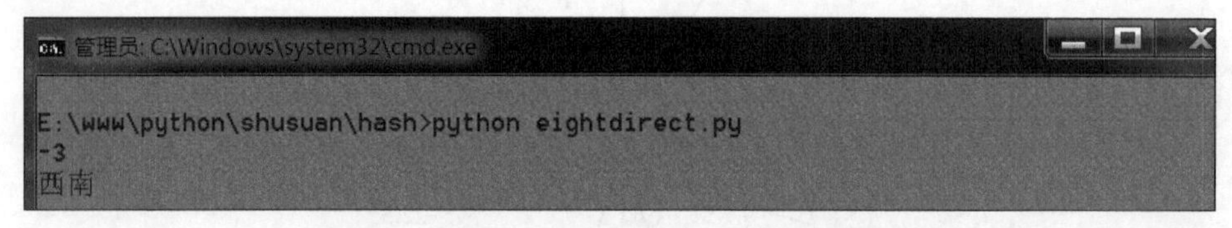


图 8-6 从角度换算得到角色应该朝向的方向

# 第9章 字典树

## 9.1 字典树结构

字典树又称单词查找树，Trie 树，常用于搜索引擎中的全文检索，是一种树形结构，也是一种哈希树的变种。多用于统计、排序和保存大量的字符串(但不仅限于字符串)，所以经常被搜索引擎系统用于文本检索和词频统计。它的优点：利用字符串的公共前缀来减少查询时间，最大限度地减少无谓的字符串比较，查询效率比哈希树高。其具有以下特点：

(1) 根节点不包含字符，除根节点外每个节点都只包含一个字符。

(2) 从根节点到某一节点，路径上经过的字符连接起来，为该节点对应的键字符串。

(3) 每个节点的所有子节点包含的字符都不相同。

字典树可以简单理解为一种用于快速检索的多叉树结构，如小写英文字母的字典树是一个 26 叉树，数字的字典树是一个 10 叉树，如图 9-1 所示。

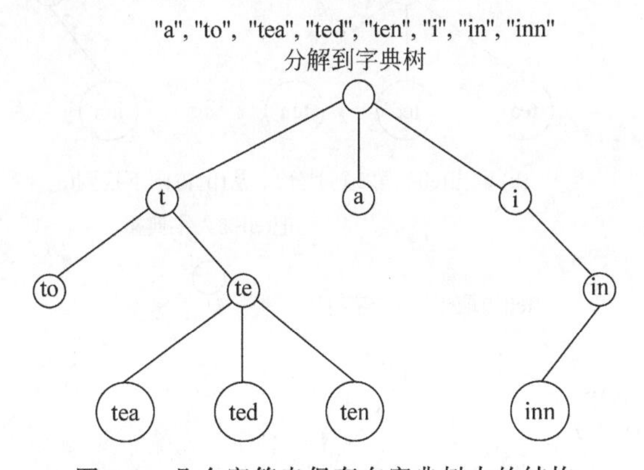


图 9-1　几个字符串保存在字典树中的结构

## 9.2 字典树的存入

字典树是一个多叉树结构，它的下级指针是一个集合。一个字符串首先被分解成多个字符，然后依次存入字典树。字典树中的每层存储字符串中的 1 个字符，第 1 层存第 1 个，第 2 层存第 2 个,以此类推。每层中的下级指针集合可以是一个数组、链表或二叉树等结构。

字典树构成的算法逻辑：一个字符串在存入字典树之前,首先要分解成一串字符列表,然后把每个字符依次放入字典树的相应位置上。字典树中插入新键值的算法图解如图 9-2 所示。

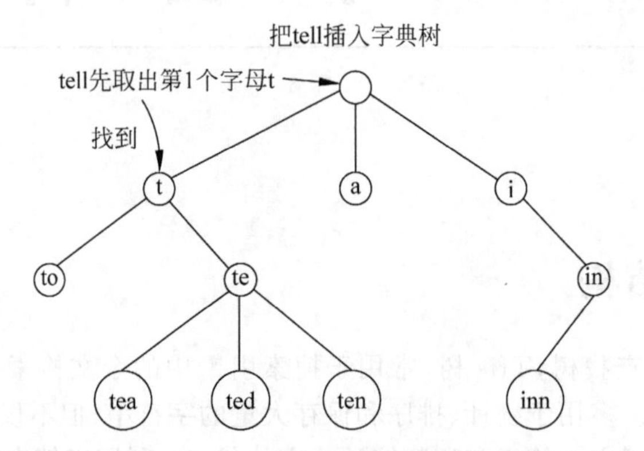


(a) 准备把单词tell插入字典树，先找到t

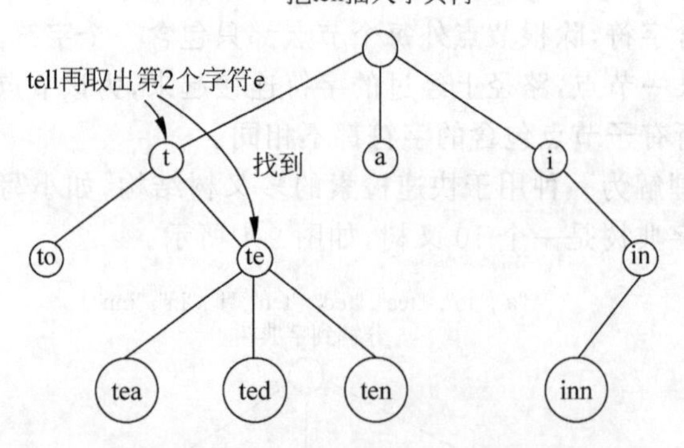


(b) 取出tell的第2个字符e，从t位置向下找到te

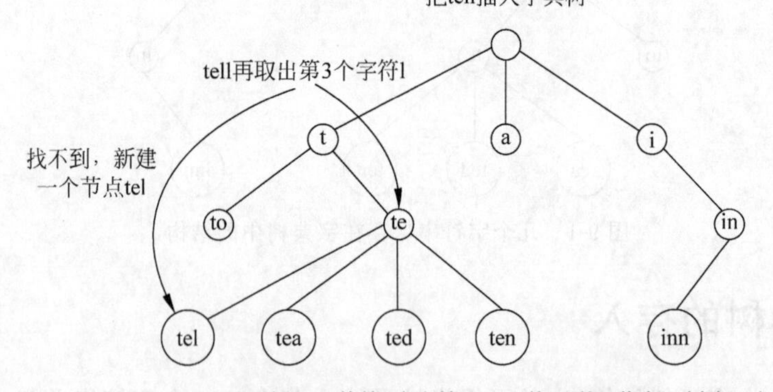


(c) 取出tell的第3个字符l，te下找不到tel节点，创建一个

图 9-2 向字典树中存入数据的操作步骤

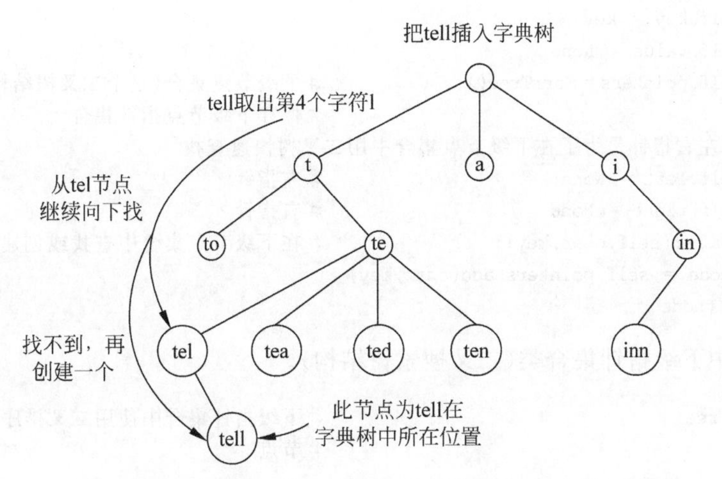


(d) 取出最后一个字符l，从tel向下找，没有则创建，把tell存入字典树

图 9-2 （续）

**注意**：下级指针集合尽量用二叉树、堆和快速排序等速查集合，可以加快字典树的查找速度。字典树每个节点的下级指针集合采用二叉排序树方式实现，如图 9-3 所示（创建字典树节点的下级指针集合，用二叉排序树实现）。

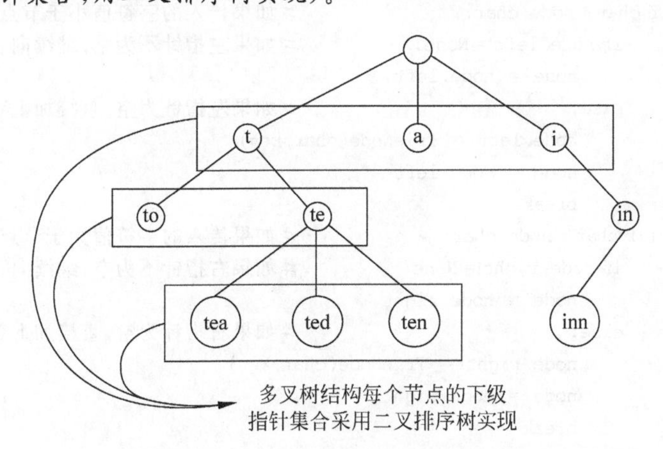


图 9-3 字典树每个节点的下级指针集合采用二叉排序树结构

因此，本例中字典树的节点设计成既是多叉树节点，又是二叉树节点（字典树的整体结构用多叉树，下级指针集合的构成用二叉树）。代码实现如例 9-1 所示。

视频讲解

【例 9-1】 字典树的存入。

(1) 字典树节点类。

```
class TrieNode:                                   #字典树节点,既是多叉树节点,又是二叉树节点
    def __init__(self,char = None,key = None):
        self.char = char
```

```
        self.key = key
        self.value = None
        self.pointers = SortTree()              #下级节点集合(是个二叉树结构),
                                                #保存下级节点指针集合
        #左右指针是为了在下级节点集合中用二叉树快速查找
        self.left = None                        #左指针
        self.right = None                       #右指针
    def addChar(self,char,key):                 #在下级节点集合中查找或创建字典树节点
        tnode = self.pointers.add(char,key)
    return tnode
```

(2) 节点中下级指针集合类(二叉搜索树结构)。

```
class SortTree:                                 #下级指针集合中使用二叉排序树快速查找字符
                                                #节点
def __init__(self):
    self.root = None
def add(self,char,key):                         #在 TrieNode 的下级节点集合中
                                                #用二叉树方式检索
    if self.root!= None:
        node = self.root
        while True:
            if char < node.char:                #如果传入的字符值小于节点本身的字符值
                if node.left!= None:            #如果左指针不为空,继续向下循环
                    node = node.left
                else:                           #如果左指针为空,直接加上新字符节点
                    node.left = TrieNode(char,key)
                    node = node.left
                    break
            elif char > node.char:              #如果传入的字符值大于节点本身的字符值
                if node.right!= None:           #如果右指针不为空,继续向下循环
                    node = node.right
                else:                           #如果右指针为空,直接加上新字符节点
                    node.right = TrieNode(char,key)
                    node = node.right
                    break
            else:                               #如果传入的值与节点值相等,
                                                #此字符节点被找到
                break
    else:
        node = TrieNode(char,key)
        self.root = node
    return node
```

(3) 字典树类。

```
class TrieTree:
    def __init__(self):
```

```
        self.root = TrieNode()
    def put(self,key,value):
        slist = list(key)                      #把键分解成字符列表
        tnode = self.root
        key = ''
        for char in slist:                     #把键中字符一个个取出
            key = "%s%s" % (key,char)
            print(key)                         #打印字符路径
            tnode = tnode.addChar(char,key)    #把字符逐个插入字典树中
        tnode.value = value
```

(4) 测试代码。

```
trieTree = TrieTree()
trieTree.put('house','房子')                    #把键值对放入字典树中
```

运行结果如图 9-4 所示。

图 9-4 键值对插入字典树形成的字符节点结构分解打印结果

## 9.3 字典树的检索

字典树通过把键分解成字符列表在字典树中检索位置,在对应的节点中获得键对应的值。实现步骤如下:

(1) 把键分解成字符列表。

(2) 遍历字符列表,在字典树中找到键对应的节点(在每个节点的下级节点中用二叉树检索)。

(3) 获得节点的值。

代码实现如例 9-2 所示。

**【例 9-2】** 字典树的检索。

(1) 在字典树节点类中增加 getChar 方法。

```
class TrieNode:                               #字典树节点,既是多叉树节点,又是二叉树节点
    def __init__(self,char = None,key = None):
        self.char = char
        self.key = key
```

```
        self.value = None
        self.pointers = SortTree()              #下级节点集合,保存下级节点指针集合

        #左右指针是为了在下级节点集合中用二叉树快速查找
        self.left = None                        #左指针
        self.right = None                       #右指针

    def addChar(self,char,key):                 #在下级节点集合中查找或创建字典树节点
        tnode = self.pointers.add(char,key)
        return tnode

    def getChar(self,char):                     #在下级节点集合中查找字符
        tnode = self.pointers.get(char)
        return tnode
```

(2) 在下级指针集合类中增加 get 方法。

```
class SortTree:                                 #下级指针集合中使用二叉排序树快速查找字符
                                                #节点
    def __init__(self):
        self.root = None

    def add(self,char,key):                     #在 TrieNode 的下级节点集合中用二叉树方式检索
        if self.root!= None:
            node = self.root
            while True:
                if char < node.char:            #如果传入的字符值小于节点本身的字符值
                    if node.left!= None:        #如果左指针不为空,继续向下循环
                        node = node.left
                    else:                       #如果左指针为空,直接加上新字符节点
                        node.left = TrieNode(char,key)
                        node = node.left
                        break
                elif char > node.char:          #如果传入的字符值大于节点本身的字符值
                    if node.right!= None:       #如果右指针不为空,继续向下循环
                        node = node.right
                    else:                       #如果右指针为空,直接加上新字符节点
                        node.right = TrieNode(char,key)
                        node = node.right
                        break
                else:                           #如果传入的值与节点值相等,此字符节点被找到
                    break
        else:
            node = TrieNode(char,key)
            self.root = node
        return node
```

```
    def get(self,char):                          # 从下级节点树中找出字符为 char 的节点,如果
                                                 # 找不到,返回 None
        if self.root!= None:
            node = self.root
            while True:
                if char < node.char:             # 如果传入的字符值小于节点本身的字符值
                    if node.left!= None:
                        node = node.left
                    else:                        # 如果左指针为空,返回空
                        node = None
                        break
                elif char > node.char:           # 如果传入的字符值大于节点本身的字符值
                    if node.right!= None:
                        node = node.right
                    else:
                        node = None
                        break
                else:                            # 如果传入的值与节点值相等,此字符节点被找到
                    break
        else:
            node = None
        return node
```

(3) 在字典树类中增加 get 方法。

```
class TrieTree:
    def __init__(self):
        self.root = TrieNode()

    def put(self,key,value):
        slist = list(key)                        # 把键分解成字符列表
        tnode = self.root
        key = ''
        for char in slist:                       # 把键中字符一个个地取出
            key = "%s%s" % (key,char)
            print(key)
            tnode = tnode.addChar(char,key)      # 把字符插入字典树中
        tnode.value = value

    def get(self,key):                           # 从字典树中根据键获取值
        slist = list(key)                        # 把键分解成字符列表
        tnode = self.root
        for char in slist:
            tnode = tnode.getChar(char)          # 每个字符查找一个节点
            if tnode == None:                    # 如果返回的节点有空,则说明在此树中无此键
                break
        if tnode!= None:
```

```
            return tnode.value
        else:
            return None
```

(4) 测试(trietree.py)。

```
trieTree = TrieTree()
trieTree.put('house','房子')
trieTree.put('horse','马')
value = trieTree.get('house')
print(value)
value = trieTree.get('horse')
print(value)
value = trieTree.get('hello')
print(value)
```

上述代码运行结果如图 9-5 所示。

```
管理员: C:\Windows\system32\cmd.exe
E:\www\python\shusuan\trietree>python E:\www\python\shusuan\trietree\trietree.py

h
ho
hou
hous
house
h
ho
hor
hors
horse
房子
马
None
```

图 9-5 字典树放入键值对,查询结果

## 9.4 遍历字典树中的键

字典树中的键必须是含有值的节点,即：node.value!＝None。遍历时先判断本节点是否有 value 值,有则放进结果集列表。然后在本节点的下级指针集合中调用检索方法,搜索下级节点中含有值的键,循环遍历下去,直到遍历完所有节点。代码实现如例 9-3 所示。

视频讲解

**【例 9-3】** 遍历字典树中的键。

(1) 字典类中添加获取树中所有键的方法(TrieTree)。

```
def getKeys(self):                              #获取字典树中所有键
    tnode = self.root
    lst = []
    tnode.getKeys(lst)                          #调用根节点中获取键的方法
    return lst
```

(2) class TrieNode(节点类中添加从节点获取键的方法)。

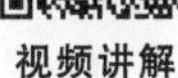
视频讲解

```
def getKeys(self,lst):
    if self.value!= None:                              #如果本节点有值
        lst.append(self.key)                           #本节点的键放入列表
    node = self.pointers.root
    if node!= None:                                    #如果下层节点集合不为空,遍历下级节点集合
        self.pointers.loopThrough(lst,node)
```

(3) 下级节点集合类中添加二叉树遍历节点方法(SortTree)。

```
def loopThrough(self,lst,node):
    node.getKeys(lst) #先把本节点(TrieNode)的下级节点遍历出来,回调本节点的 getKeys 方法
    if node.left!= None:                #如果本节点的左指针不为空,递归调用自身扫描左子树
        self.loopThrough(lst,node.left)
    if node.right!= None:               #如果本节点的左指针不为空,递归调用自身扫描右子树
        self.loopThrough(lst,node.right)
```

(4) 测试代码(trietree.py)。

```
trieTree = TrieTree()
trieTree.put('house','房子')
trieTree.put('horse','马')
value = trieTree.get('house')
print(value)
value = trieTree.get('horse')
print(value)
print(trieTree.getKeys())
```

上述代码运行结果如图 9-6 所示。

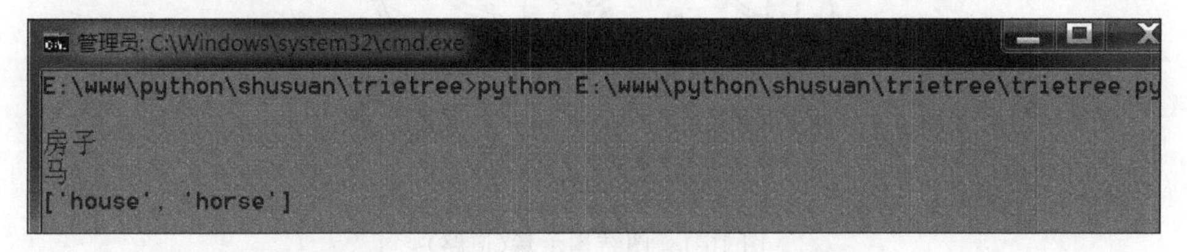


图 9-6 两个键被遍历出来

# 第10章

# 图

## 10.1 图结构

图结构是一种比树形结构更复杂的非线性结构。在树形结构中，节点间具有分支层次关系，每一层上的节点只能和上一层中的至多一个节点相关，但也可能和下一层的多个节点相关。而在图结构中，任意两个节点之间都可能相关，即节点之间的邻接关系可以是任意的。因此，图结构被用于描述各种复杂的数据对象，在计算机科学、人工智能、电子线路分析、最短路径寻找、工程计划、化学化合物分析统计力学、遗传学、控制论语言学和社会科学等方面均有不同程度的应用，如图10-1所示。

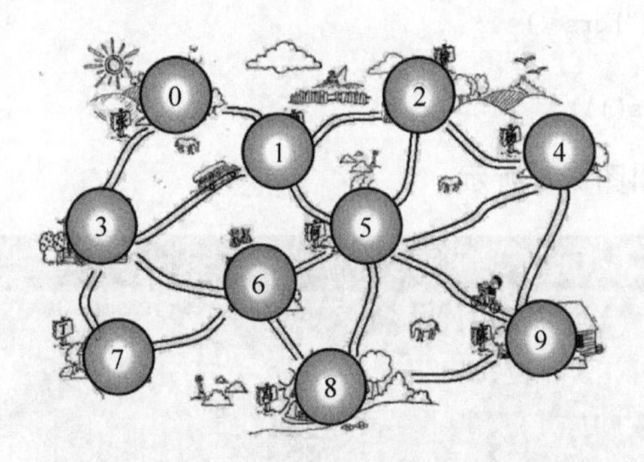


图10-1　图结构示意(道路)

需要了解的基本概念如下：

- 图的组成：图G是由一个非空的有限顶点集合V和一个有限边集合E组成，定义为G=(V,E)。
- 无向图：若图的每条边都没有方向，则称该图为无向图。比如：人行道，可去可回。
- 有向图：若图的每条边都有方向，则称该图为有向图。比如：汽车的单行线，只能向一个方向前进，禁止逆行，如图10-2所示。
- 路径：图结构中，节点A与节点E之间存在：经过节点B,C,D之间的边，最终到达节点E,称A与E之间存在一条路径。

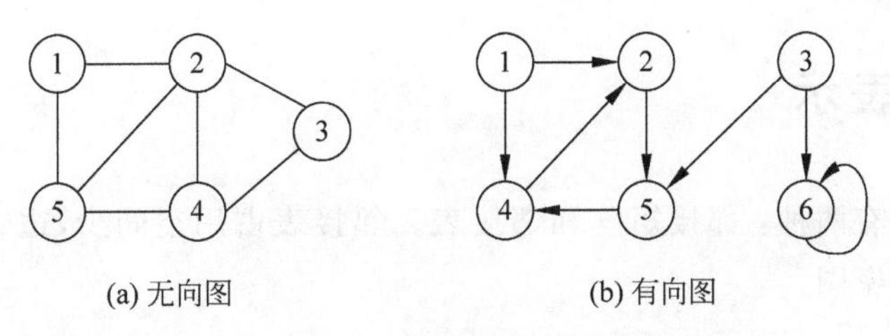


图 10-2　无向图和有向图

■ 路径长度：一条路径上经过的边的数量，如图 10-3 所示。

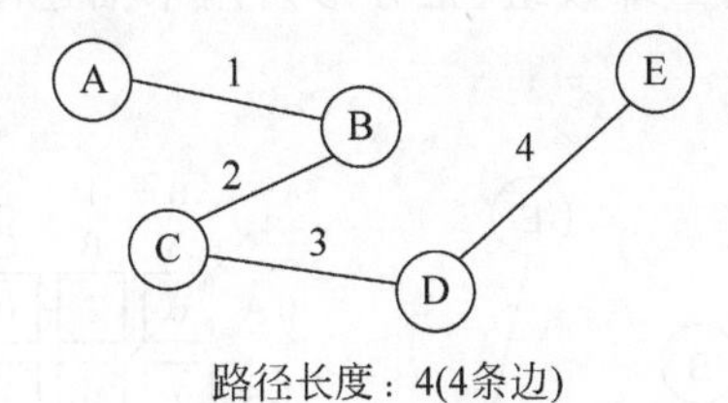


图 10-3　路径长度

■ 环：某条路径包含相同的顶点两次或两次以上，如图 10-4 所示。

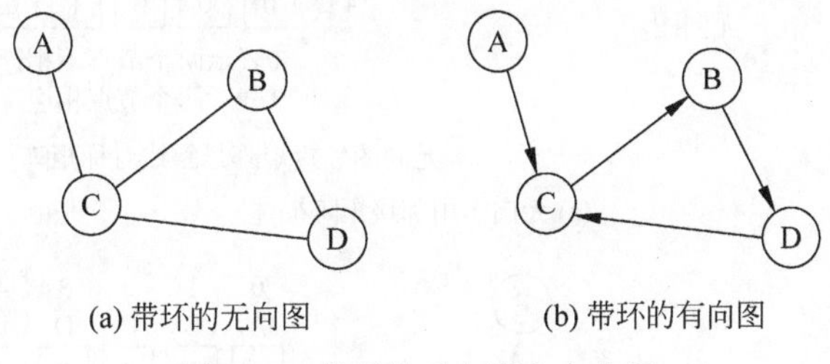


图 10-4　带环的无向图和有向图

■ 有向无环图：没有环的有向图，简称 DAG，如图 10-5 所示。

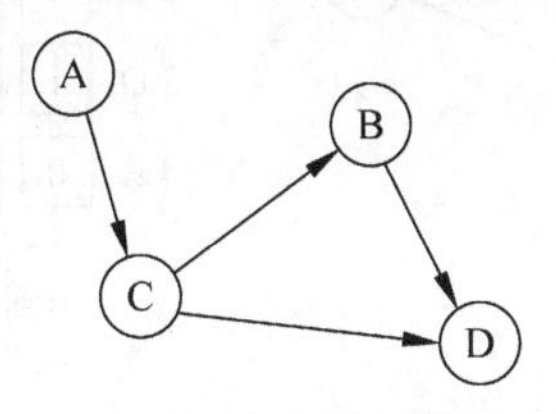


图 10-5　有向无环图

■ 完全图：任意两个顶点都相连的图称为完全图，又分为无向完全图和有向完全图。
■ 连通图：在无向图中，若任意两个顶点之间都有路径相通，则称该无向图为连通图。
■ 强连通图：在有向图中，若任意两个顶点之间都有路径相通，则称该有向图为强连通图。

## 10.2 图的表示

图的表示方法有两种：邻接矩阵和邻接表。邻接表占用空间少,适合存储稀疏图；邻接矩阵适合存储稠密图。

### 10.2.1 邻接矩阵

邻接矩阵是一个 $n\times n$ 的二维数组(正方形),用来描述图中节点之间的连接关系,如图 10-6 所示。

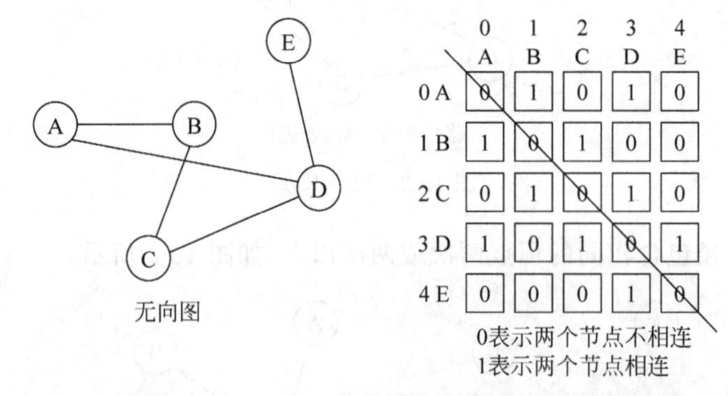


(a) 无向图用邻接矩阵描述

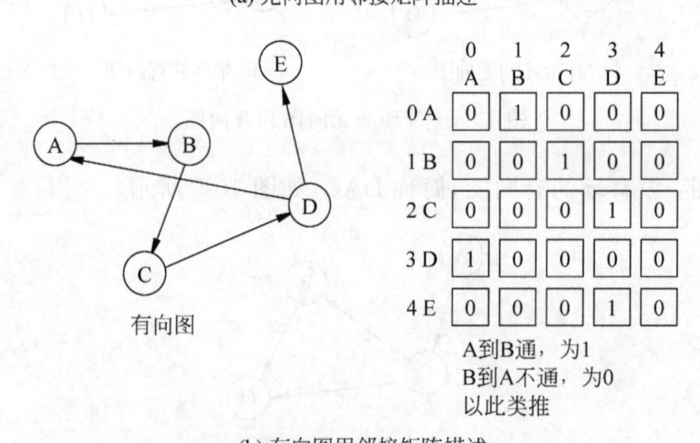


(b) 有向图用邻接矩阵描述

图 10-6 无向图和有向图分别用邻接矩阵进行描述的演示

### 10.2.2 邻接表

邻接表是图的一种链式存储结构,对于图 G 中每个顶点 Vi,把所有邻接于 Vi 的顶点

Vj 链成一个单链表，这个单链表称为顶点 Vi 的邻接表。图的邻接表是 $N$ 个链表构成的一个数组，如图 10-7 所示。

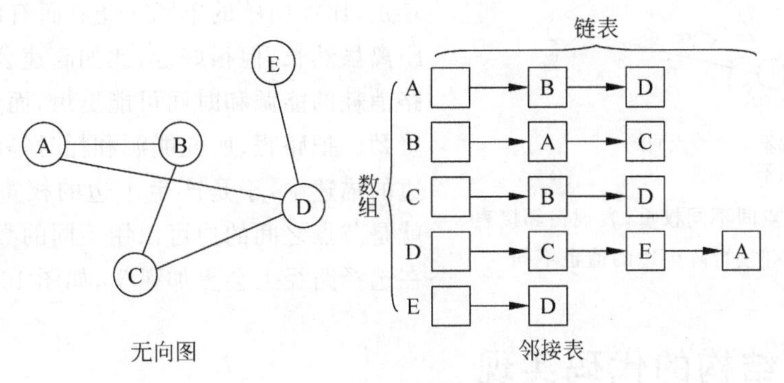


(a) 无向图邻接表表示法

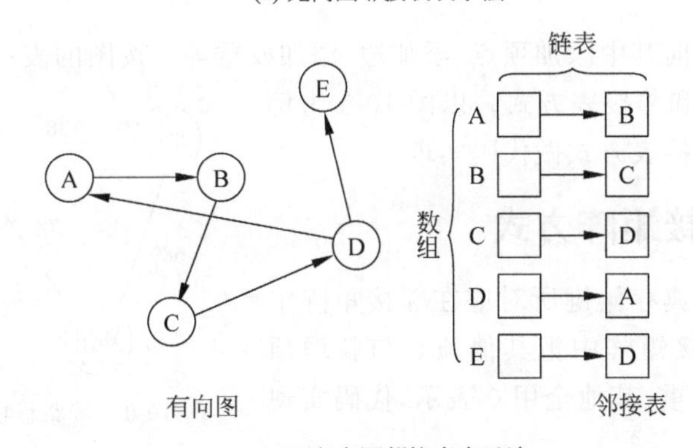


(b) 有向图邻接表表示法

图 10-7 无向图和有向图分别用邻接表进行描述的演示

## 10.2.3 邻接矩阵和邻接表的使用场景

对于一个具有 $n$ 个顶点 $e$ 条边的无向图，它的邻接表有 $n$ 个顶点，$2e$ 个边，它的邻接矩阵是一个 $n\times n$ 的二维数组。对于一个具有 $n$ 个顶点 $e$ 条边的有向图，它的邻接表有 $n$ 个顶点，$e$ 个边，它的邻接矩阵是一个 $n\times n$ 的二维数组。

如果图中边的数目远远小于节点数量的平方，这样的图结构称作稀疏图，这时用邻接表表示比用邻接矩阵表示节省空间。如果图中边的数目接近于节点数量的平方(若是无向图，边的数量接近于 $n\times(n-1)$)，称作稠密图，考虑到邻接表中要附加链域，采用邻接矩阵表示法为宜。

## 10.2.4 边的权重

上面图的边无论在邻接矩阵还是在邻接表中都用 1 表示，实际上节点之间的边绝大多数情况下都是有权重的。比如：北京、天津、郑州、青岛 4 个节点，它们之间的距离是不同

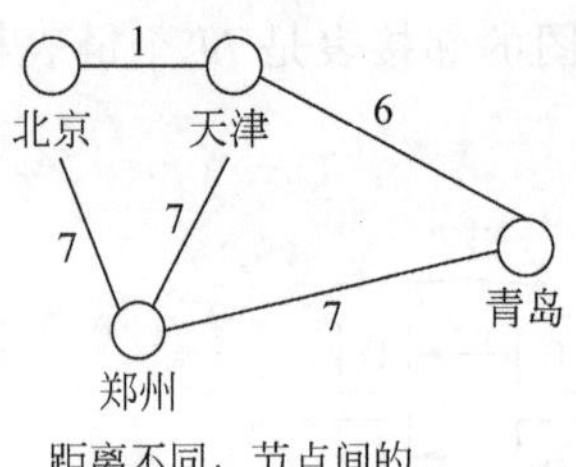


图 10-8　节点间不同权重，表现在邻接表和邻接矩阵中边的值也不同

的，所以它们之间的边应该用长度的比例关系描述。另有可能，有的节点之间距离虽然短，但很难走，比如山中的羊肠小道；而有的节点之间的距离虽然长，但很好走，比如高速公路，所以走长路消耗的能源和时间可能更短，而走短路可能更费劲。把路程、所耗能源和耗时等因素考虑进对边的描述中，于是产生了边的权重这一概念，也就是节点之间的边可以用不同的数字表示，那么在选择路径上会更加科学，如图 10-8 所示。

## 10.3　图结构的代码实现

图结构应该可以向其中添加顶点、添加边、添加权重等。按图的表示方式可用两种结构实现：邻接矩阵方式和邻接表方式。以图 10-9 为例分别用邻接矩阵和邻接表方式做代码实现。

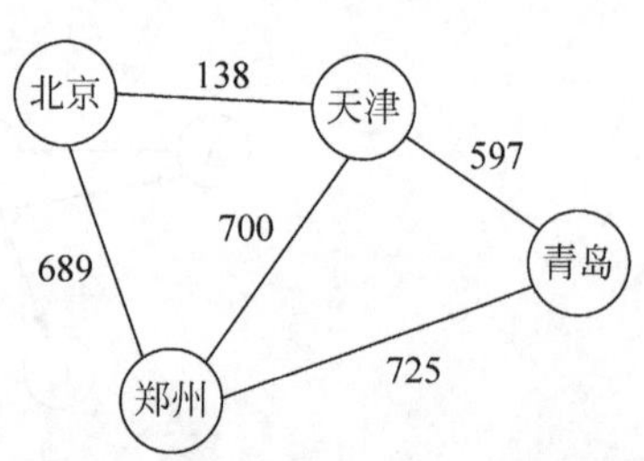


图 10-9　带路程权重的无向图结构

### 10.3.1　邻接矩阵方式

添加顶点时用字典存储键所对应在邻接矩阵中的下标，添加边在邻接矩阵中把其他顶点与新增顶点交汇的下标加上权重，其他全用 0 表示，代码实现如例 10-1 所示。

视频讲解

**【例 10-1】**　创建带权重的无向图邻接矩阵(Graphmatrix.py)。

```
class GraphMatrix:
    def __init__(self):
        self.dict = {}                          #节点对应矩阵下标的字典
        self.length = 0                         #矩阵长宽
        self.matrix = []

    def addVertex(self,key):                    #添加顶点
        self.dict[key] = self.length            #键(顶点名称)→值(在矩阵中的下标)
        self.dict[self.length] = key            #键(在矩阵中的下标)→值(顶点名称)
        self.length += 1
        lst = []
        for i in range(self.length):            #创建一行长度为 self.length,全是 0 的列表
            lst.append(0)
        self.matrix.append(lst)                 #向矩阵列表中添加全是 0 的一行
        for row in self.matrix:                 #为矩阵中每行添加新的一个单元,单元中值为 0
            row.append(0)
```

```
    #添加无向边
    def addNoDirectLine(self,start,ends):       #起点字符,终点(字符+权值)数组
        startIndex = self.dict[start]           #起点在二维矩阵中的下标
        for row in ends:                        #遍历终点数组
            endKey = row[0]                     #另一节点键值
            endIndex = self.dict[endKey]        #另一节点在二维矩阵中的下标
            lineV = row[1]                      #起点到另一节点的权值
            self.matrix[startIndex][endIndex] = lineV    #在邻接矩阵中添加边值
            self.matrix[endIndex][startIndex] = lineV    #无向图需要在对称的位置添加边值

    #添加有向边
    def addDirectLine(self,start,ends):                  #起点字符,终点(字符+权值)数组
        startIndex = self.dict[start]                    #起点在二维矩阵中的下标
        for row in ends:                                 #遍历终点数组
            endKey = row[0]                              #另一节点键值
            endIndex = self.dict[endKey]                 #另一节点在二维矩阵中的下标
            lineV = row[1]                               #起点到另一节点的权值
            self.matrix[startIndex][endIndex] = lineV    #在邻接矩阵中添加边值
#测试
lst = ['北京','天津','郑州','青岛']
start1 = '北京'
ends1 = [['天津',138],['郑州',689]]

start2 = '天津'
ends2 = [['郑州',700],['青岛',597]]

start3 = '郑州'
ends3 = [['青岛',725]]

gMat = GraphMatrix()
for city in lst:
    gMat.addVertex(city)

gMat.addNoDirectLine(start1,ends1)
gMat.addNoDirectLine(start2,ends2)
gMat.addNoDirectLine(start3,ends3)

for row in gMat.matrix:
    print(row)
```

上述代码运行结果如图 10-10 所示。

```
E:\www\python\shusuan\graph>python graphmatrix.py
[0, 138, 689, 0]
[138, 0, 700, 597]
[689, 700, 0, 725]
[0, 597, 725, 0]
```

图 10-10 邻接矩阵带权重无向图结构显示

## 10.3.2 邻接表方式

视频讲解

邻接表采用字典方式存储，顶点名为键，边链表为值，代码实现如例 10-2 所示。

【例 10-2】 邻接表方式存储无向图和有向图(Graphlist. py)。

```
class GraphList:
    def __init__(self):
        self.dict = {}                          # 顶点名为键，边链表为值，链表中存储其他节点
                                                # 的名称和距离
    def addVertex(self,key):                    # 添加新顶点
        self.dict[key] = []                     # 用列表取代链表
    # 添加无向边
    def addNoDirectLine(self,start,ends):       # 起点字符，终点(字符 + 权值)数组
        for row in ends:
            key = row[0]
            # 在 start 的邻接表中追加新的边和权值
            lst = self.dict[start]
            flag = True                         # 如果在此顶点的邻接表中找到此节点(已经存
                                                # 在)，flag 将变成 False
            for k in lst:
                if k == key:
                    flag = False
            if flag:
                self.dict[start].append(row) # 邻接表中添加[顶点名称，连接另一顶点的距离]
            # 在 start 顶点对应的 key 节点的邻接表中追加边和权值
            lst = self.dict[key]
            flag = True
            for k in lst:
                if k == start:
                    flag = False
            if flag:
                value = row[1]
                self.dict[key].append([start,value])

    # 添加有向边
    def addDirectLine(self,start,ends):         # 起点字符，终点(字符 + 权值)数组
        for row in ends:
```

```
        key = row[0]
        #在 start 的邻接表中追加新的边和权值
        lst = self.dict[start]
        flag = True                    #如果在此顶点的邻接表中找到此节点(已经存在),
                                       #flag 将变成 False
        for k in lst:
            if k == key:
                flag = False
        if flag:
            self.dict[start].append(row) #邻接表中添加[顶点名称,连接另一顶点的距离]

#测试
lst = ['北京','天津','郑州','青岛']
start1 = '北京'
ends1 = [['天津',138],['郑州',689]]
start2 = '天津'
ends2 = [['郑州',700],['青岛',597]]
start3 = '郑州'
ends3 = [['青岛',725]]

gList = GraphList()
for city in lst:
    gList.addVertex(city)

gList.addNoDirectLine(start1,ends1)
gList.addNoDirectLine(start2,ends2)
gList.addNoDirectLine(start3,ends3)

for key in gList.dict:
    print(key,'=>',gList.dict[key])
```

上述代码运行结果如图 10-11 所示。

图 10-11 邻接表显示每个顶点与其他顶点的连接链表

## 10.4 图的遍历

遍历是指从某个节点出发,按照一定的搜索路线,依次访问数据结构中的全部节点,且每个节点仅访问一次。图的遍历是指从给定图中任意指定的顶点(称为初始点)出发,按照某种搜索方法沿着图的边访问图中的所有顶点，使每个顶点仅被访问一次，这个过程称为图的遍历。遍历过程中得到的顶点序列称为图遍历序列。

图的遍历过程中，根据搜索方法的不同，又可分为深度优先搜索(Depth First Search，DFS)和广度优先搜索(Breadth First Search，BFS)。

### 10.4.1 图结构的深度优先遍历和广度优先遍历

图结构的深度优先遍历是指从图中的某个顶点v出发，首先访问该顶点，然后依次从它的各个未被访问的邻接点出发深度优先搜索遍历图，直至图中所有和v有路径相通的顶点都被访问到。若此时尚有其他顶点未被访问到，则另选一个未被访问的顶点做起始点，重复上述过程，直至图中所有顶点都被访问到为止。

图结构的广度优先遍历是指从图中某顶点v出发，在访问了v之后依次访问v的各个未曾访问过的邻接点，然后分别从这些邻接点出发依次访问它们的邻接点，并使得"先被访问的顶点的邻接点先于后被访问的顶点的邻接点被访问，直至图中所有已被访问的顶点的邻接点都被访问到。如果此时图中尚有顶点未被访问，则需要另选一个未曾被访问过的顶点作为新的起始点，重复上述过程，直至图中所有顶点都被访问到为止，两种遍历方式的对比如图10-12所示。

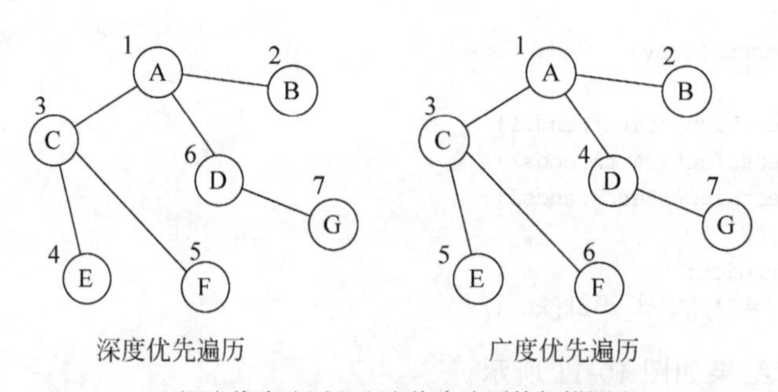


(a) 深度优先遍历和广度优先遍历的扫描顺序

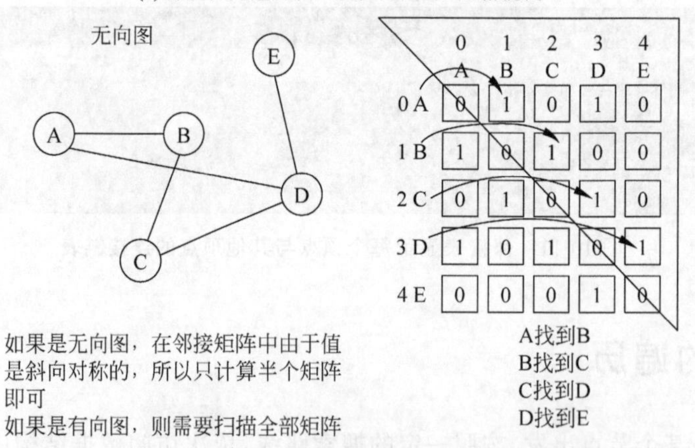


(b) 图遍历在邻接矩阵中无向图和有向图需用不同的算法

图10-12 无向图和有向图分别用邻接矩阵和邻接表做图遍历步骤

无向图邻接表遍历方式(已经遍历过的节点不再遍历)

(c) 无向图邻接表遍历方式

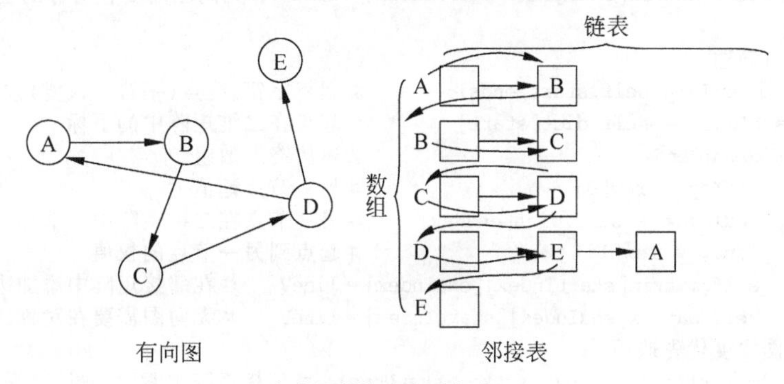


有向图邻接表遍历方式

(d) 有向图邻接表遍历方式

图 10-12 (续)

## 10.4.2 图遍历的代码实现

本例只显示无向图邻接矩阵做深度优先遍历和广度优先遍历代码,有向图邻接矩阵和邻接表的实现方式同学们可自行实现。代码实现如例 10-3 所示。

**【例 10-3】** 无向图的深度优先遍历和广度优先遍历(Graphmatrix.py)。

```
class GraphMatrix:
    def __init__(self):
        self.dict = {}                          #节点对应矩阵下标的字典
        self.length = 0                         #矩阵长宽
        self.matrix = []

    def addVertex(self,key):                    #添加顶点
        self.dict[key] = self.length            #键(顶点名称)->值(在矩阵中的下标)
        self.dict[self.length] = key            #键(在矩阵中的下标)->值(顶点名称)
        lst = []
        for i in range(self.length):            #创建一行长度为 self.length,全是 0 的列表
            lst.append(0)
        self.matrix.append(lst)                 #向矩阵列表中添加全是 0 的一行
```

```
        for row in self.matrix:                  #为矩阵中每行添加新的一个单元,单元中值为 0
            row.append(0)
        self.length += 1

    #添加无向边
    def addNoDirectLine(self,start,ends):        #起点字符,终点(字符+权值)数组
        startIndex = self.dict[start]            #起点在二维矩阵中的下标
        for row in ends:                         #遍历终点数组
            endKey = row[0]                      #另一节点键值
            endIndex = self.dict[endKey]         #另一节点在二维矩阵中的下标
            lineV = row[1]                       #起点到另一节点的权值
            self.matrix[startIndex][endIndex] = lineV #在邻接矩阵中添加边值
            self.matrix[endIndex][startIndex] = lineV #无向图需要在对称的位置添加边值

    #添加有向边
    def addDirectLine(self,start,ends):          #起点字符,终点(字符+权值)数组
        startIndex = self.dict[start]            #起点在二维矩阵中的下标
        for row in ends:                         #遍历终点数组
            endKey = row[0]                      #另一节点键值
            endIndex = self.dict[endKey]         #另一节点在二维矩阵中的下标
            lineV = row[1]                       #起点到另一节点的权值
            self.matrix[startIndex][endIndex] = lineV   #在邻接矩阵中添加边值
            self.matrix[endIndex][startIndex] = lineV   #无向图需要在对称的位置添加边值
    #无向图深度优先遍历
    def depthSearch(self,index,lst,keyLst = None): #邻接矩阵中索引,遍历结果链表,已被
                                                 #遍历过的索引集合
        if keyLst == None:                       #如果已被遍历过的索引集合为空
            keyLst = []                          #则创建一个列表
        if index not in keyLst:                  #如果当前遍历到的索引不在已被遍历过索引
                                                 #集合中
            keyLst.append(index)                 #把当前索引添加到已被遍历索引集合
            lst.append(self.dict[index])         #把当前顶点的值添加到遍历结果链表中
            for i in range(0,self.length):       #在邻接矩阵中扫描当前顶点之后的顶点
                if self.matrix[index][i]!= 0:    #如果扫描到当前顶点与其他顶点连接
                    self.depthSearch(i,lst,keyLst)  #递归调用,把当前顶点下标,
                                                 #结果集和被遍历集合传入递归方法

    #无向图广度优先遍历
    def breadthSearch(self,index,lst,keyLst = None):     #(邻接矩阵中索引,遍历结果
                                                         #链表,已被遍历过的索引集合)
        if keyLst == None:                               #如果已被遍历过的索引集合为空
            keyLst = []                                  #则创建一个列表
        if index not in keyLst:                          #如果当前遍历到的索引不在已被遍历
                                                         #过索引集合中
            keyLst.append(index)                         #把当前索引添加到已被遍历索引集合
            lst.append(self.dict[index])                #把当前顶点的值添加到遍历结果链表中
            self.breadthSearchLayer(index,lst,keyLst) #遍历下一层

    #无向图广度优先遍历的子方法
```

```
    def breadthSearchLayer(self,index,lst,keyLst):
        childLst = []                                   #声明一个连接顶点集合
        for i in range(0,self.length):
            if self.matrix[index][i]!= 0:               #如果扫描到当前顶点与其他顶点连接
                if i not in keyLst:                     #而且没有被加入到结果集中,则加入结果集
                    keyLst.append(i)
                    lst.append(self.dict[i])
                    childLst.append(i)                  #把这个顶点的下标存入连接顶点集合


        for j in childLst:                              #然后遍历连接顶点集合
            self.breadthSearchLayer(j,lst,keyLst)  #逐个回调,继续扫描每个节点的下一层测试
lst = ['A','B','C','D','E','F','G']
lstA = [['C',1],['D',1],['B',1]]                        #A连接C,B,D,权重暂设为1
lstC = [['E',1],['F',1]]                                #B连接E,F
lstD = [['G',1]]                                        #D连接G
gMat = GraphMatrix()
for key in lst:
    gMat.addVertex(key)

gMat.addNoDirectLine(lst[0],lstA)
gMat.addNoDirectLine(lst[2],lstC)
gMat.addNoDirectLine(lst[3],lstD)
for row in gMat.matrix:
    print(row)
lst1 = []
print('深度优先遍历')
gMat.depthSearch(0,lst1)
#print('广度优先遍历')
#gMat.breadthSearch(0,lst1)
print(lst1)
```

上述代码运行结果如图10-13所示。

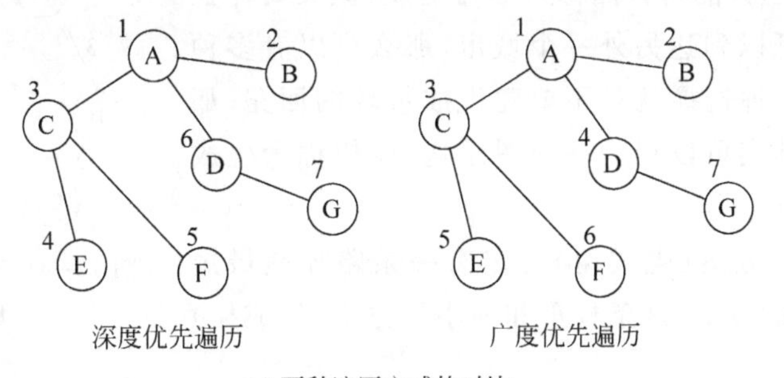


(a) 两种遍历方式的对比

图10-13 深度优先遍历和广度优先遍历产生的不同遍历结果

```
管理员: C:\Windows\system32\cmd.exe

E:\www\python\shusuan\graph>python graphmatrix.py
[0, 1, 1, 1, 0, 0, 0]
[1, 0, 0, 0, 0, 0, 0]
[1, 0, 0, 0, 1, 1, 0]
[1, 0, 0, 0, 0, 0, 1]
[0, 0, 1, 0, 0, 0, 0]
[0, 0, 1, 0, 0, 0, 0]
[0, 0, 0, 1, 0, 0, 0]
深度优先遍历
['A', 'B', 'C', 'E', 'F', 'D', 'G']
```

(b) 深度优先遍历结果

```
管理员: C:\Windows\system32\cmd.exe

E:\www\python\shusuan\graph>python graphmatrix.py
[0, 1, 1, 1, 0, 0, 0]
[1, 0, 0, 0, 0, 0, 0]
[1, 0, 0, 0, 1, 1, 0]
[1, 0, 0, 0, 0, 0, 1]
[0, 0, 1, 0, 0, 0, 0]
[0, 0, 1, 0, 0, 0, 0]
[0, 0, 0, 1, 0, 0, 0]
广度优先遍历
['A', 'B', 'C', 'D', 'E', 'F', 'G']
```

(c) 广度优先遍历结果

图 10-13 (续)

## 10.5 生成树和最小生成树

假设需要在 A、B、C、D、E 5 座城市间修建公路(5 座城市间距离不同),如图 10-14 所示。

由于资金有限,只能将公路修得尽可能短,但又要保证从任何一个城市可以到达另外一个城市,那么可以有多种选择。最重要的一种选择就是不要建设成带环的回路,那么不带环的回路其实可以视为一个树结构,此树称为生成树,如图 10-15 所示。

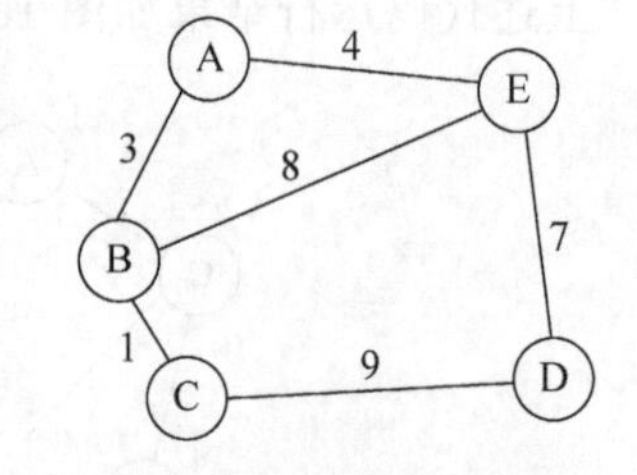


图 10-14 5 座城市间可能的修建公路方案

以上这些修路方案(生成树)肯定有一条路径是最短的,也就是最省钱的方案,这条权重和最小的方案(生成树)称为最小生成树。

那么,如何用程序来找出这棵最小生成树呢?常用的算法有两种:Prim 算法和 Kruskal 算法。下面以 Prim 算法为例求取上述最小生成树。

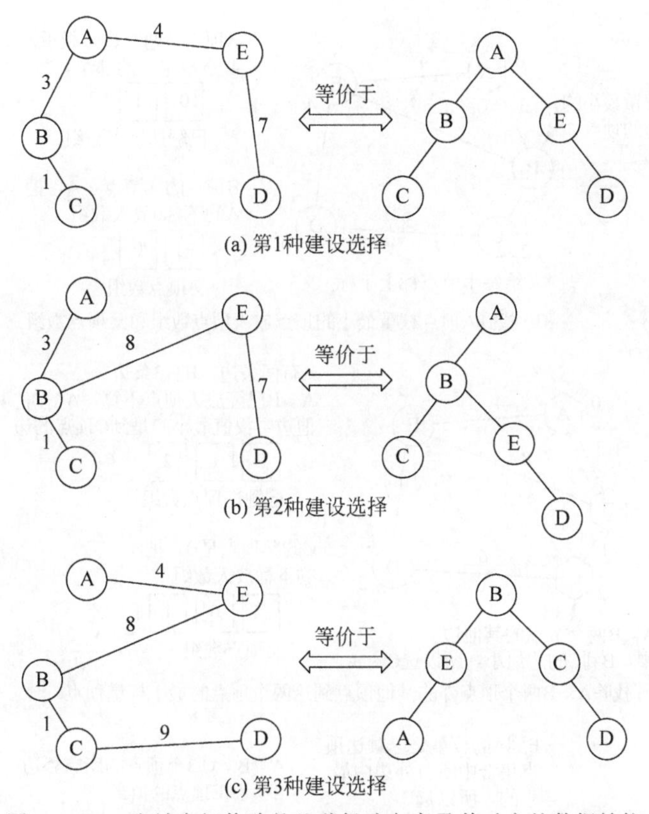


图 10-15 5 座城市间修路的几种候选方案及其对应的数据结构

## 10.5.1 Prim 算法求取最小生成树

Prim 算法是从图的一个初始顶点开始，寻找触达其他顶点权值最小的边，并把该顶点加入已触达顶点的集合中。当全部顶点都加入集合时，求最小生成树的工作就完成了。Prim 算法的本质是基于贪心算法(有兴趣的同学自行研究贪心算法)。

本例中的最小生成树采用两个一维数组表示：一个一维数组负责存储已触达顶点；另一个负责存储每个已触达顶点对应的父顶点。求取最小生成树的算法图解如图 10-16 所示。

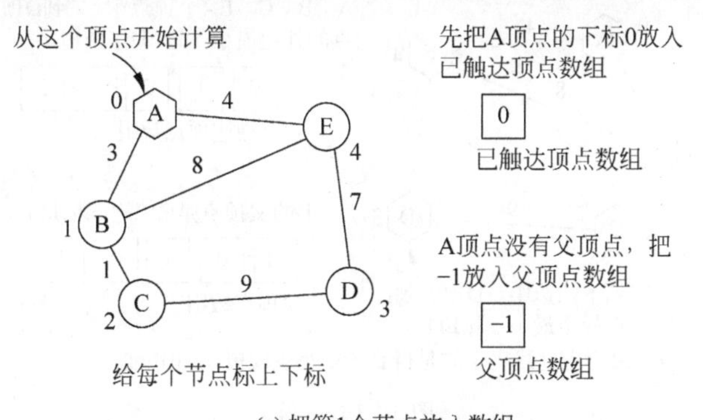


图 10-16 用 Prim 算法求 5 座城市间最省钱的修路方案

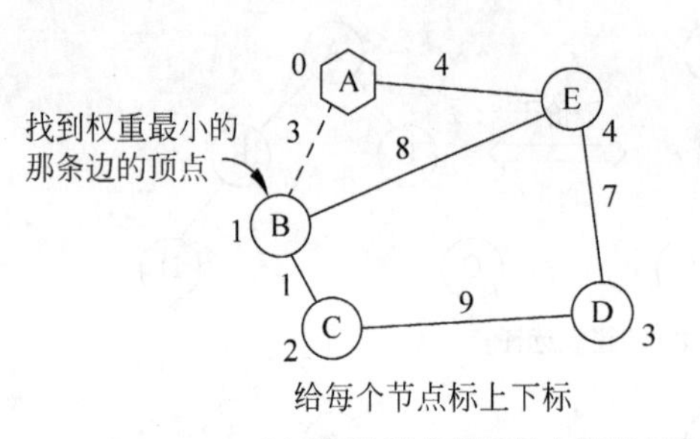


A顶点有两个边，权重分别为3和4, 选权重小的那个，放入数组

| 0 | 1 |
|---|---|

已触达顶点数组

B顶点的父节点是A，把A的下标0放入数组

| −1 | 0 |
|---|---|

父顶点数组

(b) 找到A顶点权重最小的顶点放入顶点数组和父顶点数组

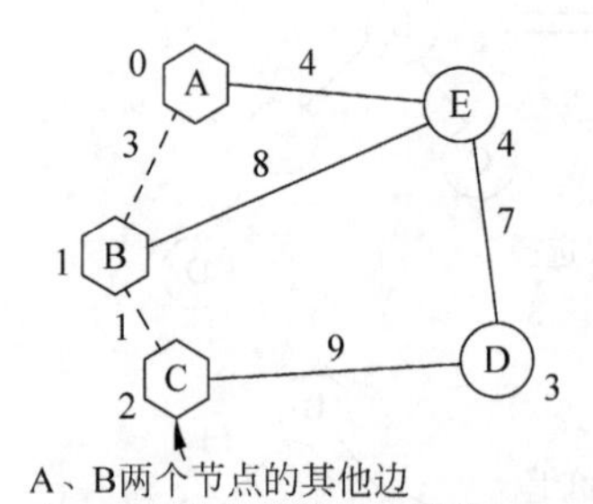


A有两条边，B有3条边
A、B已经放入顶点不算，A、B的其他边中权值最小的是到C顶点的边

| 0 | 1 | 2 |
|---|---|---|

已触达顶点数组

C的父顶点是B，把B的下标放入数组

| −1 | 0 | 1 |
|---|---|---|

父顶点数组

(c) 找除A、B两个顶点外的其他顶点到这两个顶点的最小权重顶点

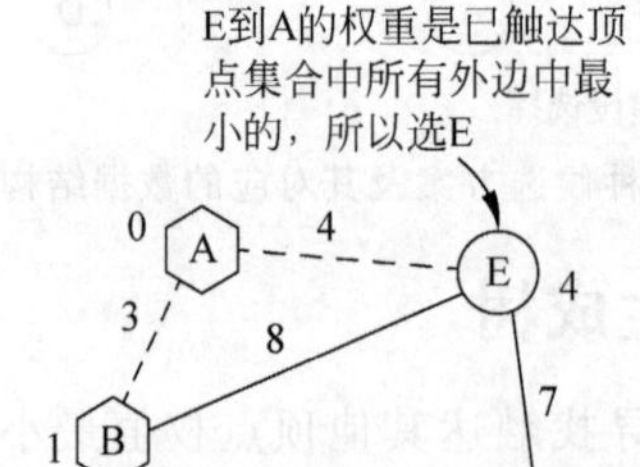


A、B、C 3个顶点的所有外边中，到E顶点的值最小

| 0 | 1 | 2 | 4 |
|---|---|---|---|

已触达顶点数组

E顶点的父顶点是A

| −1 | 0 | 1 | 0 |
|---|---|---|---|

父顶点数组

(d) 找除A、B、C顶点外的其他顶点到这3个顶点的最小权重顶点

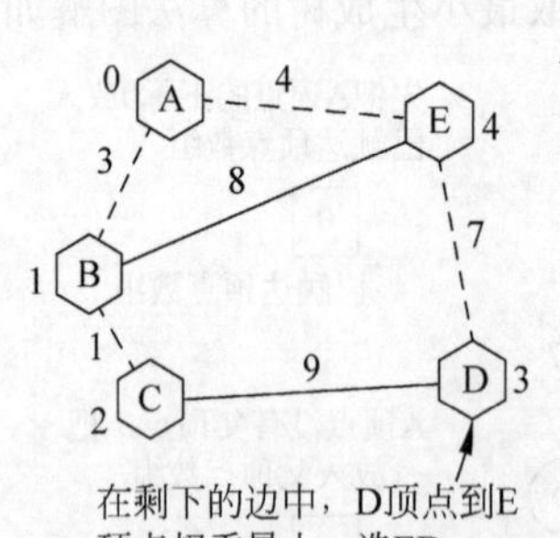


A、B、C、E 4个顶点中，E到D顶点的外边最小，选ED这条边

| 0 | 1 | 2 | 4 | 3 |
|---|---|---|---|---|

已触达顶点数组

D的父顶点是E, E的下标是4

| −1 | 0 | 1 | 0 | 4 |
|---|---|---|---|---|

父顶点数组

(e) 最后用虚线表示的是得到的最小生成树在图中的路径

图 10-16 （续）

## 10.5.2 最小生成树的代码实现

由于篇幅限制，本例代码只实现无向图邻接矩阵条件下获取最小生成树算法，其他方式(有向图、邻接表)算法同学们自行实现。代码实现如例 10-4 所示。

视频讲解

【例 10-4】 最小生成树的获取(mstreee.py)。

```
class MSTree:
    def __init__(self):
        self.dict = {}                          #节点对应矩阵下标的字典
        self.length = 0                         #矩阵长宽
        self.matrix = []

    def addVertex(self,key):                    #添加顶点
        self.dict[key] = self.length            #键(顶点名称)->值(在矩阵中的下标)
        self.dict[self.length] = key            #键(在矩阵中的下标)->值(顶点名称)
        lst = []
        for i in range(self.length):            #创建一行长度为 self.length,全是 0 的列表
            lst.append(0)
        self.matrix.append(lst)                 #向矩阵列表中添加全是 0 的一行
        for row in self.matrix:                 #为矩阵中每行添加新的一个单元,单元中值为 0
            row.append(0)
        self.length += 1

    #添加无向边
    def addNoDirectLine(self,start,ends):       #起点字符,终点(字符+权值)数组
        startIndex = self.dict[start]           #起点在二维矩阵中的下标
        for row in ends:                        #遍历终到点数组
            endKey = row[0]                     #另一节点键值
            endIndex = self.dict[endKey]        #另一节点在二维矩阵中的下标
            lineV = row[1]                      #起点到另一节点的权值
            self.matrix[startIndex][endIndex] = lineV   #在邻接矩阵中添加边值
            self.matrix[endIndex][startIndex] = lineV   #无向图需要在对称的位置添加边值
    #添加有向边
    def addDirectLine(self,start,ends):         #起点字符,终点(字符+权值)数组
        startIndex = self.dict[start]           #起点在二维矩阵中的下标
        for row in ends:                        #遍历终到点数组
            endKey = row[0]                     #另一节点键值
            endIndex = self.dict[endKey]        #另一节点在二维矩阵中的下标
            lineV = row[1]                      #起点到另一节点的权值
            self.matrix[startIndex][endIndex] = lineV   #在邻接矩阵中添加边值
    #求无向图的最小生成树
    def undirectedPrim(self,index,reachedVertexList = None,parents = None):
        if reachedVertexList == None:
            reachedVertexList = []              #已触达顶点列表
            parents = []                        #每个已触达顶点的父顶点
            reachedVertexList.append(index)     #把邻接矩阵中第 0 个顶点放入已触
                                                #达顶点列表
            parents.append(-1)                  #由于第 0 个没有父顶点,所以放个-1
```

```
        minWeight = 0                           # 声明一个最小权重值
        minIndex = None                         # 最小权重值对应的顶点在邻接矩阵中的下标
        pIndex = None                           # 最小权重值对应的顶点的父顶点
        for rindex in reachedVertexList:        # 遍历已触达顶点列表
            for i in range(self.length):        # 横向扫描邻接矩阵,从0到矩阵长度
                if i not in reachedVertexList:  # 如果对应的顶点不在已触达顶点数组中
                    v = self.matrix[rindex][i]  # 获取此已触达顶点到此节点处的值
                    if v > 0:                   # 如果此边是通的,权值应该大于0
                        if minWeight > 0:       # 判断最小权值是否有值,大于0表示有值
                            if minWeight > v:   # 如果原先的最小权值比当前的权值大,交换
                                minWeight = v
                                minIndex = i
                                pIndex = rindex  # 记录最小权值对应的父节点的id
                        else:                   # 如果刚开始循环判断,最小权值变量还是0
                            minWeight = v
                            minIndex = i
                            pIndex = rindex
        if minIndex!= None:                     # 如果最小权值对应的顶点不为空
            reachedVertexList.append(minIndex)  # 把最小权值边对应的顶点放入已触达顶点
                                                # 数组
            parents.append(pIndex)              # 把新已触达顶点的父顶点的下标①
                                                # 放入 parents 数组
            self.undirectedPrim(minIndex,reachedVertexList,parents)   # 递归调用,找新
                                                                      # 的最小边

        return reachedVertexList,parents


# 测试
lst = ['A','B','C','D','E']
lstA = [['B',3],['E',4]]                        # A 连接 B,E
lstB = [['C',1],['E',8]]                        # B 连接 C,E
lstC = [['D',9]]                                # C 连接 D
lstD = [['E',7]]                                # D 连接 E
gMat = MSTree()
for key in lst:                                 # 添加顶点
    gMat.addVertex(key)

gMat.addNoDirectLine(lst[0],lstA)               # 添加边
gMat.addNoDirectLine(lst[1],lstB)
gMat.addNoDirectLine(lst[2],lstC)
gMat.addNoDirectLine(lst[3],lstD)

for row in gMat.matrix:
    print(row)
print('------------------------------')
```

① 从一个顶点向其他方向蔓延式计算,算到哪里,哪里叫已触达顶点。

```
reachedVertexList,parents = gMat.undirectedPrim(0)
print(reachedVertexList)                                   # 打印触达顶点数组
print(parents)                                             # 打印父顶点数组
print('连接顺序')
rlen = len(reachedVertexList)
for index in range(1,rlen):
    parentNode = gMat.dict[parents[index]]
    curNode = gMat.dict[reachedVertexList[index]]
    print("%s连%s" %(parentNode,curNode))
```

上述代码运行结果如图 10-17 所示。

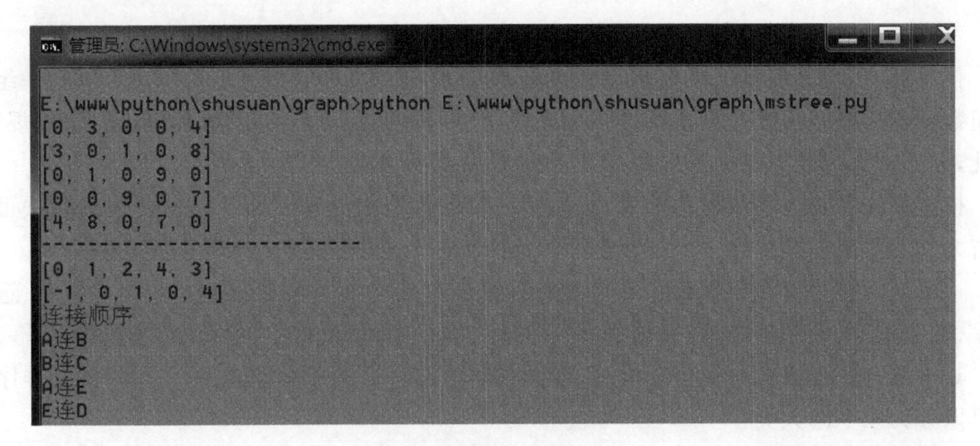


(a) 最小生成树执行结果

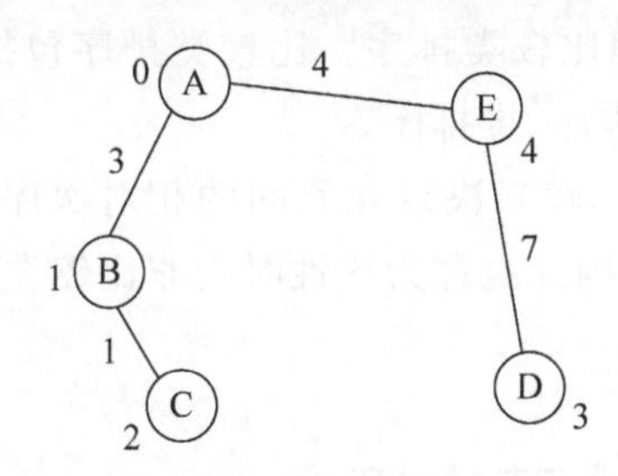


(b) 最小生成树执行结果映射的公路方案

图 10-17 用最小生成树算法计算出的 5 座城市之间的最省修路方案

图的极小连接子图不需要回路,而是一个树形结构,所以称为最小生成树,图的最小生成树不一定是唯一的,同一个图有可能对应多个最小生成树。

最小生成树在实际中的应用非常广泛,比如,城市间的光纤通信、铁路系统、水暖电气系统和路线选择等。

# 第 11 章

# 排序算法

排序算法，就是使得记录按照要求的顺序排列的方法，即通过特定的算法因式将一组或多组数据按照既定模式进行重新排序。这种新序列遵循着一定的规则，体现出一定的规律，因此，经处理后的数据便于筛选和计算，大大提高了计算效率。

排序算法在很多领域得到重视，尤其是在大量数据的处理方面。一个优秀的算法可以节省大量的资源。要得到一个符合实际的优秀算法，往往需要经过大量的推理和分析。

一般来说排序有升序排列和降序排列两种方式，常用的排序算法包括：冒泡排序、选择排序、插入排序、希尔排序、归并排序、快速排序、堆排序、计数排序、桶排序、基数排序。

其中堆排序在第 7 章中已介绍过，后面对其他排序算法做细致讲解。10 种常见排序算法可以分为以下两大类：

(1) 比较类排序：通过比较来决定元素间的相对次序，由于其时间复杂度不能突破 $O(n\lg n)$，因此也称为非线性时间比较类排序。比较类排序包括冒泡排序、选择排序、插入排序、希尔排序、归并排序、快速排序、堆排序。

(2) 非比较类排序：不通过比较来决定元素间的相对次序，它可以突破基于比较类排序的时间下界，以线性时间运行，因此也称为线性时间非比较类排序。非比较类排序包括计数排序、桶排序和基数排序。

## 11.1 排序算法的几个基本概念

要了解排序算法的几个基本概念，即排序的稳定性和不稳定性、排序的时间复杂度以及排序的空间复杂度。

### 11.1.1 排序的稳定性和不稳定性

所谓稳定性是指待排序的序列中有两个或多个元素的比较数值相等，排序之后它们的相对先后顺序不变则为稳定排序；如果相等元素的相对位置有可能因为排序而发生改变，则此排序为不稳定排序。假如数列中两个元素为 A1、A2，它们的索引位置 A1＞A2，则排序之后 A1、A2 的索引位置仍然是 A1＞A2，则为稳定，否则为不稳定。

为什么要强调稳定性和不稳定性呢？如果待排序数组中元素是单纯数字，排序后元素的前后顺序发生变化并没有什么关系，但如果是其他的格式呢？

比如：数组中的元素是对象，对象中包含得分和学号。首先按学号从低到高列出所有学生的得分，然后按得分再排序后，相同分数的情况下学号低的在前，学号高的在后，说明此次排序算法是稳定排序；而如果相同分数的元素学号的前后顺序有可能发生变化，则表明此次排序是不稳定排序。看下面的例子分析。

原始数组：

```
arr = [{学号: 1,分数: 85},{学号: 2,分数: 91},{学号: 3,分数: 85},{学号: 4,分数: 82},{学号:
5,分数: 70}]
```

注意：学号 1 和学号 3 的分数都是 85，学号 1 目前排在学号 3 的前面。

按选择排序算法(选择排序在后续会详解)：

第一轮排序：

```
arr = [{学号: 5,分数: 70},{学号: 2,分数: 91},{学号: 3,分数: 85},{学号: 4,分数: 82},{学号:
1,分数: 85}]
```

第二轮排序：

```
arr = [{学号: 5,分数: 70},{学号: 4,分数: 82},{学号: 3,分数: 85},{学号: 2,分数: 91},{学号:
1,分数: 85}]
```

第三轮排序：

```
arr = [{学号: 5,分数: 70},{学号: 4,分数: 82},{学号: 3,分数: 85},{学号: 1,分数: 85},{学号:
2,分数: 91}]
```

完成

根据上述排序的结果可看出，学号 1 的分数＝学号 3 的分数，但在选择排序完成后，学号 1 元素到了学号 4 元素的后面，相对顺序发生了改变。

有兴趣的同学可以用自己熟悉的排序算法排列上述数组，看是否会发生学号 1 跑到学号 3 后面的情况。

稳定也可以理解为一切皆在掌握中，元素的位置处于你的控制中；而不稳定算法有时就有点碰运气，随机的成分。当两个元素相等时它们的位置在排序后可能仍然相同，但也可能不同，是未可知的。

## 11.1.2　排序的时间复杂度

排序算法的时间复杂度是一个函数，它定性描述了该算法的运行时间(运行频度)，时间复杂度常用大 $O$ 符号表述。

定义：所谓时间复杂度，就是找了一个同样曲线类型的函数 $f(n)$来表示这个算法在 $n$ 不断变大时的趋势。当输入量 $n$ 逐渐加大时，时间复杂性的极限情形称为算法的“渐近时间复杂性"。

定义不好理解，看下面两个示例。

【例 11-1】 代码执行次数线性增长的记录方式。

```
print("Hello, World");                #需要执行1次,记录为O(1)
n = 10
for i in range(n):
    print("Hello, World");            #需要执行10次,记录为O(n),n = 10
```

上面代码中第一行频度为1，第二行频度为1，第三行频度为 $n$，$f(n)=n+1+1=n+2$，所以时间复杂度为 $O(n)$。这一类算法中操作次数和 $n$ 呈正比线性增长。下面看另一个例子。

【例 11-2】 代码执行次数平方阶增长的记录方式。

```
sum = 0;
for i in range(10):
    for j in range(10):
        sum++;                        #需要执行100次,记录为O(n²)或O(n^2),n = 10
```

上面代码中第一行频度为1，第二行为 $n$，第三行为 $n^2$，$f(n)=n^2+1=O(n^2)$。这类算法中操作次数和 $n$ 呈平方阶增长。下面再看一个例子。

【例 11-3】 代码执行次数余数阶的记录方式。

```
i = 1
while i <= n:                         #需要执行的次数为O(log₂n)
    i = i * 2
```

容易计算的方法：看有几重 for 循环，只有一重则时间复杂度为 $O(n)$，二重则为 $O(n^2)$，以此类推，如果有二分则为 $O(\lg n)$，二分例如快速幂、二分查找，如果一个 for 循环套一个二分，那么时间复杂度则为 $O(\log_2 n)$。

另外还需要区分算法最坏情况的行为和期望行为。比如快速排序，最坏情况运行时间是 $O(n^2)$，但期望时间是 $O(n\lg n)$。只要开发者通过一些手段，可以避免最坏情况发生，所以在实际情况中，精心设计的快速排序都能以期望时间运行。

### 11.1.3 排序的空间复杂度

一个程序的空间复杂度是指运行完一个程序所需内存的大小，这部分内存占用分为如下两部分：

(1) 固定空间：其空间大小与输入/输出的数据的个数多少、数值无关，主要包括指令空间(即代码空间)、数据空间(常量、简单变量)等所占的空间，这部分属于静态空间。比如：

指令空间：执行一段算法，20 行代码就比 10 行代码多消耗一倍的指令空间。

数据空间：一段算法中，定义了一个 int 类型，就会在内存中开辟 4 字节的空间。

(2) 可变空间：其空间主要包括动态分配的空间以及递归栈所需的空间等，这部分的空间大小与算法有关。比如：

一个算法中定义了一个函数，当这个函数被执行到调用时，函数会被压栈操作，栈中会为这个函数开辟空间，函数执行完毕，函数会被弹栈，栈中的这部分空间会被收回。假设有一个数组 arr=[1,2,3,4,5]，是一个 int 型的数组，在内存中，每个元素占 4 字节的空间，这个数组共 5 个元素，于是固定部分内存占用为 4×5=20 字节，如果用冒泡排序或插入排序，数值只在数组内移动，固定空间部分将不再另外开辟新的空间。

如果用链表排序，每个链表节点包含一个数值和一个指向下一个节点的指针，每个指针占 4 字节，于是一个元素就占 8 字节，整个链表中的全部元素在内存中就占 8×5=40 字节。

如果用二叉树排序(第 6 章讲到)，每个二叉树节点包含一个数值、一个左指针和一个右指针，每个节点占静态空间共 12 字节，整个树结构在内存中就占 12×5=60 字节。

以上是空间复杂度中不同排序算法需要的固定空间大小，可变空间还要看这些算法调用需要的压栈空间，由于涉及具体代码实现，这里不再多做阐述。

## 11.2 冒泡排序

这个算法的名字由来是因为更小(大)的元素会经由交换逐步“浮”到数组的顶端(升序或降序排列)。

冒泡排序逻辑：首先冒出整个数组最大的一个，放到数组尾部。然后从头开始，依次比较相邻的两个数，将小数放前，大数放后。即在第一趟：首先比较第 1 个数和第 2 个数，将小数放前，大数放后；然后比较第 2 个数和第 3 个数，将小数放前，大数放后，如此继续，直至比较最后两个数，将小数放前，大数放后，这样换到最后一个数必然是最大的一个。然后再从头开始冒次大的那个数，使倒数第 2 个数成为次大。如此重复，直至全部数组排序完成。

冒泡排序的时间复杂度(平均)为 $O(n^2)$、空间复杂度为 $O(1)$，为稳定性排序算法。

比如：待排序数组 arr=[6,3,8,2,9,1]，用冒泡排序算法对这个数组进行排序的图解分析如图 11-1 所示。

代码实现如例 11-4 所示。

视频讲解

**【例 11-4】** 冒泡排序(bubblesort.py)。

```
arr = [6,3,8,2,9,1]
alen = len(arr)
temp = None
for i in range(alen):                  # 遍历数组
    for j in range(0,alen - 1 - i):    # 每次遍历从 0 到(倒数第 1,倒数第 2, …)
        if arr[j]> arr[j + 1]:         # 如果当前值大于后面的值,则替换,目的是把大的数向后
                                       # 交换
```

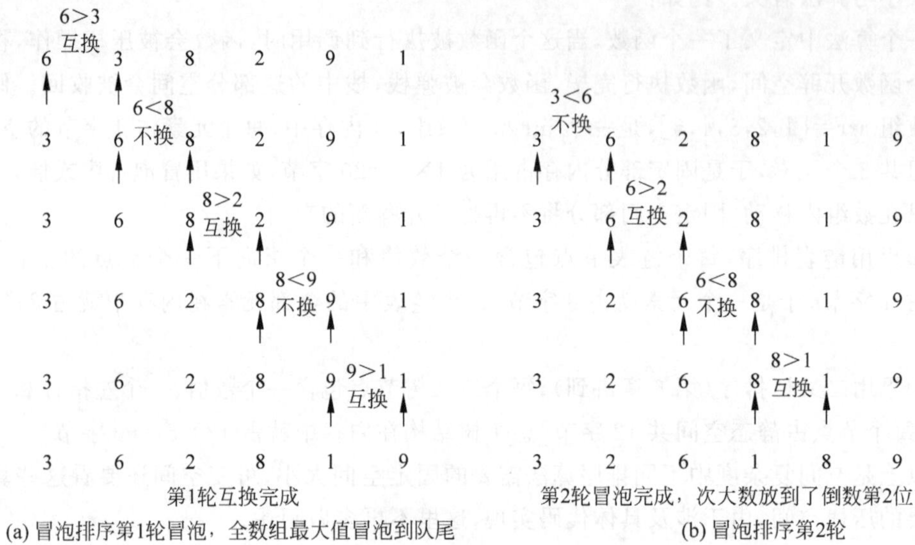


(a) 冒泡排序第1轮冒泡，全数组最大值冒泡到队尾　　(b) 冒泡排序第2轮

以此类推，直到只剩第1个
数，整个数列冒泡完毕

1 2 3 6 8 9

(c) 重复$n$轮后，产生冒泡排序最终结果

图 11-1　冒泡排序算法的运算步骤

```
                temp = arr[j]
                arr[j] = arr[j + 1]
                arr[j + 1] = temp

print(arr)
```

上述代码执行结果如图 11-2 所示。

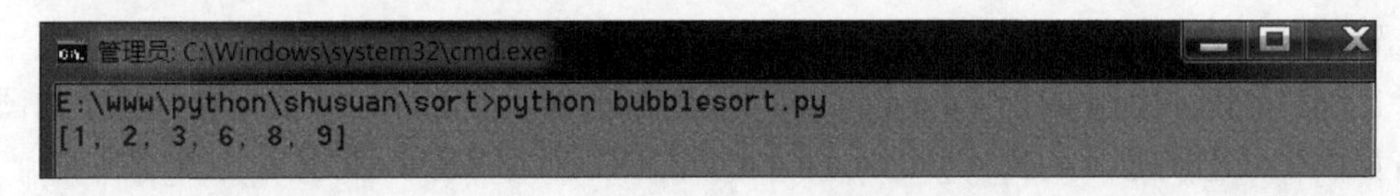


图 11-2　冒泡排序执行结果

## 11.3　选择排序

选择排序的逻辑：初始时在序列中找到最小(大)元素，放到序列的起始位置作为已排序序列；然后，再从剩余未排序元素中继续寻找最小(大)元素，放到已排序序列的末尾。以此类推，直到所有元素均排序完毕。

选择排序与冒泡排序的区别：冒泡排序通过依次交换相邻两个顺序不合适的元素位置，从而将当前最小(大)元素放到合适的位置；而选择排序每遍历一次都记住了当前最小(大)元素的位置，最后仅需一次交换操作即可将其放到合适的位置。

选择排序的时间复杂度(平均)为$O(n^2)$、空间复杂度为$O(1)$，为不稳定性排序算法。

比如，待排序数组 arr=[49,27,65,97,76,12,38]，用选择排序算法对这个数组进行排序的图解分析如图 11-3 所示。

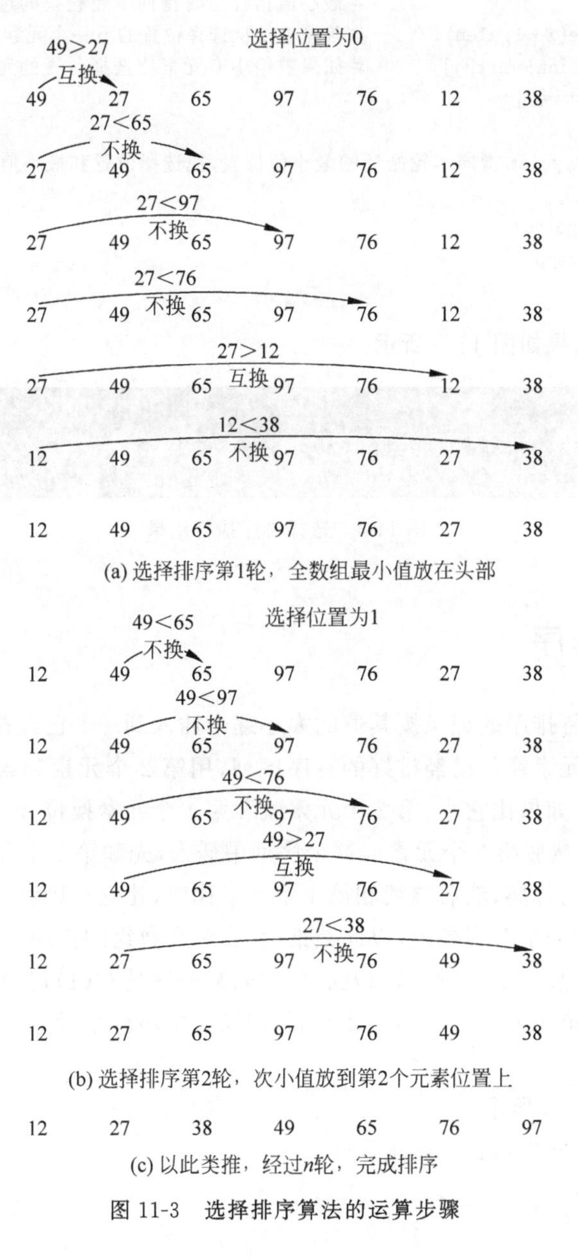

(a) 选择排序第1轮，全数组最小值放在头部

(b) 选择排序第2轮，次小值放到第2个元素位置上

(c) 以此类推，经过$n$轮，完成排序

图 11-3　选择排序算法的运算步骤

视频讲解

代码实现如例 11-5 所示。

【例 11-5】 选择排序(selectsort. py)。

```
arr = [49,27,65,97,76,12,38]
alen = len(arr)                          #获取列表长度
point = None                             #定义一个指向本轮查找中最小值位置的指针
for i in range(alen):
    point = i;                           #最小值指针暂时指向本轮查找的选择元素位置,从 0 开始
    for j in range(i+1,alen):            #首轮查找从选择位置的下一个元素开始,每轮向后移动一位
        if arr[point]> arr[j]:           #如果数组中有元素比选择位置的元素小,则替换它们
            point = j

    #循环完毕后,point 指向本轮循环的最小值位置,把选择位置和最小值位置互换
    temp = arr[i]
    arr[i] = arr[point]
    arr[point] = temp
print(arr)
```

上述代码运行结果如图 11-4 所示。

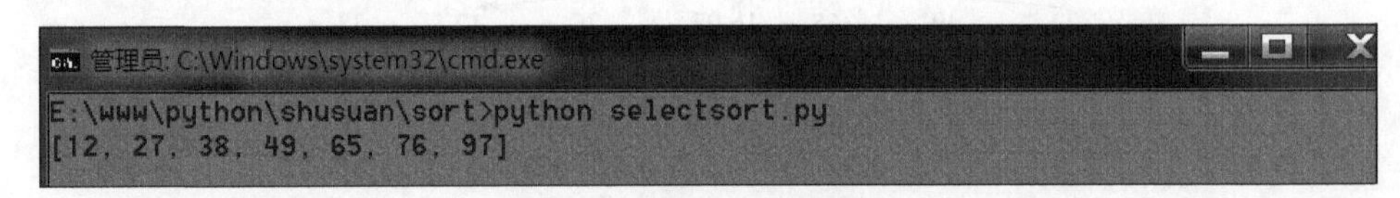


图 11-4 选择排序执行结果

## 11.4 插入排序

简单说,就是把待排序的记录按其值的大小逐个插入到一个已经排好序的有序序列中。一个数组中,第 1 个元素算是已经排好的有序序列,用第 2 个元素和第 1 个元素比较,如果比它大,就在它后面,如果比它小,第 2 个元素就和第 1 个元素换位,于是前 1、2 两个元素构成了一个有序数组;然后第 3 个元素向这个序列中插入,先和第 2 个元素比较,比它大就停在后面,比它小就和它替换,然后继续和第 1 个元素比较,比它小则替换,比它大就停止;这样前 3 个元素又构成一个有序数组,以此类推,完成整个数组的排序。

插入排序的时间复杂度(平均)是 $O(n^2)$、空间复杂度是 $O(1)$,为稳定性排序算法。

比如,待排序数组 arr=[7,3,15,1,23,6],用插入排序算法对这个数组排序的图解分析如图 11-5 所示。

视频讲解

代码实现如例 11-6 所示。

【例 11-6】 插入排序(insertsort. py)。

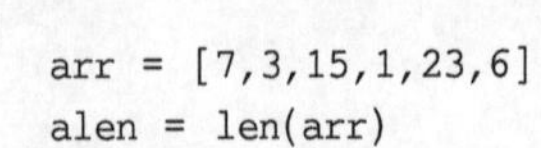

```
arr = [7,3,15,1,23,6]
alen = len(arr)
```

7<3
互换
7　3　15　1　23　6
视7为一个有序数列，把
3向这个数列中插入
得到
3　7　15　1　23　6

(a) 把第1个数7视为一个独立数组，把3和数组中最后一个数7比较，比7小就换到前面

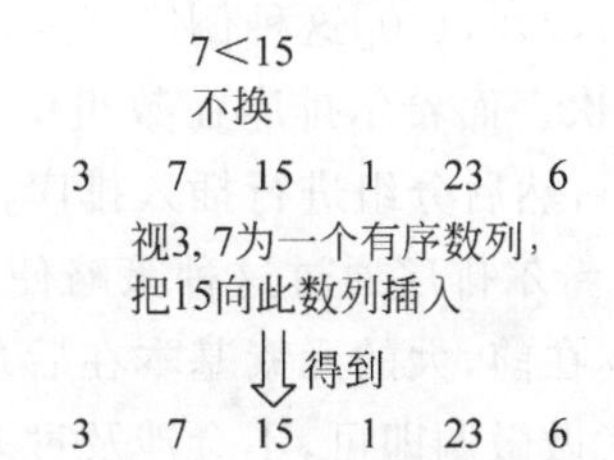


(b) 把15和3，7构成的数组从后向前比较，比最后一个数7大，所以留在3, 7, 15构成的数组尾部

15>1
互换
3　7　15　1　23　6
7>1
互换
3　7　1　15　23　6
3>1
互换
3　1　7　15　23　6

1　3　7　15　23　6

(c) 1插入前方有序数组

以此类推，得到
1　3　6　7　15　23

(d) 以此类推，不断把后面的数插入前方有序数组，最终完成排序

图 11-5　插入排序算法的运算步骤

```
for i in range(alen):                    #遍历,从数组中由前向后取数
    for j in range(i,0,-1):              #从1开始可以进入循环,j从大向小循环到1为止
        if arr[j]< arr[j-1]:             #如果后面的数小于前面的数,互换
            temp = arr[j]
            arr[j] = arr[j-1]
            arr[j-1] = temp
        else:
            break
print(arr)
```

上述代码运行结果如图 11-6 所示。

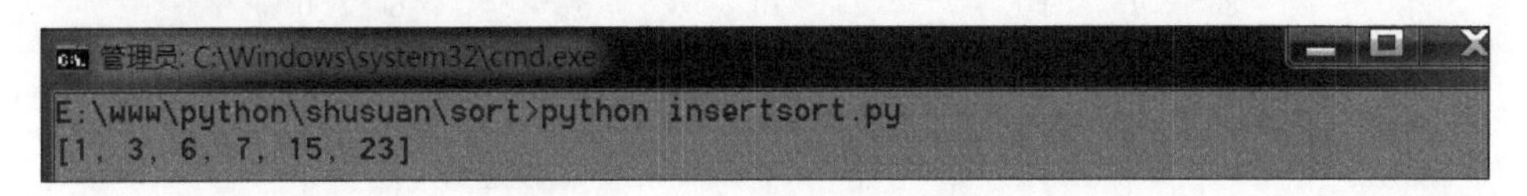


图 11-6　插入法排序执行结果

## 11.5　希尔排序

希尔排序也是一种插入排序，它是简单插入排序经过改进之后的一个更高效的版本，也称为缩小增量排序，同时该算法是冲破 $O(n^2)$ 的第一批算法之一。

比如[5,4,3,2,1,0]这种倒序序列,数组末端的 0 要回到首位置很费劲,比较和移动元素均需 $n-1$ 次。而希尔排序在数组中采用跳跃式分组的策略,通过某个增量将数组元素划分为若干组,然后分组进行插入排序,随后逐步缩小增量,继续按组进行插入排序操作,直至增量为 1。希尔排序通过这种策略使得整个数组在初始阶段达到从宏观上看基本有序,小的元素基本在前,大的元素基本在后。然后缩小增量,到增量为 1 时,其实多数情况下只需对数组元素做微调即可,不会涉及过多的数据移动。

这种排序方式使得排在后面的元素不必一个个地比较向前,而是跳跃性地换到自己应到的位置,减少了整个排序过程的运算量。

希尔排序的时间复杂度(平均)是 $O(n^{1.3})$、空间复杂度是 $O(1)$,为不稳定排序算法。

比如,待排序数组 arr=[8,9,1,7,2,10,3,5,4,6,0],用希尔排序算法对这个数组排序的图解分析如图 11-7 所示。

从图 11-7 可以看到,最后一个数 0 如果用原先的插入排序方式要移动到正确的位置需要移动 10 次,而在希尔排序中只移动了 4 次。其他各个数值也大大减少了运算开销,把性能提高到一个新高度。

代码实现如例 11-7 所示。

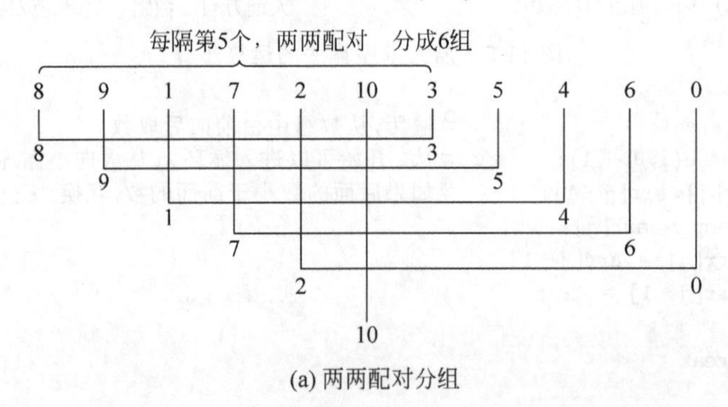


(a) 两两配对分组

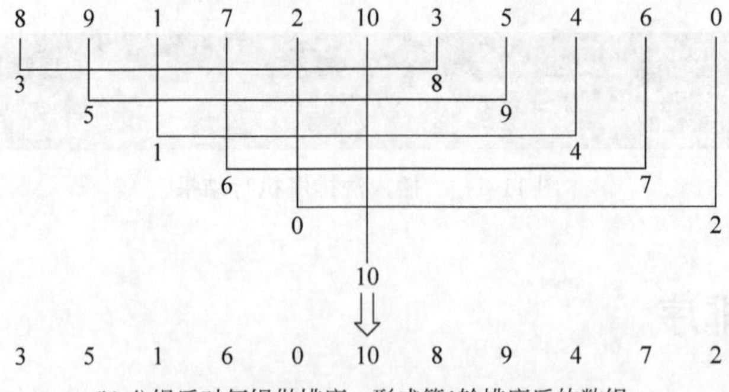


(b) 分组后对每组做排序，形成第1轮排序后的数组

图 11-7　希尔排序算法的运算步骤

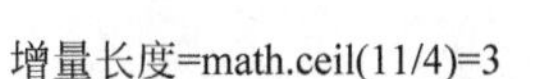

再分组，这次按每隔第3个分成1组，共分成3组

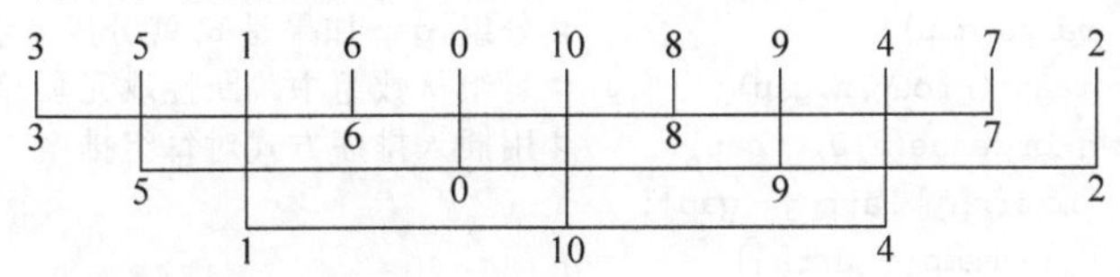

再对每个分组做插入排序

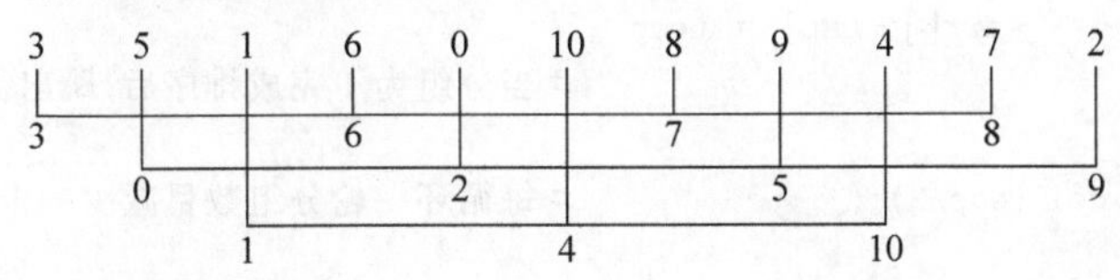

得到第2轮排序结果

3 0 1 6 2 4 7 5 10 8 9

(c) 第2轮分组并排序

增量长度=math.ceil(11/8)=2

再分组，每隔第2个分成1组，共分成2组

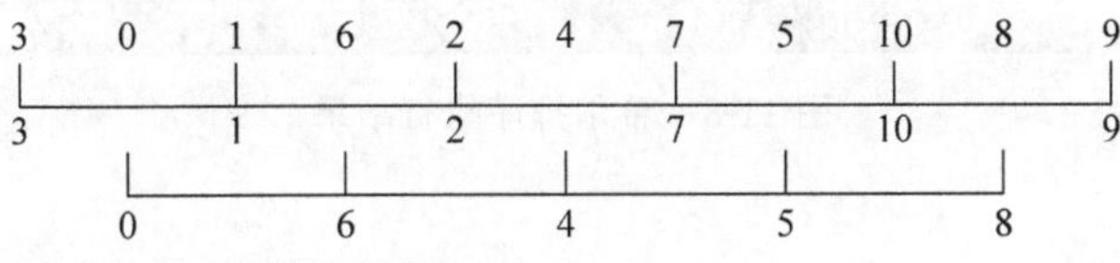

再对这2个分组做插入排序

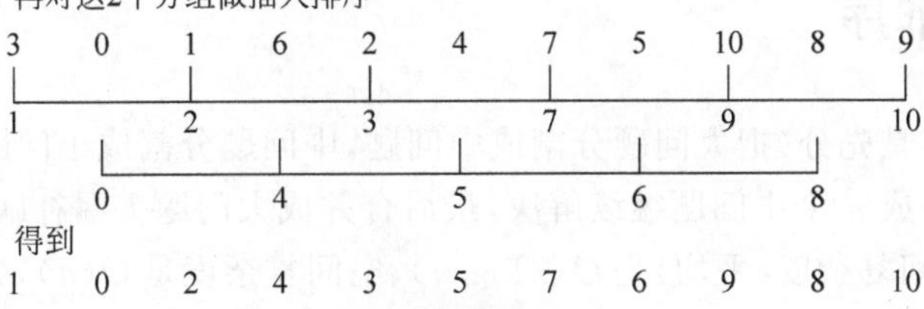

得到

1 0 2 4 3 5 7 6 9 8 10

(d) 第3轮分组并排序

增量长度=math.ceil(11/16)=1

再分组，全部放入1组中，对整组做插入排序

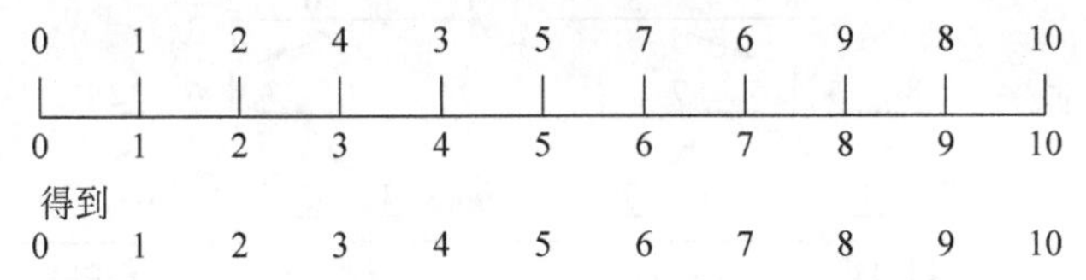

得到

0 1 2 3 4 5 6 7 8 9 10

(e) 第4轮(最后1轮)分组并排序，得到最终结果

图 11-7 （续）

**【例 11-7】** 希尔排序(shellsort.py)。

视频讲解

```
import math
arr = [8,9,1,7,2,10,3,5,4,6,0]
n = len(arr)
```

```
gap = math.ceil(n/2)
while True:
    for group in range(gap):                # 分组,gap 如果是 6,就分成 6 组
        for i in range(group,n,gap):        # 每组从数组中跳跃性取元素,间隔是 gap
            for j in range(i,0,-gap):       # 用插入排序方式对每组排序
                if arr[j]< arr[j-gap]:
                    temp = arr[j]
                    arr[j] = arr[j-gap]
                    arr[j-gap] = temp
    if gap == 1:                            # 当分组为 1 完成排序后,跳出循环
        break
    gap = math.ceil(gap/2)                  # 每循环一轮分组数目减少一半

print(arr)
```

上述代码运行结果如图 11-8 所示。

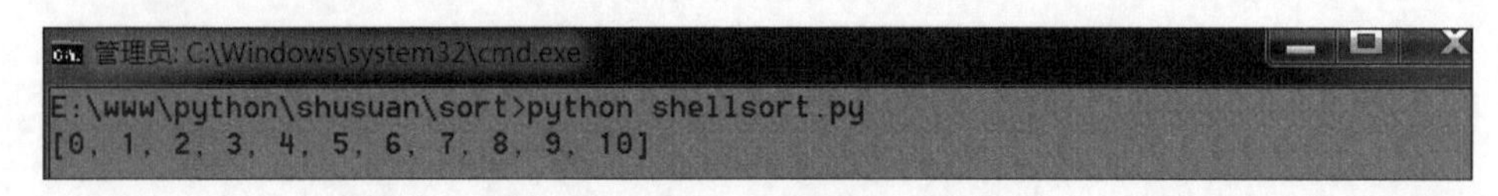


图 11-8 希尔排序执行结果

## 11.6 归并排序

所谓归并,其实是先分(把大问题分割成中问题,中问题分割成小问题),再并(把小问题先一一解决,再合并成 $n$ 个中问题继续解决,最后合并成大问题查漏补缺)。

归并排序的时间复杂度(平均)是 $O(n\log_2 n)$、空间复杂度是 $O(n)$,为不稳定排序算法。比如:待排序数组 arr=[8,4,5,7,1,3,6,2],用归并排序算法对这个数组做排序的图解分析如图 11-9 所示。

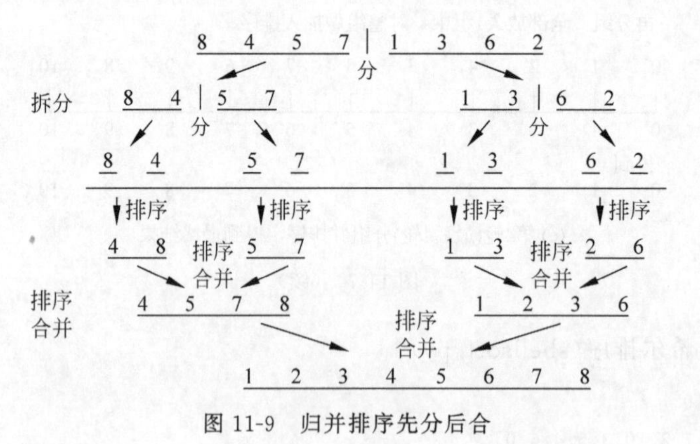


图 11-9 归并排序先分后合

归并排序中先把一个长数组逐步分割成小数组，然后把小数组先排序，再把排好序的小数组两两合并（两个有序数组合并成一个有序数组，用左右指针法），逐步递归，最终完成整个数组的排序。代码实现如例 11-8 所示。

视频讲解

【例 11-8】 归并排序(mergesort.py)。

```
arr = [8,4,5,7,1,3,9,6,2]
#递归分组方法
def MergeSort(lst):
    alen = len(lst)
    if alen <= 1:                        #如果长度小于或等于1,直接返回
        return lst
    num = int(alen / 2)                  #列表长度二分
    left = MergeSort(lst[:num])          #左右两半部分别递归
    right = MergeSort(lst[num:])
    return Merge(left, right)            #每次递归都要把左右两半部再合并回来(调用 Merge
                                         #排序)

#合并排序方法(两个有序数组合并成一个有序数组,采用左右指针法)
def Merge(left,right):
    l,r = 0, 0                           #声明左右两个指针,左指针指 left,右指针指 right,
                                         #都从 0 开始
    result = []
    while l < len(left) and r < len(right): #如果左指针小于左数组长度,右指针也小于右数组
                                         #长度
        if left[l] <= right[r]:          #左指针所指向的元素小于或等于右指针所指向的元素
            result.append(left[l])       #把小的推进结果集
            l += 1                       #左指针向下移动一位
        else:                            #反之亦然
            result.append(right[r])
            r += 1
    result += list(left[l:])             #把左右数组中剩下的并入结果集
    result += list(right[r:])
    return result
print(MergeSort(arr))
```

上述代码运行结果如图 11-10 所示。

```
管理员: C:\Windows\system32\cmd.exe
E:\www\python\shusuan\sort>python mergesort.py
[1, 2, 3, 4, 5, 6, 7, 8, 9]
```

图 11-10　9 个数做归并排序后的执行结果

## 11.7 快速排序

快速排序是冒泡排序的改进型，基于的是分治的思想。首先从待排序数组中取出第 1 个数作为基数，然后把数组中比此数小的全部移动到此数左侧，再把比此数大的移动到此数

右侧，第1轮排序完毕；然后把整个数组在此基数位置上二分，左右子数组再按上述做法再次移动一轮算第2轮排序完成，以此类推，直至所有子数组皆成有序状态。

快速排序的时间主要耗费在划分操作上，对长度为 $k$ 的区间进行划分，共需 $k-1$ 次关键字的比较。

最坏情况是每次划分选取的基准都是当前无序区中关键字最小(或最大)的记录，划分的结果是基准左边的子区间为空(或右边的子区间为空)，而划分所得的另一个非空的子区间中记录数目，仅比划分前的无序区中记录个数减少一个。时间复杂度为 $O(n\times n)$；在最好情况下，每次划分所取的基准都是当前无序区的"中值"记录，划分的结果是基准的左、右两个无序子区间的长度大致相等。总的关键字比较次数为 $O(n\lg n)$。

尽管快速排序的最坏时间复杂度为 $O(n\times n)$，但就平均性能而言，它是基于关键字比较的内部排序算法中速度最快者，快速排序亦因此而得名。平均时间复杂度为 $O(n\lg n)$。快速排序的时间复杂度(平均)是 $O(n\log_2 n)$、空间复杂度是 $O(n\log_2 n)$，为不稳定排序算法。

比如，待排序数组 arr=[8,4,5,12,7,1,3,6,2]，用快速排序方法对这个数组做排序的图解分析如图 11-11 所示。

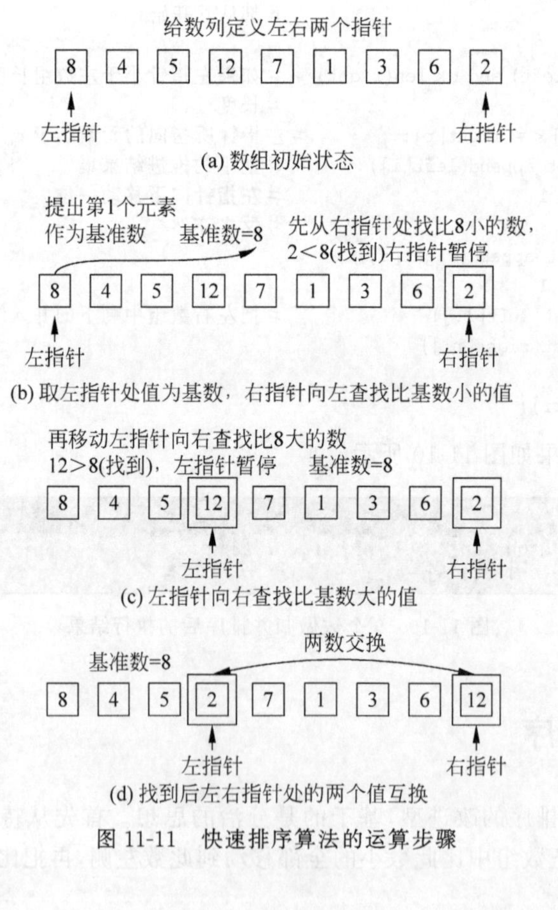


图 11-11 快速排序算法的运算步骤

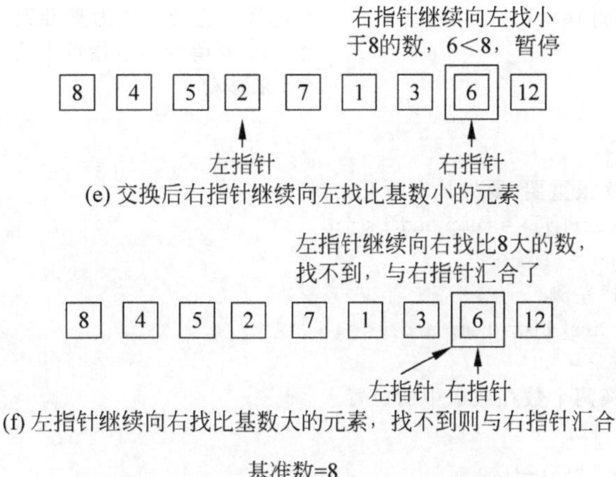


(e) 交换后右指针继续向左找比基数小的元素

(f) 左指针继续向右找比基数大的元素，找不到则与右指针汇合

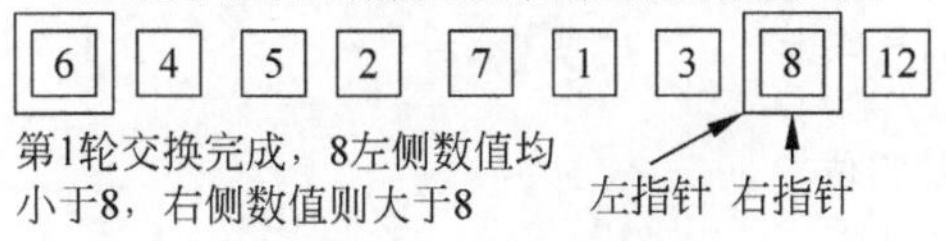


(g) 快速排序，第1轮排序完毕

将8左右两侧拆分成两个子数组

6　4　5　2　7　1　3　8　12

左子数组　　右子数组

(h) 把整个数组从第1个基数处分成左右两个子数组

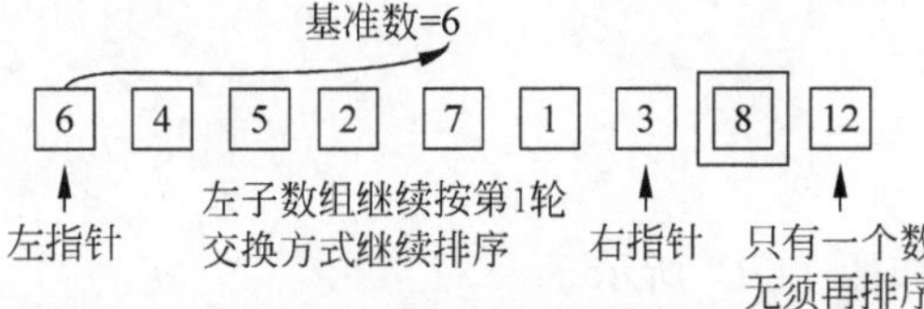


(i) 由于右子数组只有一个数，只对左子数组按上述快排方式再来一轮排序

1　2　3　4　5　6　7　8　12

按照第1轮排序方式以此类推，不断
分割子数列，最终完成排序

(j) 以此类推，按第1轮排序方式递归拆分开的子数组，直至排序完成

图 11-11 （续）

代码实现如例 11-9 所示。

视频讲解

**【例 11-9】** 快速排序(quicksort.py)。

```
#快速排序
def quicksort(left,right):
    if left >= right:                    #如果左指针与右指针汇合
        return
```

```
        temp = arr[left]                    #把最左侧的数作为基准数
        i = left                            #left要留着左右指针汇合时与基准数交换,所以用
                                            #i来移动
        j = right
        while i!= j:
            #顺序很重要,要先从右侧开始找
            while arr[j]> = temp and i < j:
                j -= 1
            #再找左侧
            while arr[i]< = temp and i < j:
                i += 1
            #交换两个数在数组中的位置
            if i < j:
                t = arr[i]
                arr[i] = arr[j]
                arr[j] = t

        #最终将基准数归位
        arr[left] = arr[i];
        arr[i] = temp;

        quicksort(left, i - 1);             #继续处理左边的子数组,这里是一个递归的过程
        quicksort(i + 1, right);            #继续处理右边的子数组,这里是一个递归的过程

#测试
arr = [8,4,5,12,7,1,3,6,2]
n = len(arr) - 1
quicksort(0,n)
print(arr)
```

上述代码运行结果如图 11-12 所示。

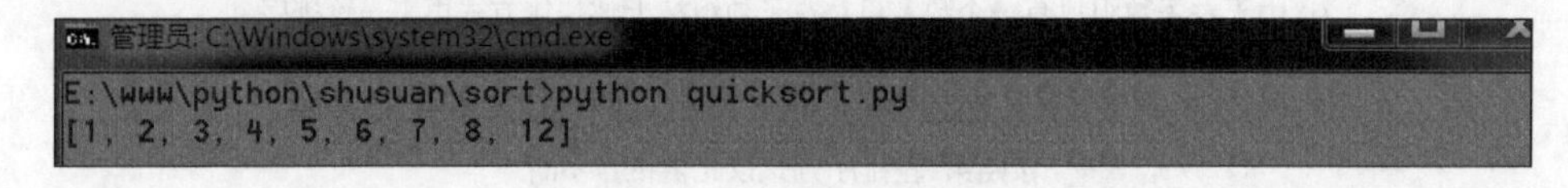


图 11-12 快速排序执行结果

## 11.8 计数排序

有这样一道排序题：数组里有 20 个随机数，取值范围为 0～10，要求用最快的速度把这 20 个整数从小到大进行排序。

第一时间有人可能会想使用快速排序，因为快速排序的时间复杂度只有 $O(n\log_2 n)$。但是这种方法还是不够快，有没有比 $O(n\log_2 n)$ 更快的排序方法呢？有人可能会有疑问：$O(n\log_2 n)$ 已经是最快的排序算法了，怎么可能还有更快的排序方法？

这里先来回顾一下经典的排序算法，无论是归并排序、冒泡排序还是快速排序等，都是基于元素之间的比较来进行排序。但是有一种特殊的排序算法称为计数排序，这种排序算法不是基于元素比较，而是利用数组下标来确定元素的正确位置。

在刚才的题目里，随机整数的取值范围是 0～10，那么这些整数的值肯定是在 0～10 这 11 个数中。于是程序里可以建立一个长度为 11 的列表，列表下标为 0～10，元素初始值全为 0，如图 11-13 所示。

假设 20 个随机整数的值是：arr=[9,3,5,4,9,1,2,7,8,1,3,6,5,3,4,0,10,9,7,9]。

遍历这个无序的随机数组，每一个整数按照其值对号入座，对应数组下标的元素进行加 1 操作。比如第 1 个整数是 9，那么数组下标为 9 的元素加 1，如图 11-13(b)所示。

第 2 个整数是 3，那么数组下标为 3 的元素加 1，如图 11-13(c)所示。

继续遍历数组并修改，最终数组遍历完毕时，数组的状态如图 11-13(d)所示。

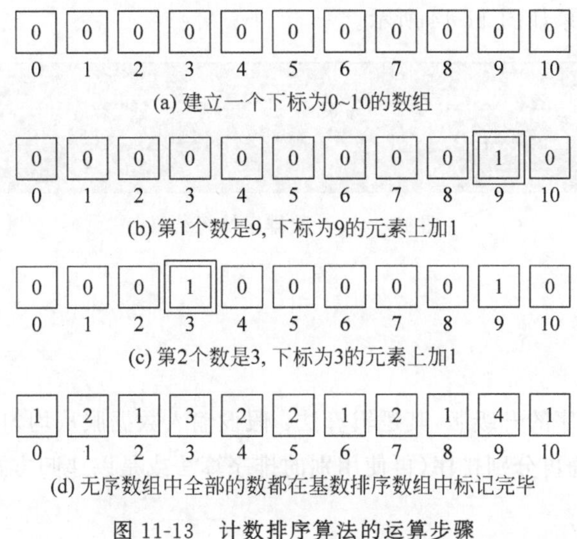


图 11-13 计数排序算法的运算步骤

计数排序适用于一定范围的整数排序。在取值范围不是很大的情况下，它的性能在某些情况甚至快过那些 $O(n\log_2 n)$ 的排序，例如快速排序、归并排序等。当然这是一种牺牲空间换取时间的做法，而且当取值范围大而分散且数量很多时其效率反而不如基于比较的排序。

计数排序的时间复杂度（平均）是 $O(n+k)$、空间复杂度是 $O(n+k)$，为稳定性排序算法。代码实现如例 11-10 所示。

视频讲解

**【例 11-10】** 计数排序（countsort.py）。

```
def sort(a):
    n = len(a)                              # 获取待排序数组的长度
    m = max(a)                              # 获取待排序数组中的最大值
```

```
        b=[0]*(m+1)                    #实例化一个全是0的列表,长度是待排序数组最大值+1
        for i in a:
            b[i] += 1                  #对应下标的数
        return b

    arr = [9,3,5,4,9,1,2,7,8,1,3,6,5,3,4,0,10,9,7,9]
    rs = sort(arr)
    print('----计数结果---------')
    print(rs)
    print('------直接输出排序结果--------')
    for i in range(11):
        m =rs[i]
        for n in range(m):
            print(i,end='')
```

上述代码运行结果如图 11-14 所示。

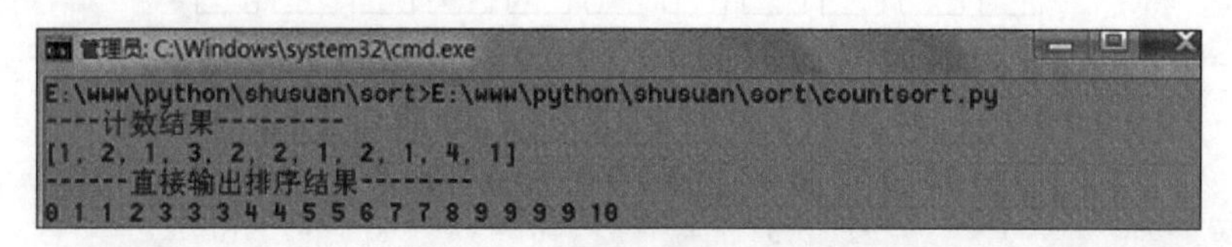


图 11-14　计数排序执行结果

## 11.9　桶排序

桶排序是计数排序的升级版,其逻辑算法:假设输入数据服从均匀分布,将数据分到有限数量的桶内,每个桶再分别排序(再使用别的排序算法或是以递归方式继续使用桶排序进行排序)。

计数排序本质上是一种特殊的桶排序,当桶的个数取最大($V_{max}-V_{min}+1$)时,就变成了计数排序。

桶排序的时间复杂度(平均)是$O(n+k)$、空间复杂度是$O(n+k)$,为稳定性排序算法。

桶排序的算法步骤如下:

(1) 设置一个定量的数组当作空桶。

(2) 遍历输入数据,并且把数据一个个放到对应的桶内。

(3) 对每个不是空的桶进行排序。

(4) 从不是空的桶内把排好序的数据拼接起来。

比如:待排序数组 arr=[31,25,43,9,27,18,5,44,38,26,17,34,1,8,48,13,79,7]根据数据的分布情况设置桶边界:bucket=[10,20,30,40,50],用桶排序算法对这个数组进行排序的图解分析如图 11-15 所示。

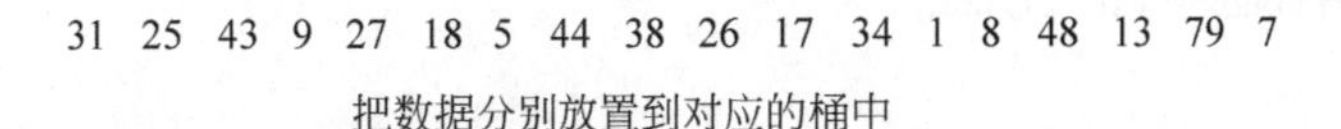


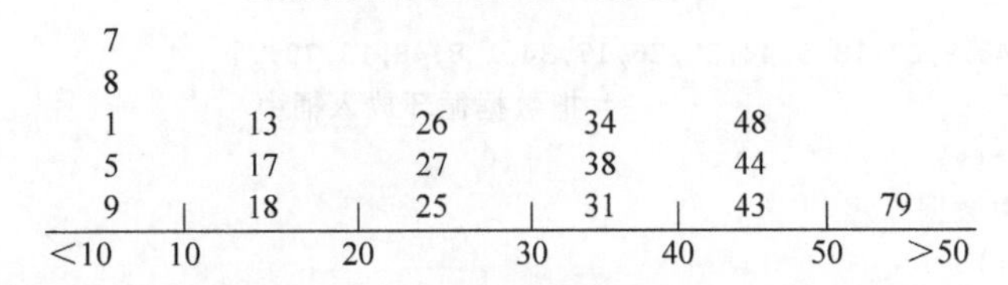


(a) 遍历数组，将数组中数据按值范围分配到对应的区间内

用插入排序对桶中数据排序

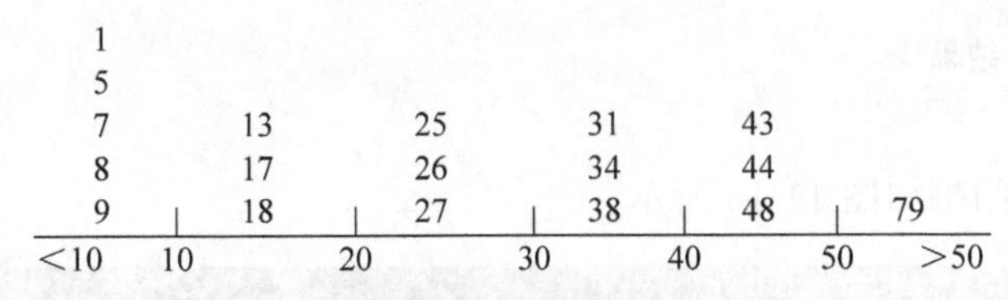


合并桶中数据，得到

1, 5, 7, 8, 9, 13, 17, 18, 25, 26, 27, 31, 34, 38, 43, 44, 48, 79

(b) 桶内排序，然后将桶中数据全部连接起来

图 11-15　桶排序算法的运算步骤

代码实现方式如例 11-11 所示。

**【例 11-11】** 桶排序(bucketsort.py)。

```
bucket = [10,20,30,40,50]          #设置桶边界,0～10,10～20,20～30,30～40,40～50,>50
bucketlst = []                     #桶列表,0～10 的数放进下标 0,10～20 放进下标 1,以此
                                   #类推
for i in range(6):
    bucketlst.append([])
def insertSort(arr,v):             #桶内采用插入排序
    arr.append(v)
    alen = len(arr)
    for i in range(alen - 1,0, - 1):   #从 1 开始可以进入循环,i 从大向小循环到 1 为止
        if arr[i]< arr[i - 1]:     #如果后面的数小于前面的数,互换
            temp = arr[i]
            arr[i] = arr[i - 1]
            arr[i - 1] = temp
def enterBucket(num):              #入桶方法
    global bucket,bucketlst
    i = 0
    for v in bucket:               #找到数值所对应的桶
        if num < v:
            break
        i += 1
```

```
        insertSort(bucketlst[i],num)

#测试
arr = [31,25,43,9,27,18,5,44,38,26,17,34,1,8,48,13,79,7]
for v in arr:                                  #把数据循环放入桶中
    enterBucket(v)
print('打印桶中数据')
print(bucketlst)
lst = []
for clst in bucketlst:                         #合并桶中数据,形成最终结果
    lst += clst
print('打印排序结果')
print(lst)
```

上述代码运行结果如图 11-16 所示。

```
管理员: C:\Windows\system32\cmd.exe
E:\www\python\shusuan\sort>python bucketsort.py
打印桶中数据
[[1, 5, 7, 8, 9], [13, 17, 18], [25, 26, 27], [31, 34, 38], [43, 44, 48], [79]]
打印排序结果
[1, 5, 7, 8, 9, 13, 17, 18, 25, 26, 27, 31, 34, 38, 43, 44, 48, 79]
```

图 11-16　桶排序运行结果

## 11.10　基数排序

基数排序也可称为按位进行的分配排序(不是基于比较而是基于数据分配的)。其逻辑算法：列表中所有数按位上数值大小分配到对应的桶内,再将桶内的数按桶下标顺序放回到列表,列表中最大数值有几位,这一来回就倒放几次,通过桶与列表的倒换完成排序。这种排序方式是目前稳定排序算法中效率最高的排序方式。

计数排序、桶排序、基数排序三者区别如下：

(1) 基数排序和计数排序都可以看作桶排序。

(2) 计数排序是一个桶装一个数(或相同的一组数),数越多,桶越多。

(3) 桶排序是一个桶装一组数。

(4) 基数排序是一个桶装一组数,然后倒回到数组中,再装一轮,再倒回去,按位摆桶。

基数排序的时间复杂度(平均)是 $O(n \times k)$、空间复杂度是 $O(n+k)$,为稳定性排序算法。比如：arr=[12,3,45,3543,214,10,121,4553,1,99,1008],用基数排序算法对这个数组进行排序的图解分析如图 11-17 所示。

因数组中数字最长为 4 位,所以需 4 轮把数组全部排序完成。基数排序中没有任何比较操作,全凭分配倒放完成,因此拥有极高的排序效率。

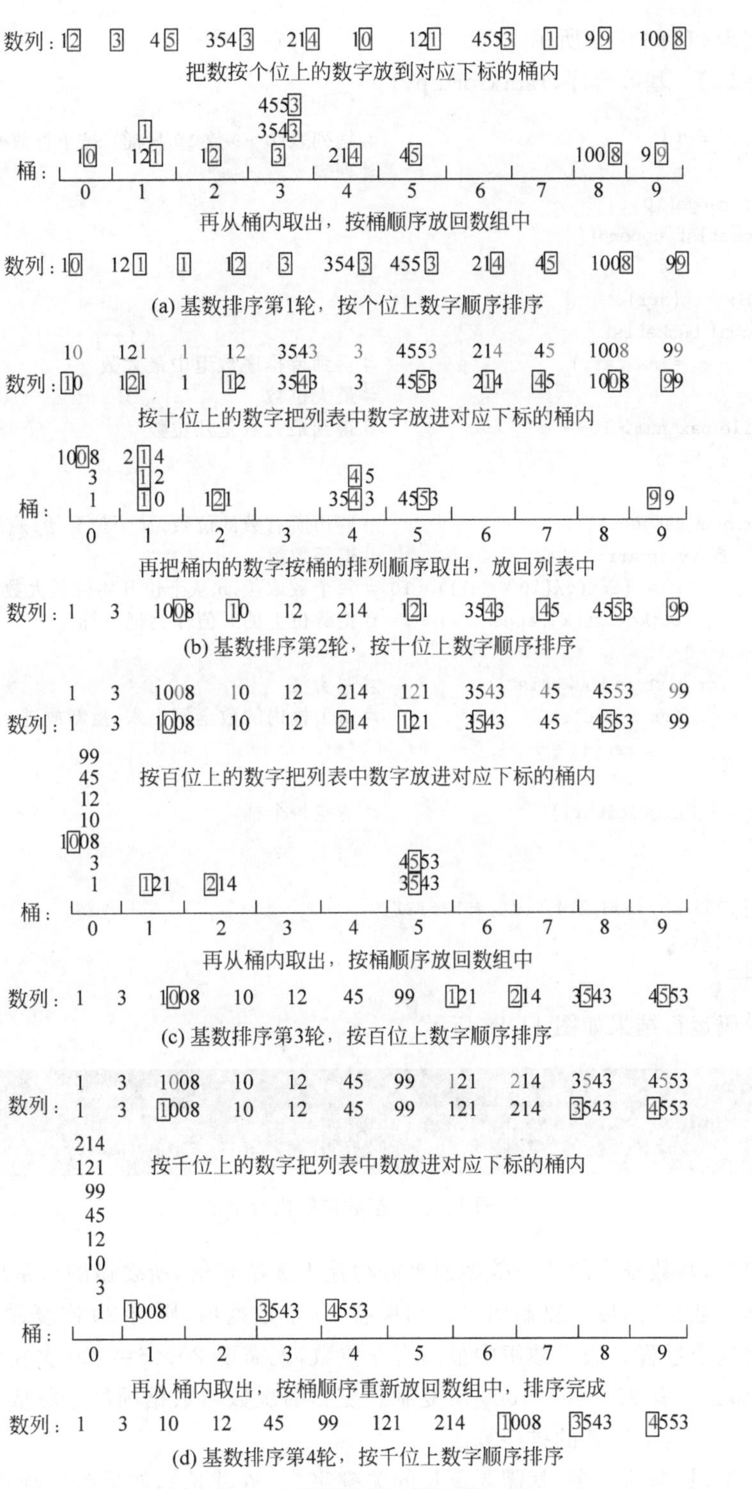


图 11-17　基数排序算法的运算步骤

代码实现如例 11-12 所示。

【例 11-12】 基数排序(radixsort. py)。

```
bucketlst = []                          #桶列表(0～9 放 10 只桶),按下标放 0～9,共 10 个空
                                        #列表
for i in range(10):
    bucketlst.append([])

def radixSort(arr):
    global bucketlst
    max_num = max(arr)                  #得到待排序数组中最大数
    m = 0                               #最大位数
    while max_num > 10 ** m:            #得到最大数是几位数
        m += 1

    for n in range(m):                  #遍历所有数的位数,从个位开始,遍历到最大位数
        for v in arr:                   #遍历数组
            k = (int(v/(10 ** n))) % 10 #每个数取位,n 从个位开始到最大数位
            bucketlst[k].append(v)      #把数位上的 k 值作为桶下标
        i = 0
        for clst in bucketlst:          #遍历桶
            for v in clst:              #每个桶内的数全倒出来,重新放进 arr 列表
                arr[i] = v
                i += 1
            clst.clear()                #清空每个桶

#测试
arr = [12,3,45,3543,214,1,10,4553,121]
radixSort(arr)
print(arr)
```

上述代码运行结果如图 11-18 所示。

图 11-18 基数排序执行结果

初看起来,基数排序的执行效率似乎好得让人无法相信,所要做的只是把原始数据项从数组复制到桶数组,然后再复制回去。如果有 10 个数据项,则有 20 次复制,对每一位数据项重复一次这个过程。假设数组中最高有 5 位数,就需要 20×5=100 次复制。如果有 100 个数据项,那么就有 200×5=1000 次复制。复制的次数与数据项的个数成正比,即 $O(n)$。这是一般被认为效率最高的排序算法。

不幸的是,数据项越多,就需要更长的关键字(位数越长),如果数据项增加 10 倍,那么

关键字必须增加一位(多一轮排序)。复制的次数和数据项的个数与关键字长度成正比,可以认为关键字长度是 $N$[①] 的对数。因此在大多数情况下,基数排序的执行效率倒退为 $O(n\times\lg n)$[②],和快速排序差不多。

## 11.11　10种常见排序算法的复杂度

表11-1是10种常见的排序算法在时间复杂度和空间复杂度的平均、最好、最坏情况下以及它们的稳定性的对比。由此可以看出各种排序算法的优劣,方便开发者根据情况选择合适的算法进行开发。

**表11-1　10种排序算法复杂度的对比**

| 排序方法 | 时间复杂度(平均) | 时间复杂度(最坏) | 时间复杂度(最好) | 空间复杂度 | 稳定性 |
|---|---|---|---|---|---|
| 冒泡排序 | $O(n^2)$ | $O(n^2)$ | $O(n)$ | $O(1)$ | 稳定 |
| 选择排序 | $O(n^2)$ | $O(n^2)$ | $O(n^2)$ | $O(1)$ | 不稳定 |
| 插入排序 | $O(n^2)$ | $O(n^2)$ | $O(n)$ | $O(1)$ | 稳定 |
| 希尔排序 | $O(n^{1.3})$ | $O(n^2)$ | $O(n)$ | $O(1)$ | 不稳定 |
| 归并排序 | $O(n\log_2 n)$ | $O(n\log_2 n)$ | $O(n\log_2 n)$ | $O(n)$ | 稳定 |
| 快速排序 | $O(n\log_2 n)$ | $O(n^2)$ | $O(n\log_2 n)$ | $O(n\log_2 n)$ | 不稳定 |
| 堆排序 | $O(n\log_2 n)$ | $O(n\log_2 n)$ | $O(n\log_2 n)$ | $O(1)$ | 不稳定 |
| 计数排序 | $O(n+k)$ | $O(n+k)$ | $O(n+k)$ | $O(n+k)$ | 稳定 |
| 桶排序 | $O(n+k)$ | $O(n^2)$ | $O(n)$ | $O(n+k)$ | 稳定 |
| 基数排序 | $O(n\times k)$ | $O(n\times k)$ | $O(n\times k)$ | $O(n+k)$ | 稳定 |

① $N$ 是数值中最大数字的位数。

② $n$ 是数组长度。

# 图书资源支持

感谢您一直以来对清华大学出版社图书的支持和爱护。为了配合本书的使用，本书提供配套的资源，有需求的读者请扫描下方的“书圈”微信公众号二维码，在图书专区下载，也可以拨打电话或发送电子邮件咨询。

如果您在使用本书的过程中遇到了什么问题，或者有相关图书出版计划，也请您发邮件告诉我们，以便我们更好地为您服务。


我们的联系方式：

地　　址：北京市海淀区双清路学研大厦 A 座 701

邮　　编：100084

电　　话：010-83470236　010-83470237

资源下载：http://www.tup.com.cn

客服邮箱：tupjsj@vip.163.com

QQ：2301891038（请写明您的单位和姓名）


教学资源・教学样书・新书信息

人工智能科学与技术
人工智能|电子通信|自动控制

资料下载・样书申请

书圈

用微信扫一扫右边的二维码，即可关注清华大学出版社公众号。